Beck'sche Reihe
BsR 463

Was können wir erkennen? Wie ist unser Erkenntnisvermögen beschaffen? Diese uralten Fragen haben im Verlauf der Philosophiegeschichte immer neue Antworten gefunden. Der deutsche Idealismus beispielsweise sprach dem Erkenntnisgegenstand unabhängig vom erkennenden Subjekt Existenz zu. Der Vorgang des Erkennens ist demnach eine Annäherung an vorgegebene „Wahrheiten". Einen ganz anderen Weg beschreitet Peter Janich: Er weist nach, wie die kulturbestimmten Gesetzmäßigkeiten menschlichen Handelns auch die Art des Erkennens prägen. Dies läßt sich in den wissenschaftlichen Einzeldisziplinen beobachten - von der Geometrie, Physik und Chemie über Biologie und Physiologie bis hin zu Psychologie und Informatik. So ist Janichs Darstellung der Erkenntnisgrundlagen zugleich ein Gang durch das breite Spektrum der Wissenschaft.

Peter Janich, geboren 1942, ist Professor für Philosophie an der Universität Marburg. Viele seiner zahlreichen Veröffentlichungen gelten der Philosophie und Geschichte der Naturwissenschaft. Im Verlag C. H. Beck erschienen „Wissenschaftstheorie und Wissenschaftsforschung" (Hrsg.), 1981, und „Euklids Erbe. Ist der Raum dreidimensional?", 1989.

PETER JANICH

Grenzen der Naturwissenschaft

Erkennen als Handeln

VERLAG C.H.BECK MÜNCHEN

Mit vier Abbildungen

Die Deutsche Bibliothek – CIP-Einheitsaufnahme

Janich, Peter:
Grenzen der Naturwissenschaft : Erkennen als
Handeln / Peter Janich. – Orig.-Ausg. – München :
Beck, 1992
   (Beck'sche Reihe ; 463)
   ISBN 3-406-34055-5

NE: GT

Originalausgabe
ISBN 3 406 34055 5

Umschlagentwurf von Uwe Göbel, München
© C. H. Beck'sche Verlagsbuchhandlung (Oscar Beck), München 1992
Gesamtherstellung: Appl, Wemding
Printed in Germany

Inhalt

III. Konstruktion und Erfahrung. Zur Methode
   instrumenteller Naturerkenntnis

Vorwort

Der vorliegende Band versammelt Aufsätze und Reden, die einem kulturalistischen Verständnis der Naturwissenschaften gewidmet sind. Naturwissenschaften sollen als Kulturleistung, d. h. als menschliches Handeln nach Zwecken und unter historischen Bedingungen betrachtet werden. Das Buch wendet sich damit gegen das vorherrschende, naturalistische Wissenschaftsverständnis. Es beabsichtigt nicht, ein Lehrbuch der Wissenschaftstheorie zu sein. Ziel ist vielmehr die Zusammenstellung einzelner, für sich lesbarer Beiträge zu einzelnen Fachdisziplinen sowie, im dritten Teil, zu einzelnen Methodenproblemen der Naturwissenschaften.

Bei Vorträgen wurde der Vortragsstil mit der direkten Anrede des Zuhörers beibehalten. Aktuelle Bezüge zur Vortragssituation sind ebenso gestrichen worden wie unnötige Verdoppelungen in verschiedenen Beiträgen. Wo bestimmte Aspekte oder Gedanken doch in Wiederholung auftreten, geht es nur um die Fortführung eines Argumentationsfadens und um den Erhalt der Verstehbarkeit der Einzelbeiträge.

Die hier erscheinenden Aufsätze und Reden sind zu einem kleineren Teil an eher versteckten Orten wie Tagungsbänden publiziert, zu einem größeren Teil unveröffentlicht oder speziell für diesen Band geschrieben. Herrn Wolfgang Beck schulde ich Dank für sein Entgegenkommen und seine Ermutigung, diese Arbeiten zu veröffentlichen.

Mein Dank gilt auch Frau Sigrid Weber für ihre wertvolle Hilfe bei der Herstellung des Manuskripts.

Peter Janich

I. Naturerkenntnis – ein Naturgegenstand?

Statt einer Einleitung und mit einem Ausblick auf die Teile II und III

Die Entdeckung der Naturerkenntnis als Gegenstand der Naturerkenntnis

Naturerkenntnis als menschliche Bemühung ist sicher so alt wie die menschliche Bemühung um Erkenntnis überhaupt, hat ihren Anfang in Zeiten, die von der Geschichtswissenschaft nicht mehr erreicht werden, und ist für die Anfänge menschlicher Zivilisation als eigener Teil wohl kaum von anderen Teilen menschlichen Erkennens abzugrenzen. Sie bestand zunächst in praktischen Fertigkeiten des Umgangs mit der Natur durch Sammler, Jäger, Ackerbauern und Viehzüchter. Hier bereits von „Naturerkenntnis" zu sprechen – auch Tiere leben in dauernder Wechselbeziehung mit der Natur –, mag durch die Ausbildung von *Tradition* und Weitergabe von Fertigkeiten und Verfahren in menschlichen Gemeinschaften gerechtfertigt sein.

Eine erste Form des kulturellen Umgangs mit der Natur wird in *Mythen* gewonnen: Der Mensch bedient sich der Sprache und erzählt etwas über seine natürliche, für ihn lebenswichtige Umgebung. Gegen diese gewendet tritt dann in den frühesten Anfängen der griechischen Antike eine *spekulative Naturphilosophie* an, die nach universellen und abstrakten Prinzipien und Erklärungen sucht. Deren erste aufklärerische Überwindung gelingt durch die *Naturphilosophie des Aristoteles,* der Natur von menschlicher Praxis unterscheidet und durch begriffliche Klärungen im Rahmen einer Prinzipienforschung einen Gegenstand Natur für menschliche Erkenntnisbemühungen abgrenzt, etwa von der Mathematik als der Wissenschaft des zeitlich Unveränderten, von Logik, Ethik, Politik und Technik.

Naturerkenntnis wird dabei bereits *wissenschaftlich* in dem Sinne, als sie, z. B. durch Anwendung der Geometrie auf astronomische Beobachtungen und kosmologische Modelle, *theoriefähig* wird.

Nachdem sich mit der Keplerschen Theorie der Ellipsenform von Planetenbahnen eine erste Abkehr von theologischen Resten der Aristotelischen Naturwissenschaft vollzogen hatte, die wegen der Göttlichkeit der Gestirne diesen nur Kreisbahnen zuschreiben wollte, und nachdem sich darin eine auf Meßgeräte gestützte *Beobachtungskunst* von Astronomen wie Tycho Brahe erfolgreich durchgesetzt hatte, gewann in der klassischen Physik des 17. Jahrhunderts die Naturerkenntnis durch Einführung des *Experiments* bei Galilei wiederum eine neue Form. Naturerkenntnis war *theorie- und empiriefähig* geworden.

In nur zwei Jahrhunderten, also nur acht Generationen, erlebte diese Form der Naturerkenntnis einen so rasanten Aufschwung, daß die Reflexion auf das eigene Tun der Naturforscher weder bei diesen noch bei den Schulphilosophen Schritt halten konnte. Erst eine *Grundlagenkrise* der Naturwissenschaften, beginnend in der zweiten Hälfte des 19. Jahrhunderts und bestehend in den wachsenden Schwierigkeiten, empirisch bewährte Teiltheorien zu einem einheitlichen theoretischen Gesamtentwurf zusammenzufassen, erzwangen eine Befassung mit Grundannahmen und Methoden der Naturwissenschaften sowohl in geschichtsschreibender wie philosophierender Sicht. Die Naturerkenntnis wurde *philosophiefähig* in dem Sinne, als Naturforscher und mit Naturforschung vertraute Philosophen nun nicht mehr die Natur, sondern die Natur*forschung* zum Gegenstand von Erkenntnisbemühungen machten.

Eine von den Zeitgenossen als Umbruch im Weltbild der Physik apostrophierte Revision der Klassischen Physik durch die Relativistische und die Quantenphysik gab Anlaß für zahlreiche philosophische Versuche durch eben die Physiker, die den Umbruch im Theoriengebäude der Physik selbst am prominentesten betrieben, und zur Ausbildung der *Wissenschaftstheorie*.

Parallel dazu und immer sogleich in engste Beziehung zur Physik gesetzt, hatte die Entdeckung der nichteuklidischen Geometrien gegen den Apriorismus der kantischen Tradition der Schulphilosophen einen Empirismus begünstigt, der, abgesehen von den Hilfsmitteln der Logik und der Mathematik, Naturerkenntnis ausschließlich der *Erfahrung* übertrug und dabei die Tätigkeiten des menschlichen Naturforschers ebenfalls zum Erfahrungsgegenstand umdeutete, aber nicht etwa als Gegenstand einer historischen Erfahrung in der Wissenschaftsgeschichtsschreibung, sondern als Gegenstand naturwissenschaftlicher Erfahrung des *Naturgegenstandes Mensch.*

Die Relativierung der räumlichen und zeitlichen Ordnung von Ereignissen auf einen physikalischen Beobachter, der als passiver Datensammler an naturgesetzlich erklärten Meßgeräten gesehen wurde, und schließlich, dominierend in der zweiten Hälfte des 20. Jahrhunderts, der Beobachter, der durch die Biologie als Organismus mit Sinneswahrnehmung und neuronalem Denkapparat beschrieben wird, haben die Naturerkenntnis selbst zum Gegenstand der Naturerkenntnis werden lassen. Assistiert wurde diese zunächst vor allem von Naturwissenschaftlern vorangetriebene Entwicklung durch eine Wissenschaftstheorie, deren prominenteste Vertreter selbst aus den Naturwissenschaften oder der Mathematik kamen und nicht selten in schroffer Distanzierung von mancherlei Auswüchsen der Philosophie (vor allem im Gefolge Hegels und der romantischen Naturphilosophie) der selbstgestellten Aufgabe nachgingen, die neuesten Entwicklungen der Naturwissenschaft zu analysieren und zu begleiten. Die *Philosophie der Naturwissenschaften* war im wesentlichen *analytisch-empiristisch,* blieb aber auch dort, wo sie sich anderen Traditionen verpflichtet fühlte, wie z.B. im Neukantianismus der Marburger Schule (R. Cohen, P. Natorp, E. Cassirer), gegenüber den neuen Naturwissenschaften affirmativ.

Gegenwärtig ist zu beobachten, daß zwar die Wissenschaftsphilosophen der analytisch-empiristischen Tradition gegenüber den Anfängen der Wissenschaftstheorie im Wiener Kreis vieles hinzuentdeckt haben, vor allem die Geschichtlichkeit des Treibens von Naturforschung, die Institutionalisierung von Naturerkenntnis durch Ausbildung von Universitätsdisziplinen,

Schulen, Theoriebildungs- und Methodentraditionen. Aber die Erhebung der Naturerkenntnis zum Gegenstand der Naturerkenntnis ist damit nicht aufgehoben worden. Das heute vorherrschende Verständnis (und Selbstverständnis) der Naturwissenschaften ist *naturalistisch*.

Unter einem „naturalistischen" Verständnis der Naturerkenntnis, für die stillschweigend nur noch die Naturwissenschaften als diskussionswürdige Beispiele gelten, wird also im folgenden der Versuch verstanden, Verfahren (und der Hoffnung nach Erfolgen) der Naturerforschung auf deren Erforschung selbst zu übertragen. Der *Gegenstand der Naturforschung* wird nicht mehr *von dieser selbst* unterschieden. Die Formen, in der dieser Naturalismus auftritt, sind vielfältig und decken ein breites Spektrum von naiven und plumpen bis zu höchst raffinierten und feinsinnigen Versuchen ab, Natur und Naturerkenntnis nach demselben Muster zu beschreiben. Es erübrigt sich, hier eigens Beispiele zu erwähnen, weil das naturalistische Naturwissenschaftsverständnis derart vorherrschend ist, daß es praktisch überall begegnet, von der Geschichtsschreibung der Naturwissenschaften über die Wissenschaftstheorie, von der Biologie der Erkenntnis zur Informationstheorie, von der Gehirn- bis zur künstlichen Intelligenzforschung, von der Psychologie bis hinein in Spielarten positivistisch betriebener Kulturwissenschaften; und überall assistiert von einer philosophischen Begleitung, die sich auf ein von Zustimmung zu den naturwissenschaftlichen Resultaten getragenes Beschreiben und Analysieren beschränkt. Selbst die öffentliche Meinung, die Naturwissenschaften und eine durch sie getragene Technik als das Schicksal nimmt, das in kaum beherrschbarer Weise mit einer Mischung von Fortschritt und Verlust der Menschheit zustößt, ist in erster Linie naturalistisch geprägt. Der Bedarf an Popularisierung und Aufbereitung moderner wissenschaftlicher Naturerkenntnis für den interessierten Laien erfolgt ebenso naturalistisch wie die Beschreibung von Naturerkenntnis durch solche Strömungen, die aus ökologischen, sozialpolitischen oder moralischen Gründen nach Alternativen in unserer naturwissenschaftlich-technischen Zivilisation suchen.

Die vorliegende Zusammenstellung von Aufsätzen und Vorträgen sammelt im Durchgang durch einschlägige Universitätsdisziplinen und durch einige Methodenprobleme der Naturwissenschaften Argumente für ein anderes Verständnis, nämlich ein *kulturalistisches*. Was ist darunter zu verstehen?

Naturwissenschaften kulturalistisch verstehen

„Kultur" leitet sich seiner Begriffsgeschichte nach vom lateinischen Wort für Ackerbau ab und führt damit immer schon die Bedeutung eines *menschlichen Eingriffs in die Natur* mit sich. Ackerbau, allgemeiner: verändernde Bestellung einer natürlichen Landschaft oder belebter Natur (einschließlich der Tierwelt) nach menschlichen Zwecken und geleitet vom Ziel verbesserter landwirtschaftlicher Erträge oder erhöhten Nutzens für den Menschen, enthält damit die Trennung zwischen einer *Natur als dem vom Menschen nicht Gemachten* von den Veränderungen und Erzeugnissen durch menschlichen Eingriff in die Natur.

Wo aber *Natur* so definiert wird, daß sie das vom Menschen nicht Gemachte ist, ist der entscheidende Unterschied zwischen Natur und Naturwissenschaft bereits fixiert: Im Unterschied zur Natur ist die Naturwissenschaft ein Kulturprodukt. Sie ist gemeinschaftlich von Menschen unter historisch wechselnden Umständen hervorgebracht. Ein erster Schritt auf dem Weg zu einem kulturalistischen Verständnis der Naturerkenntnis besteht also darin, diesem – ja von niemandem bestrittenen – Sachverhalt Rechnung zu tragen und wissenschaftliche Bemühungen um Naturerkenntnis unter dem Aspekt *zweckgerichteter menschlicher Handlungen* zu sehen. Die Frage nach den Zwecken und den Mitteln, nach Herkunft und Rechtfertigung von Zwecken, nach den naturforschenden Akteuren und ihren historischen Handlungsumständen, nach ihren Handlungsweisen (griechisch: Methoden) und nach Handlungsfolgen treten in Konkurrenz zu den Aspekten, die im Rahmen eines naturalistischen Verständnisses von Naturerkenntnis seit langem diskutiert werden.

Mit den Wörtern „naturalistisch" und „kulturalistisch" werden zwei grundsätzlich verschiedene Betrachtungsweisen der Gesamtwirklichkeit, also der natürlichen wie der kultürlichen bezeichnet. Der „Naturalist" versucht, die *Kultur als Teilbereich der Natur* in seine Beschreibung aufzunehmen, etwa weil ja der Mensch als Kulturträger und die zivilisatorisch veränderte Welt immer auch Natur und in diesem Sinne Naturgesetzen unterworfen seien; der „Kulturalist" stellt dagegen das menschliche Handeln ins Zentrum seiner Beschreibung der Gesamtwirklichkeit und betrachtet dabei *Natur als Gegenstand menschlicher Praxis,* von Ackerbau und Viehzucht bis zum Gegenstandsbereich moderner Naturwissenschaft. Nicht zufällig ist, daß diese Alternative aufs engste verknüpft ist mit der Einteilung von Fachwissenschaften in *Natur- und Kulturwissenschaften.* (Die Bezeichnung „Kulturwissenschaften" ist der verbreiteteren „Geisteswissenschaft" vorzuziehen, weil sie irreführende Anklänge an das fortwährende Körper-Geist-Problem mit der selbst problematischen Annahme vermeidet, die Naturwissenschaften seien für das Körperliche, die Geisteswissenschaften für das Geistige zuständig.) In einer groben, aber nicht falschen Vereinfachung läßt sich behaupten, daß Naturwissenschaftler die Welt naturalistisch, Kulturwissenschaftler die Welt kulturalistisch verstehen und sich gern darin einig sind, daß der Kulturwissenschaftler wenig oder nichts von Natur und Naturwissenschaft, der Naturwissenschaftler wenig oder nichts von Kultur und Kulturwissenschaft verstehe. Dafür hat sich inzwischen die soziologisierende Rede von den „zwei Kulturen" durchgesetzt, die paradoxerweise selbst eine bloß naturalistische ist.

Die Grundsätzlichkeit der Alternative zwischen naturalistischer und kulturalistischer Sicht auf die Gesamtwirklichkeit und damit auch auf die Wissenschaften schlägt sich nieder in der Form wissenschaftlicher und politischer Auseinandersetzungen um die Aufgaben und Wirkungen der Natur- und Kulturwissenschaften. Wenn es etwa um die Ambivalenz des technisch-naturwissenschaftlichen Fortschritts geht, so bilden sich leicht zwei Parteien heraus, von denen eine, sich meistens aus Naturwissenschaftlern rekrutierende, inzwischen durchaus Fragen nach den ökologischen, politischen und sozialen Folgen von Naturwissenschaft und Technik ernst nimmt, aber im Grundzug *optimistisch* ist; und die andere, vor allem von Kulturwissenschaftlern getragene, die eher *pessimistisch* in Naturwissenschaft und Technik Gefahren für Natur und Kultur erblickt. In dieser Auseinandersetzung, deren Notwendigkeit kaum von jemandem bestritten wird, soll hier nicht Partei ergriffen werden. Vielmehr sollen beide Parteien oder, da ja der Leser eines Buches immer eine Einzelperson ist, Anhänger beider Richtungen eingeladen werden, über stillschweigende *Defizite* solcher Auseinandersetzungen nachzudenken; Defizite, die *im Verständnis* von Wissenschaft und vor allem *von Naturwissenschaft* liegen.

Wieder vergröbernd gesprochen, läßt sich nämlich feststellen, daß in der gegenwärtigen Auseinandersetzung um Segen und Fluch moderner Technik und Naturwissenschaft in der Regel beide Parteien ein naturalistisches Verständnis der Naturwissenschaften mitbringen. Dieses aufzuweisen und *kulturalistische Alternativen* wenigstens als Möglichkeit vorzustellen, ist das grundsätzliche Anliegen dieses Buches. Diesem Anliegen kann aber nicht durch Bekenntnisse oder Plädoyers für eine der beiden grundsätzlichen Richtungen entsprochen werden, sondern nur durch eine wissenschaftstheoretische Arbeit am Detail, durch Diskussion einzelner Fachwissenschaften und einzelner Methodenprobleme.

Unkontroverse Anknüpfungspunkte für eine solche Unternehmung gibt es in großer Zahl, unkontrovers selbstverständlich zwischen Naturalisten und Kulturalisten. Es bestreitet ja z. B. auch kein Naturalist, daß Naturwissenschaften von Menschen betrieben und hervorgebracht werden, daß *Naturwissenschaften* in ihren Lehrmeinungen, Forschungsmethoden und Institutionen *eine Geschichte durchlaufen* und daß der einzelne Forscher im Forschungsprozeß *handelt*. Schließlich bestreitet auch kein Naturalist, daß wir von wissenschaftlicher Naturerkenntnis nur dort reden, wo sich diese *sprachlich artikuliert,* wo sie in Form von Theorien gelehrt und in Form von Techniken angewandt werden kann (und sei es beschränkt auf die nur den Experten interessierende Labortechnik).

Aus dem uferlosen Hin und Her von Meinungen und Positionen kann eine Neuorientierung jedenfalls dann nicht gefunden werden, wenn nicht die sprachlichen Mittel für eine solche Auseinandersetzung soweit wie möglich und nötig diszipliniert werden. Wenn z. B. Naturerkenntnis als Produkt von Handlungen der Naturforscher betrachtet werden soll, ist zu klären, was dabei unter *Handlung* verstanden wird. Unsere gebräuchliche Sprachpraxis legt nämlich nahe, überall dort, wo pauschal über Handlungen oder Handlungsweisen gesprochen wird, das Wort „Verhalten" zu verwenden. Andererseits ist der Sprachgebrauch bezüglich „Verhalten" derart weit geworden, daß es sowohl für eine historische Entscheidung eines Politikers als auch für die Ausdehnung eines Metallstabes bei Erwärmung verwendet werden kann – also keinen Unterschied mehr macht zwischen Natur und Kultur.

Dabei gehört es zum elementaren Vermögen eines jeden Menschen mindestens von Beginn der Schulpflicht an, zwischen Handeln und Verhalten in dem Sinne zu unterscheiden, als er das Absichtsvolle vom Versehentlichen oder vom bloß körperlichen Vorgang wie Atmung trennt. Um sich nicht in die schwierigen Probleme zu verlieren, wie über Absichten, Intentionalität und damit innere, „mentale" Zustände von Personen selbst wieder terminologisch diszipliniert gesprochen werden kann, seien *Handlungen* dadurch charakterisiert, daß wir unserem üblichen Verständnis nach von ihnen das folgende verlangen:

1. Zu Handlungen kann ein Mensch den anderen auffordern.
2. Handlungen kann man ausführen oder auch unterlassen.
3. Handlungen können gelingen und mißlingen.

Die Ausdifferenzierung des Handlungsbegriffs, die Erklärung von Handlungen sowie die Anwendung dieser Unterscheidungen auf Bereiche wie Wissenschaftstheorie, Erkenntnistheorie oder Ethik sind in der „Handlungstheorie" selbst zu einem umfangreichen philosophischen Gebiet geworden. Darauf kann hier nicht eingegangen werden. Auf den ersten Blick aber wird bereits ersichtlich, daß ein Versuch, das Erkennen von Natur als menschliche Handlung zu begreifen, sofort Aspekte unseres täglichen Handelns aufgreift, die einer naturalistischen Beschreibung unzugänglich sein müssen: Wo der Naturalist *behauptet, was der Fall sei,* hat es der Kulturalist mit *Aufforderungen* zu tun, mit sprachlichen Sätzen also, die nicht beanspruchen, wahr oder falsch, gültig oder ungültig zu sein, sondern mit Sätzen, an die die Erwartung ihrer Befolgung oder Zurückweisung geknüpft wird. Zwar ist damit nicht gesagt, daß in der Welt des Naturalisten keine Aufforderungen vorkämen – schließlich kann er ja als naturwissenschaftlicher Beobachter feststellen, daß eine Person eine andere auffordert –, aber als Naturalist kann er keine Aufforderung *als Resultat des Naturerkennens* zulassen. Der Kulturalist dagegen redet nicht nur beschreibend über Aufforderungen, sondern fordert selbst auf, und zwar andere wie sich selbst. Der Naturalist verläßt niemals die *(Natur-) Beobachtungsperspektive,* während der Kulturalist als Auffordernder die *Teilnehmerperspektive* eingenommen hat.

Wenn „Handeln" zum Zweck definitorischer Klärung so betrachtet wird, *als ob* es einer Selbstaufforderung folge, wenn wir mit anderen Worten unsere alltäglichen Selbstbeschreibungen, wonach wir uns zu einer Handlung entschlossen oder entschieden hätten, so verstehen, daß wir nach Abwägen von Gründen uns zu einer Handlung aufgefordert haben, werden erste Schwierigkeiten sichtbar, in die der Naturalist gerät: Es ist ja gar keine Frage, daß auch der als radikaler Naturalist fingierte Naturwissenschaftler, der sich am liebsten selbst nur als naturgesetzlich bestimmten Organismus sehen würde, während seiner Forschungsaktivitäten handelt. Per definitionem hat er sich dazu aufgefordert. (Diese Schwierigkeit ist hier nicht erwähnt, um nun doch Partei zu nehmen im Streit zwischen Naturalisten und Kulturalisten, sondern um exemplarisch zu verdeutlichen, welche eminent wichtige Rolle Klärung und Disziplinierung der sprachlichen Mittel spielen, mit denen ein solcher Streit ausgetragen wird.)

Ein Kernpunkt des Handlungsbegriffes ist seine Ausrichtung auf *Ziele oder Zwecke.* Wenn nämlich ein Gelingen von einem Mißlingen von Handlungen unterschieden werden soll, so ist damit nicht die richtige oder falsche Verwirklichung eines

Handlungsschemas gemeint (wie das richtige oder falsche Umsetzen eines Notenbildes im Klavierspiel), sondern das Erreichen oder Verfehlen eines Ziels oder Zwecks. Auch dies nämlich kann schon jeder normale Mensch wohl ab Beginn des Schulalters unterscheiden, d. h. er trennt zwischen dem, was er als Handlungsfertigkeit eingeübt hat – und was damit in Grenzen seiner eigenen Verfügung unterliegt, z. B. Schwimmenkönnen –, und dem, was gleichsam von außen als Erfolg oder Mißerfolg durch Erreichen oder Verfehlen des Zwecks hinzukommt – z. B. mit einem Stock Kastanien von einem Baum zu werfen. Denn jeder Mensch weiß, daß Handeln nicht zwangsweise Erfolg nach sich zieht, sondern lediglich auf diesen aus ist. Es stößt uns also an unseren Handlungen zu, ob wir mit ihnen erfolgreich sind oder nicht. Dies nennt man üblicherweise das *Machen von Erfahrungen.*

Naturerkenntnis ist ein Machen von Erfahrung, das nun, handlungstheoretisch verstanden, als Erfolg oder Mißerfolg der Handlungen des Naturforschers erscheint. Damit gewinnt aber der *Naturforscher,* der sich selbst für seine Handlungen Zwecke setzt und an deren Erreichen oder Verfehlen seine Erfahrungen sammelt, eine *aktive und konstruktive Rolle* – im Unterschied zur passiven und rezeptiven Rolle des bloßen Naturbeobachters, dem sich (vermeintlich) Naturgesetze via Naturphänomenen aufdrängen.

Der Naturforscher als Handwerker und Techniker wäre aber noch kein Naturwissenschaftler und brächte außer dem Erwerb individueller Fertigkeiten im Umgang mit der Natur keine Erkenntnis hervor, wenn er seinen *Handlungserfolg durch die rechte Mittelwahl* nicht auch *sprachlich wiedergeben* könnte. Die Sprache, terminologisch und logisch zu *Theorien* geordnet, ist ein *Mittel zur Kommunikation von Wissen.* Sie dient der Lehre und dem Lernen erreichten Wissens, damit der Traditions- und Fortschrittsbildung der Naturerkenntnis. Außerdem dient sie dem Forscher zur Selbsterinnerung, zur Ordnung verfügbaren und zur Planung gesuchten Wissens. Auch hier zeigt sich schon auf den ersten Blick eine weitreichende Folge des kulturalistischen Verständnisses von Naturerkenntnis: *Sprache* dient *nicht zur Beschreibung* von etwas natürlich Vorhandenem, indem es dieses auf eine nicht zu klärende Weise *abbildet*, sondern sie dient zur Kommunikation zwischen Sprechern und Hörern, zur Weitergabe von Aufforderungen, Fragen und Behauptungen und zum absichtsvoll durchgeführten, damit Gelingen und Mißlingen ausgesetzten Einteilen der Gegenstände der Welt. Da diese Welt aber nicht nur aus dem natürlich Vorhandenen, sondern gerade für den Naturforscher – man denke an die modernen Laborwissenschaften – in weit größerem Maße aus technischem Gerät besteht, dient *Sprache der Konstruktion der Gegenstände,* über die gesprochen wird.

Längst haben sich die Naturwissenschaften als die überwältigend wichtige Quelle von Naturerkenntnis solcher Gegenstandsbereiche angenommen, in denen nicht einfach naturgegebene Objekte einem natürlich agierenden, d. h. ohne technische Hilfsmittel auskommenden Menschen gegenüberstehen. Vielmehr sind ihre Gegenstände zumindest in dem Sinne *erzeugt,* als sie sich nur unter Verwendung von technischem Gerät zeigen, das seinerseits in seinen Leistungen, diese Gegenstände zu zeigen, absichtsvoll hervorgebracht wird. Diese technischen Erkenntnismittel verlangen nach einer eigenen Sprache, und nicht umgekehrt. Es ist weniger ein naturgegebener Drang des Menschen, Natürliches sprachlich einzuteilen, als vielmehr ein Zwang, technisches Handeln sprachlich zu organisieren. Wo Philosophen gerne von „Gegenstandskonstitution" sprechen, handelt es sich bei Bemühungen um Naturerkenntnis um eine handfeste Lösung des altehrwürdigen erkenntnistheoretischen Problems, wie Sprache, Theorie und Mathematik auf die Wirklichkeit passen können: Die Sprache wird zusammen mit der durch den Menschen selbst hergestellten Wirklichkeit gleichsam miterfunden. Die (hier in Betracht kommende) *Sprache* ist *kein Naturgegenstand,* sondern selbst ein *Kulturprodukt* und folgt in ihrer Entstehung einer prototypischen Zivilisationsleistung der Handwerker: Der Meister lehrt den Lehrling zugleich das Machen und das (fachspezifische) Reden.

Naturwissenschaften kulturalistisch zu verstehen, setzt also bei dem Versuch an, die heute als Lehrbuchwissen, als Forschungspraxis, als Institutionen und als Weltveränderung vorgefundene Naturwissenschaft unter dem Aspekt zu betrachten, daß sie von handelnden und redenden Menschen hervorgebracht wurde. Forschen nach Zwecken und Mitteln zu befragen, Theorien nach ihren kommunikativen Leistungen und empirische Resultate nach ihren Folgen, ist die Absicht der in diesem Band zusammengestellten Aufsätze und Vorträge.

Grenzen der Naturerkenntnis

Daß unsere Naturerkenntnis Grenzen unterliegt, ist wenigstens in den letzten hundert Jahren immer wieder diskutiert worden, vor allem von Naturwissenschaftlern selbst. Eine besondere Spezies solcher Grenzbehauptungen sind solche, die eine *prinzipielle Unüberschreitbarkeit von Grenzen* gerade für naturwissenschaftliche Bemühungen behaupten. Hatte aber z. B. Dubois Reymond an den Beispielen der prinzipiell verwehrten Einsicht in das „Wesen der Materie" oder der prinzipiell verwehrten Lösung des Körper-Geist-Problems Fälle vorgetragen, die sich nicht aus empirischen Resultaten der Naturwissenschaften ableiten lassen, sondern vielmehr autonom philosophischer Art waren, so stehen im 20. Jahrhundert *naturalistische Grenzbehauptungen* im Vordergrund. Die dem gebildeten Laien bekannten Beispiele sind die Grenzen, die sich hinsichtlich der raumzeitlichen Ordnung von Ereignissen durch Relativierung auf einen Beobachter ergeben, also Erkenntnisgrenzen, die sich in der tatsächlichen Forschung auf dem Gebiet der *Makrophysik* und der Kosmologie zeigen, sodann Grenzen durch den *mikrophysikalischen* Beobachtungs- und Meßprozeß, der in der Heisenbergschen Unschärferelation behauptet und als Grenzziehung für die Möglichkeit von Kausalwissen interpretiert wurde, und schließlich biologische Erkenntnistheorien, die unseren Erkenntnisapparat, d. h. die menschlichen Sinnes- und Nervenorgane, auf den Größenbereich der unmittelbaren Lebensbewältigung, den sogenannten *Mesokosmos,* begrenzt sehen.

Wie weit begrifflich ausgereift, begründet, haltbar und folgenreich solche, aus anerkannten naturwissenschaftlichen Theorien abgeleitete erkenntnistheoretischen Thesen sein mögen: Sie sind jedenfalls ein Kulturprodukt. Sie sind von Menschen hervorgebracht und treten mit dem Anspruch auf, Einsichten zu sein. Dasselbe gilt für weniger prominente Beispiele naturalistischer Grenzziehungen, etwa im Falle von Thesen über die menschlicher Erkenntnisleistung unzugängliche Komplexität der Natur, wie bei globalen Klimaerscheinungen oder bei Struktur und Funktion des Gehirns.

Solche naturalistischen Grenzziehungen sind nicht Gegenstand dieses Buches. Ihre Beurteilung ist gleichsam noch zu schwer. Zuerst nämlich müssen die Wissenschaften, aus denen solche Grenzziehungen abgeleitet werden, selbst besser verstanden sein. Es wird also nicht bestritten, daß die Natur dem Menschen durchaus Erkenntnisgrenzen setzen kann, wofür sich sogar unkontroverse Beispiele nennen lassen. Wenn das Universum so groß ist, daß die Laufzeiten von Signalen ferner kosmischer Ereignisse jeden zeitlichen Rahmen menschlicher Erkenntnisbemühungen sprengen, so läßt sich behaupten, daß wir in räumlicher und zeitlicher Hinsicht nur ein kleines Fenster in das für menschliche Verhältnisse so gut wie unendliche Weltall haben. Aber auch diese Behauptung selbst bedient sich sprachlicher und begrifflicher Mittel, die von Menschen für Menschen erdacht und gebraucht werden. Sie haben, kulturalistisch gesehen, auf den Menschen bezogene Charakteristika und damit Grenzen im Kultürlichen.

Wo Naturerkenntnis erst einmal als Resultat menschlichen Handelns erkannt ist, wird die Rede von Grenzen der Naturerkenntnis nicht in die Naivität verfallen, eine von Gesetzen beherrschte Gesamtnatur metaphorisch als das Feld zu betrachten, innerhalb dessen der Mensch gemäß seiner naturgesetzlichen Ausrüstung einen begrenzten Teilbereich wird erforschen können. Vielmehr wird jedes nach den Standards moderner Wissenschaft überprüfbare *Wissen von der Natur* als *Antwort auf Fragen* und als *Lösung von Problemen* sichtbar, so daß schon das Stellen der Fragen und das Aufwerfen der Probleme einen je unüberschritten Rahmen aller dadurch gefundenen Naturerkenntnisse darstellen. Nach der kantischen Metapher, wonach der Mensch als wohlbestallter Richter die Natur in den Zeugenstand ruft, ist vor dem Mißverständnis zu warnen, die Natur dränge sich gleichsam geschwätzig dem Menschen auf. Um im Metaphorischen zu bleiben: Die Natur spricht von sich aus überhaupt nicht, sondern muß durch den sprechenden und handelnden Naturforscher zur Sprache gebracht werden.

So wenig aber, wie Naturforschung auf pauschale Globalbehauptungen aus ist, so wenig dürfen sich kulturalistische Überlegungen zu Grenzen unserer Naturerkenntnis in dieser Pauschalbehauptung erschöpfen. Vielmehr muß für die heute betriebenen Universitätsdisziplinen im einzelnen gefragt werden, welche Handlungs- und Sprechweisen sich bei ihren Vertretern durchgesetzt haben, welche Ziele verfolgt werden und welche Resultate erreicht sind. *Naturwissenschaft* soll dabei als *Teil unserer kulturellen Praxis* begriffen, über die bloß technische Beherrschung hinaus dem Bereich des vermeintlich Naturgesetzlichen und Unverfügbaren entzogen und dem Bereich des geplant Betriebenen und deshalb zu Verantwortenden zugeführt werden. Wenn dabei als Ergebnis erreicht werden könnte, daß die *Klärung des Wissenschaftsverständnisses* als *unerläßlich* für eine kompetente Erörterung der Frage gehalten wird, wie wir heute mit den Naturwissenschaften umzugehen haben, wäre schon viel erreicht.

Ausblick

Im Teil II findet sich ein Durchgang durch einzelne Fachwissenschaften, der deshalb bei der *Geometrie* beginnt, weil sie, historisch und systematisch ein Leitgestirn abendländischer Wissenschaftsentwicklung, am gründlichsten und folgenreichsten naturalistischer Interpretation unterworfen wurde. Was die Gegenstände der Geometrie sind und wovon damit die Geometrie handelt, ist aus dem Blick geraten, weil das Handeln und das Reden der Geometer aus dem Blick geraten ist. Erst wo in disziplinierter Weise über die Herstellung räumlicher Formen geredet wird, nämlich Ebenen, Geraden, Punkte, rechte Winkel, gleichlange Strecken usw., ist begreifbar, welche Probleme die Geometrie mit welchen Mitteln löst. Und es wird die Auffassung kritisierbar, daß die messende Erfahrung uns über die Struktur des Erfahrungsraumes belehrt, weil der Mensch durch Herstellung seiner Erkenntnismittel darüber bereits befunden hat – also durch Setzung von Zielen und darauf abgestelltes Handeln.

Im zweiten Aufsatz wird das normative Fundament der *Physik* behandelt, das einen Erkenntnisanfang nicht etwa bei den kleinsten Bausteinen der Materie sucht, aus denen sich alles einschließlich des erkennenden Menschen zusammensetze, sondern nach den Bedingungen der Möglichkeit eben solcher Thesen. Wo begriffen werden soll, daß Physik Erkenntnisse bietet und nicht bloß etwa Meinungen einer angesehenen Sekte, muß man den konstruierten Charakter der physikalischen Erkenntnismittel, nämlich der Beobachtungs-, Meß- und Experimentiergeräte in Betracht ziehen. Physik hätte keine Erfahrungsresultate, wenn sie nicht eine hochentwickelte Labortechnik und eine daran geknüpfte Mathematisierung ihrer Begriffe hätte. Unverzichtbarer Anfang jeder Darstellung der Physik als Naturerkenntnis ist deshalb eine die technischen und begrifflichen methodischen Anfänge der Physik klärende *Protophysik*.

Der dritte Beitrag widmet sich der durch die Philosophie fast vollständig vernachlässigten *Chemie*. Er legt dar, daß, trotz unbestrittener Entwicklung und Bedeutung einer chemischen Praxis, die Chemie von den Anfängen unserer Zivilisationsgeschichte an gegenüber der Physik und später auch der Biologie drei wichtige Phasen der Verwissenschaftlichung von Naturwissenschaft verpaßt hat. In einer Gegenüberstellung von systematischen und historischen Selbsteinschätzungen der Chemie durch Chemiker mit kulturalistischen Thesen zu Methoden der Chemie werden programmatische Aufgaben für eine noch zu entwickelnde Wissenschaftstheorie der Chemie formuliert.

Der vierte Beitrag betrifft die *Biologie* und plädiert, in einer terminologischen Anlehnung an den Sprachgebrauch der Physik, die Einbeziehung des Beobachters in die Theorie „relativistisch" zu nennen, für eine beobachter-relativierte Organismus- und Naturgeschichtsbeschreibung.

Der fünfte Beitrag diskutiert, ausgehend von einer von Physiologen selbst vorgetragenen Physikalismuskritik, das Problem der sprachlichen Verfaßtheit der *Wahrnehmungsphysiologie*. In diesem Bereich wird besonders deutlich, daß der Naturvorgang „Empfindung" durch den Kulturvorgang einer sprachlichen, wissenschaftliche Geltung beanspruchenden Beschreibung erkenntnisspezifischen Grenzen unterworfen ist. Diese sind prinzipiell unaufhebbar, da der Mensch ohne Konstitution und damit Verstehbarkeit eines Wahrnehmungsbegriffs in der alltäglichen Lebenspraxis, also vor- und außerwissenschaftlich, keinen Untersuchungsgegenstand „Empfindung" oder „Wahrnehmung" zur Verfügung hätte.

Der sechste Beitrag befaßt sich mit *Psychologie* und entwickelt gegen die naturalistische Auffassung der Psychologie, wie sie durch den (methodologischen) Behaviorismus heute vorherrscht, den Versuch einer instrumentalistischen Interpretation: Er geht der Frage nach, ob sich psychologisches Wissen als prophylaktisches oder therapeutisches Verfügungswissen, also als „Therapeuten-Know-how", verstehen läßt, ohne daß damit Ansprüche auf eine abbildende Beschreibung psychischer Strukturen oder Vorgänge im Menschen verknüpft werden.

Der siebte Beitrag greift die Verwendung des *Informationsbegriffs* in den Naturwissenschaften auf und erläutert, daß die Rede von Information und Informationsübertragung in außermenschlichen, angeblich nur Naturgesetzen unterworfenen Bereichen (wie „Weitergabe von Information in Vererbungsmechanismen" oder „Informationsaustausch" im Stoffwechsel und Leben von Tieren) nur als metaphorische Rede verständlich wird, deren Gegenstand durch Bezug auf die Handlung „ein Mensch informiert einen anderen" definitorische Konturen gewinnt. Information ist damit kein Naturgegenstand, sondern nur ein Beschreibungsmittel, dem aus seiner systematisch-definitorischen Herkunft Grenzen gesetzt sind, die in den Naturwissenschaften und auch in der Informatik gerne übersehen werden.

In Teil III wird unter verschiedenen Aspekten die Frage diskutiert, wie sich der *empirische* Charakter der Naturwissenschaften angesicht des *Handlungscharakters* naturwissenschaftlicher Forschung darstellt. Es entspricht einem weitverbreiteten Verständnis, um nicht zu sagen einem Klischee der Naturwissenschaften, daß diese ihre Erfahrungen durch *Beobachtung* gewinnen. Obgleich dabei in aller Regel berücksichtigt wird, daß es unterschiedliche Typen von Beobachtungen in verschiedenen Disziplinen bzw. in verschiedenen Entwicklungsstadien der Wissenschaft gibt, gilt dessen ungeachtet die Beobachtung generell als Mittel, der Natur vorurteilslos gegenüberzutreten und sie zu sehen, wie sie – möglichst menschenunabhängig – von sich aus sei. Im Beobachter konzentriert sich also auch das Selbstverständnis des Naturwissenschaftlers als wert- und zweckfreien Forschers.

Demgegenüber wird hier Beobachten als zweckgerichtetes Handeln gesehen, weil auch für wissenschaftliche Beobachtungen aller forschungserheblichen Typen die Unterscheidung von Gelingen und Mißlingen aufrechterhalten werden muß und von Naturwissenschaftlern praktisch auch gemacht wird. Nur gelingende Beobachtungen liefern ein Erfahrungswissen.

Im zweiten Beitrag „Operationalismus und Empirizität" wird das Verhältnis von Erfahrung und *operationalen Definitionen* diskutiert. Die Physik liefert nach dem Verständnis ihrer Vertreter ein Beispiel für eine Naturwissenschaft, der im Umbruch von der klassischen zur relativistischen und zur Quantenphysik die Überwindung einer methodologischen Naivität hinsichtlich der Rolle des menschlichen Beobachters und seiner Operationen im Forschungsprozeß gelungen ist – aus handlungstheoretischer Sicht aber nur zum Teil. Operationale Definitionen sind nicht nur Setzungen terminologischer Sprachgebräuche, sondern auch Normierungen handwerklicher Verfahren zur Erzeugung derjenigen Gegenstände und Geräte, ohne die heute naturwissenschaftliche Forschung nicht stattfände. Operationale Definitionen liefern also eine Semantik für naturwissenschaftliche Theorien nur im Zusammenhang mit technischer Herstellung von Laborausrüstung. Eine *Gegenstandskonstitution* erfolgt nicht nur im Begrifflichen, sondern auch *im handwerklich Konkreten*. Die durch Vorschriften gesetzten Funktionskriterien, die auch der theoretisch oder meta-theoretisch weniger interessierte Experimentalforscher de facto in der Praxis immer beachtet, markiert die praktisch und theoretisch unverzichtbaren Voraussetzungen jeder Empirie.

Der dritte Beitrag „Naturwissenschaft in der Technik und Technik in der Naturwissenschaft" untersucht den Zusammenhang von *Naturwissenschaft* und *Technik* mit dem Resultat, daß nicht Technik als angewandte Naturwissenschaft, sondern Naturwissenschaft als angewandte Technik zu interpretieren ist. Neben handlungstheoretischen und methodologischen Gründen für diese These wird vor allem ins Feld geführt, daß moralische und politische *Legitimationsprobleme* einer wissenschaftlich gestützten Technik in naturalistischer Sicht auf den Anwender abgewälzt werden und den Forscher von Legitimationspflichten freistellen. Diese Auffassung läßt sich aber angesichts des zweckrationalen Charakters von Methoden und Einzelhandlungen im Forschungsprozeß nicht aufrechterhalten.

Der vierte Beitrag „Grenzen des Naturerkennens" beginnt bei geläufigen Versuchen, die Grenzen naturwissenschaftlicher Erkenntnis selbst wieder naturwissenschaftlich bestimmen zu wollen. Ob dies räumliche und zeitliche Beschränkungen der Reichweite menschlicher Erkenntnismittel sind, oder Grenzen, die dem Menschen als biologisch beschriebenem Organismus gesetzt seien: Die Selbstbezüglichkeit solcher naturalistischen Aussagen wirft unüberwindliche Schwierigkeiten auf. Die Diskussion von *Erkenntnisgrenzen* ist kein innerdisziplinäres, sondern ein metatheoretisches oder *philosophisches Problem*.

Für dieses Problem ist, in Abhängigkeit von Zielen und Motiven der Debatte um Erkenntnisgrenzen, dort ein Zugang zu Lösungen zu finden, wo die spezifische Form wissenschaftlicher Naturerkenntnis und ihr Zustandebringen durch Menschen ins Auge gefaßt wird. Die Sprachlichkeit jeder Wissenschaft, der Interventionscharakter jeder Forschungshandlung in die Natur zum Zwecke ihrer Kausalerkenntnis sowie der Konstruktionscharakter jeder Naturgeschichtsschreibung und die Unbeobachtbarkeit vergangener Ereignisse sind prinzipielle Rahmenbedingungen, die menschlicher Naturerkenntnis Grenzen setzen.

II. Naturerkenntnis in den Wissenschaften

1. *Form und Größe*

Eine Wissenschaft wovon ist die Geometrie?

Drei herausragende Köpfe der Geometriegeschichte haben neben ihren allseits bekannten Leistungen auch wenig beachtete Züge unseres heutigen Geometrieverständnisses herbeigeführt oder, besser, ohne explizite Absicht verursacht.

Euklids Elemente knüpfen an eine Tradition an, für die Geometrie primär Planimetrie war. Bis in die Etymologie der Grundtermini hinein läßt sich noch der Anschluß an eine *Mal- und Zeichenpraxis* erkennen, am deutlichsten beim Terminus *grámme* (γράμμη) für Linie, was vom Verbum *gráphein* (γράφειν) für Schreiben und Zeichnen kommt. Erst im 11. Buch geht Euklid zur Stereometrie über, wo räumliche Gebilde etwa durch Rotation ebener Figuren erzeugt werden. Schon seit der Aristotelischen Naturphilosophie, in der Bewegung ein Grundbegriff der Physik, Mathematik aber die Wissenschaft vom zeitlich Unveränderten war, ist damit das Problem aufgeworfen, welchen Status die Gegenstände der Geometrie, insbesondere geometrische Figuren hätten, so daß sie einerseits mathematisch, andererseits beweglich sind.

Und obwohl es immer wieder Interpreten gibt, die Euklids Postulate als Konstruktionsanweisungen gleichsam mit Zirkel und Lineal verstehen, hat es offensichtlich für die „Elemente" Euklids keine Rolle gespielt, daß eine an Mal- und Zeichenpraxis anschließende, ebene Geometrie erst einmal einen die Zeichenebene tragenden Körper sowie ebenfalls körperliche Zeichengeräte und damit *konstitutiv dreidimensionale Dinge* benötigt, damit von den Gegenständen der Geometrie (und einer Verständlichkeit der Definitionen Euklids) die Rede sein kann.

Es ist also ein wenig beachtetes Erbe Euklids, Geometrie primär als Planimetrie zu betreiben und damit der Frage, wovon Geometrie eine Wissenschaft sei, eine wenig glückliche Argumentationsbasis vorzugeben.

R. *Descartes* hat mit seiner Erfindung der analytischen Geometrie durch Darstellung geometrischer Figuren mit Hilfe von Koordinaten die arithmetische Lösung geometrischer Konstruktionsaufgaben ermöglicht. Auch hier ist ein Konstitutionsproblem übersehen geblieben: Geht man analytische Geometrie nicht schon in der modernen Darstellungsform an, daß man den Terminus „Punkt" als ein n-Tupel reeller Zahlen definiert, sondern denkt an den anschaulichen Einführungszusammenhang der arithmetischen Darstellung geometrischer Sachverhalte, der ja auch der modernen, unter Mathematikern gebräuchlichen Verwendung der analytischen Geometrie zugrunde liegt, so ist weder von Descartes noch seinen Nachfolgern thematisiert worden, daß jede *Koordinatendarstellung eines Punktes* bzw. einer geometrischen Figur *Form, relative Lage und Skalierung der Koordinatenachsen* in einem konstruktiven oder synthetischen Sinne bereits in Anspruch nimmt. Mit anderen Worten: Die analytische Geometrie hat ein synthetisches Fundament. Wenn also z. B. geometrische Formen wie ein Kreis oder eine Gerade durch bestimmte Gleichungen dargestellt werden, so sind dies Gleichungen relativ zu Koordinatenachsen, die als gegeben statt selbst durch Gleichungen erzeugt unterstellt werden müssen.

D. *Hilbert* schließlich hat in seinen *Grundlagen der Geometrie* 1899 auf jede explizite Definition geometrischer Grundbegriffe verzichtet und seine Geometrie in der Gestalt von „Axiome" genannten *Aussageformen* angegeben. Jeglicher anschauliche Bezug zu räumlichen Formen, aber auch räumlichen Größen, ist dabei absichtsvoll vermieden. Insofern ist auch jede Frage nach dem Konstitutionszusammenhang geometrischer Gegenstände umgangen oder aus der mathematischen Geometrie ausgelagert. Aber nicht nur philosophische Defizite sind die Folge, auch für das von Hilbert angegebene Axiomensystem selbst kann nicht mehr mit Argumenten begründet werden, warum bei ihm z. B. Kongruenzaxiome oder auch ein Parallelenaxiom auftreten.

Hilberts Erbe für das moderne Geometrieverständnis ist ein bis in den heutigen Universitätsunterricht hinein wirksamer *Totalverzicht auf Begründungen.* Was so im Rahmen einer synthetischen Geometrie gezeigt werden kann, kann streng betrachtet nur als formal-logische Folge von Aussageformen diskutiert werden, für die nichts spricht, als daß sie jemand an die Tafel schreibt oder in anderer Weise vorgibt.

Die Naturwissenschaften, allen voran selbstverständlich die messende Physik, die auf angewandte Geometrie stets angewiesen ist, haben sich dieses Defizits mit einer empiristischen Populärphilosophie bemächtigt und die Gegenstände der Geometrie, soweit wie eben möglich, mit ihren eigenen Mitteln der Messung interpretiert. Die Gerade wird zur kürzesten Verbindung zwischen zwei technisch markierten Raumstellen, und die dafür erforderliche Meßkunst ist die Domäne der Physiker und Techniker. Nach dieser Populärphilosophie scheint es, daß *geometrische Formen* wie Gerade, Ebene und rechter Winkel sowie selbstverständlich alle Größenverhältnisse *durch Messung* festgestellt und in diesem Sinne auch *definiert* werden können.

Kritik des modernen Geometrieverständnisses

Tatsächlich herrscht zwischen mathematischen und physikalischen Geometern so etwas wie eine Arbeitsteilung: Die Mathematiker entwickeln und lehren die geometrischen Formelsysteme, während die Physiker sie nach Bedarf interpretieren und anwenden, indem sie Aussageformen den Status von Aussagen dadurch verleihen, daß sie undefinierte Variablen mit physikalischen Prädikatoren vertauschen. Aus Aussageformen werden so empirisch kontrollierbare Behauptungen.

Die mathematische Geometrie mit ihrem Cartesischen und ihrem Hilbertschen Erbe ist dann ein nur noch aus historischen Gründen „Geometrie" genanntes Teilgebiet der Mathematik, das sich in nichts erkenntnistheoretisch Relevantem von anderen Teilgebieten der Mathematik unterscheidet. Die physikalische Geometrie ist die Anwendung eines mathematischen Kalküls in der Meßkunst – nicht zu unterscheiden von Arithmetik,

Analysis oder anderen in der theoretischen Physik benützten Kalkülen.

Relativ zu der wohl nicht zu bestreitenden Tatsache, daß auch Mathematik ein Produkt menschlicher Praxis und damit offen ist für Fragen nach Ziel, Zweck und Mittel, hat die formalistische Geometrieinterpretation den Nachteil, keine Frage mehr nach der Auswahl bestimmter (und eventuell der Weglassung anderer) Axiome zu ermöglichen. De facto werden ja keine formalen Geometrien aus beliebigen Kombinationen syntaktisch möglicher Aussageformen entworfen, sondern eben doch solche, die sinnvolle Anwendungen haben. *Fragen nach dem Gegenstand und der Geltung der Geometrie lassen sich aber im Rahmen formalistischer Geometrieverständnisse nicht mehr beantworten.*

Gravierender noch ist das Dilemma der empiristischen Interpretation einer physikalischen Geometrie: Wo immer vermutet wird, die Geltung geometrischer Sätze (in physikalischer Interpretation) lasse sich messend entscheiden, wird übersehen, daß jedes Meßgerät selbst schon ein räumlich geformtes, also ein Geometrie in Anspruch nehmendes Gebilde ist. Mehr noch, für die Messung aller physikalischen Parameter ist die räumliche Gestalt der jeweiligen Meßgeräte sowie deren technische Reproduzierbarkeit entscheidend. Diese können aber nicht ad infinitum wieder der Meßkunst überlassen werden oder einer empiristischen Interpretation der Geschichte der Meßkunst, da jede Einzelmessung bereits verlangt, zwischen einem *Meßresultat* und einer *Meßgerätestörung unterscheiden* zu können. Auch wer nicht explizit begründen kann, warum er, um ein krasses Beispiel zu geben, lieber mit einem Metallstab als mit einem Gummifaden Längen mißt, hat doch ein intuitives Verständnis vom normativen Charakter der Meßgeräteeigenschaften.

Um dies an einem simplen, nichtgeometrischen Beispiel zu erläutern: Eine Uhr, als Meßgerät für Zeitdauern, muß für sinnvolle Messungen „richtig" gehen. Dies kann nicht selbst messend oder mit Hilfe naturgesetzlicher Erklärungen der Uhrenfunktion sichergestellt werden, denn auch die defekte Uhr „gehorcht" Naturgesetzen. Sie verfehlt jedoch die menschliche

Zielsetzung der Zeitmessung. Ebenso verhält es sich mit allen „gestörten" Meßgeräten räumlicher Größen, so daß für jegliche Meßkunst, die etwa über die Geltung geometrischer Sätze entscheiden sollte, bereits *die normative Geometrie der ungestörten Meßgeräteeigenschaften erforderlich* ist.

Diese Geometrie muß soweit explizit vorliegen, daß ihre Anwendung auf die technische Praxis der physikalischen Meßkunst sowohl begrifflich wie technisch unproblematisch ist.

Es bestehen also erhebliche Begründungsdefizite sowohl der formalistisch verstandenen mathematischen als auch der empiristisch verstandenen physikalischen Geometrie. Diese sind der wissenschaftshistorische und systematische Anlaß, sich nach Möglichkeiten einer neuen Geometriebegründung umzusehen.

Ziele und Mittel der konstruktiven Geometriebegründung

An Zielen und Mitteln einer (die Schwächen des vorherrschenden Geometrieverständnisses vermeidenden) Begründung werden inhaltlich *geometrische* und allgemein *philosophische bzw. methodologische* unterschieden.

Zunächst zu den inhaltlich geometrischen: Im Alltag, in der Technik, aber auch in den exakten empirischen Wissenschaften ist uns eine Rede von räumlichen Formen geläufig, die keine Rücksicht nimmt auf die relative Größe der Objekte, auf die wir diese Rede anwenden. Ein Würfel z. B. ist für uns ein Würfel, ganz unabhängig von seiner Größe. Wir verstehen auch sofort anschaulich den Sinn der geometrischen Frage, wie das Größenverhältnis zweier Würfel ist, die ein und derselben Kugel einbeschrieben und umschrieben sind. Die Rede von (größeninvarianten) Formen ist so verbreitet und vielfältig nützlich, daß es absonderlich wäre, hier Argumente für ihre Unverzichtbarkeit zusammenzutragen.

Ein erstes Ziel der Geometriebegründung soll es deshalb sein, *diese Rede von (größeninvarianten) Formen explizit zu rekonstruieren.* Was dabei „rekonstruieren" heißt, wird sogleich zu erläutern sein.

Eine zweite, nun schon speziell auf die Naturwissenschaften

ausgerichtete Zielsetzung ist die *Skaleninvarianz von Messungen*. Es ist ein gut begründbares Vorverständnis von Laien wie Naturwissenschaftlern, daß das Ergebnis einer Suche nach Naturgesetzen nicht von der Zufälligkeit der Einheitendefinition abhängen soll. „Naturgesetz" verdient nur ein solcher Satz zu heißen, dessen Geltung nicht von dem Zufall abhängt, ob z. B. Längen in Zentimetern oder in Inches gemessen werden. Geometrie als Theorie der räumlichen Meßgeräteeigenschaften muß also größeninvariant sein.

Der geometrisch hinreichend informierte Leser sieht selbstverständlich sofort, daß beide Ziele, die Rede von größeninvarianten Formen sowie die skaleninvariante Messung, auf eine *Ähnlichkeitsgeometrie* und damit auf die *Euklidizität* hinauslaufen. Es trifft zu, daß mit der Vorgabe dieser inhaltlichen Ziele die Euklidizität *bereits vorab ausgezeichnet* ist. Wer dagegen aus wissenschaftshistorischen Gründen, nämlich der Bevorzugung nichteuklidischer Geometrien durch die heutige Physik, eine nichteuklidische Geometrie begründen möchte, müßte schon hier in der Lage sein, andere Ziele zu formulieren, deren Erreichung auf Euklidizität verzichten kann oder muß. (Solche Ziele oder Zielgruppen müssen sich nicht dogmatisch gegenseitig ausschließen; auch vernünftige Menschen verfolgen zu verschiedenen Zeiten gelegentlich Ziele, deren gleichzeitige Verfolgung unsinnig wäre.)

Selbstverständlich betreffen die bis jetzt vorgestellten Ziele die Anwendung von Geometrie auf reale Dinge, auf die Körperwelt. Dabei bedarf es keiner tiefschürfenden Erörterungen, daß die Gegenstände geometrischer Rede keine Naturdinge, sondern vom Menschen künstlich (griechisch: technisch) hervorgebracht sind. Dabei wird sowohl sprachlich wie nichtsprachlich, nämlich handwerklich herstellend (griechisch: poietisch) gehandelt.

Die philosophische Tradition kennt viele Diskussionen der Frage, wie es kommt, daß die Geometrie (oder auch die Mathematik insgesamt) auf die Wirklichkeit passe. Da wir heute Erklärungen des Typs nicht mehr akzeptieren, daß das Buch der Natur von Gott in mathematischen Lettern geschrieben worden sei, stellt sich für die Geometriebegründung ein *Anwendungs-problem: Warum ist Geometrie auf die wirkliche Welt anwend-bar?*

Nun lehrt der Erfolg der messenden Physik, daß wir mit „Anwendung der Geometrie auf die wirkliche Welt" selbstver-ständlich nicht den bloßen Umgang mit Naturdingen meinen, sondern die Beobachtung, Vermessung und experimentelle Er-forschung des Natürlichen – im Sinne des vom Menschen nicht Gemachten – mit Hilfe von Geräten, also von geometrisch ge-stalteten Dingen. Nicht die Naturdinge sind von sich aus geome-trisch, sondern sie werden einem speziellen Erfahrungstyp der geräteabhängigen Erforschung unterworfen. Jede räumliche Ei-genschaft eines Naturdings ergibt sich dabei als Relation zu den räumlichen Eigenschaften des Kunstdings, nämlich des Meß- oder Beobachtungsgerätes. Kurz, Geometrie paßt auf natürliche Dinge, weil sie in den Kunstgegenständen zur Untersuchung der natürlichen Dinge bereits realisiert ist.

Daß Geometrie nun auf die künstliche oder technische Wirk-lichkeit paßt, ist ebenfalls wenig verwunderlich. Geometrische Wörter und Sätze sind ja, solange sie nicht durch Frageverbote im Rahmen formalistischer Mathematikverständnisse seman-tisch isoliert werden, Wörter und Sätze für die Planung, Herstel-lung und Beschreibung eben der Geräte, die in der Naturfor-schung verwendet werden. Für eine „Rekonstruktion" der geometrischen Terminologie empfiehlt es sich deshalb, bei eben den menschlichen Handlungen des Planens, Herstellens und Verwendens von Geräten in räumlicher Hinsicht zu beginnen. Oder kurz, die vorzutragende Geometriebegründung muß „operativ" sein. Damit ist zugleich gesagt, daß eine Rekonstruk-tion der geometrischen Terminologie nicht, der Tradition der analytischen Philosophie im 20. Jahrhundert folgend, mit einer „Dingsprache" beginnt, also mit Wörtern für vorfindliche Ge-genstände wie Körper oder Ereignisse. Vielmehr beginnt der re-konstruierende Sprachaufbau mit Wörtern für elementare handwerkliche Handlungen zur Herstellung derjenigen Sach-verhalte, über die geometrisch zu sprechen ist.

Die *Lösung des Anwendungsproblems durch einen hand-*

lungstheoretisch reflektierten Operativismus gibt auch die Richtung für die Lösung eines zweiten Problems, des sogenannten *Anfangsproblems*, vor. Jede Begründung nämlich, die weder dogmatisch noch zirkulär ist, noch dem methodologischen Dezisionismus des kritischen Rationalismus à la Popper folgt, sondern über *ein Kriterium für die Reihenfolge* von Begründungsschritten verfügt, muß sich klärend um die *Anfänge von Begründungsketten* bemühen. Im Rahmen konstruktiver Begründungen ist es das Prinzip der methodischen Ordnung, das die Reihenfolge von Begründungsschritten der Beliebigkeit entzieht.

Das Prinzip der methodischen Ordnung

Die hierzu längst geführte Diskussion zusammenfassend, sei das *Prinzip der methodischen Ordnung* (PmO) exemplarisch am Dinglerschen (H. Dingler, 1881–1956) Beispiel der bemalten Holzstatue erläutert: Wie niemand bezweifelt, muß beim Herstellen einer bemalten Holzfigur zuerst geschnitzt und dann gemalt werden. Die Reihenfolge dieser poietischen Handlungen wird durch den Zweck der Handlungskette festgelegt. Allerdings hindert dies nicht daran, in Texten deskriptiver oder präskriptiver Art dazu dann Falsches oder Irreführendes, nämlich durch Vertauschung der Schrittfolge, zu sagen. Im Falle bemalter Holzfiguren dürfte dies wohl kaum relevant werden, während es im Bereich etwa physikalischer Theorien – sogar ohne Beanstandungen – Praxis geworden ist, Begriffserläuterungen und Definitionsketten vorzutragen, die, metaphorisch gesprochen, das Schnitzen eines bemalten Holzklotzes empfehlen. Die meisten Lehrbücher selbst der klassischen Mechanik lassen sich hierfür als Beleg heranziehen, etwa, wenn es um die Definition von „Masse", „Kraft" und „Inertialsystem" geht.

Das PmO ist eine *Redeverbotsnorm:* Es verbietet, die methodische Reihenfolge von Handlungen, d.h. die als geeignetes Mittel für vorgegebene Zwecke explizierten Handlungsketten, anders zu be- oder vorzuschreiben, als sie – bei Strafe des Mißerfolgs – durchgeführt werden müssen.

Für die geometrische Terminologie ergibt sich aus dem PmO, daß die Herstellungsverfahren räumlicher Formen an Körpern bei *Grundformen* zu beginnen haben, die methodisch am Anfang, d. h. ohne Zuhilfenahme bereits anderer künstlich hergestellter Formen technisch zugänglich sind. Zur Illustration: Alle heutigen Produktionsverfahren etwa durch Guß, Herstellung an spanabhebenden Maschinen und dergleichen scheiden aus, weil an diesen Hilfsmitteln die gewünschten geometrischen Formen bereits realisiert sind. Andererseits ist das historische Faktum unbestreitbar, daß historisch der homo faber räumliche Formen mit immer größerer Präzision aus den Naturgegenständen herausbilden konnte.

Das bekannte Dreiplattenschleifverfahren und weitere, sogleich zu erläuternde Herstellungsprozeduren erfüllen diese Forderung: Sie können *die drei Grundformen der Ebene, der Orthogonalität* (zwischen Ebenenpaaren) *und der Parallelität* (ebenfalls für Ebenenpaare) ohne Verwendung von Maschinen leisten.

Eine weitere Präzisierung ist allerdings geboten: Unter Vorgabe des philosophischen Erkenntniszieles, *universell gültige geometrische Aussagen zu ermöglichen,* in denen nicht Bezug genommen wird auf einmalige Exemplare von räumlich gestalteten Körpern (und damit sprachtheoretisch gesehen auf die Verwendung von Eigennamen), muß die *prototypenfreie Reproduzierbarkeit (ptR)* sichergestellt werden. Anschaulich bedeutet die ptR, daß die wiederholte konkrete Durchführung eines Herstellungsverfahrens für räumliche Formen jeweils *in entscheidender Hinsicht dasselbe Resultat* haben muß. Das heißt etwa, daß die wiederholte Durchführung des Dreiplattenschleifverfahrens, in dem drei Körper paarweise und ohne Auszeichnung einer Richtung bis zur Passung aufeinander abgeschliffen werden, zwei Plattentripel ergeben muß, deren Teile auch untereinander frei verschiebbar aufeinander passen. Das erkenntnistheoretische Ziel der Universalität geometrischer Sätze wird also mit dem Mittel der prototypenfreien Reproduzierbarkeit räumlicher Grundformen und der an sie gebundenen terminologischen Normierung erreicht.

Es ist die bekannte, wenn auch nicht in ihren definitorischen Festsetzungen bekannte geometrische Sprache, um deren Aufbau es jetzt geht. Deshalb wird von *Rekonstruktion* gesprochen. Andererseits ist der Aufbau auch eine „Konstruktion" insofern, als er dem PmO folgt.

Unter Rückgriff auf die lebensweltliche, jedenfalls vor- und außerwissenschaftliche Erfahrung wird angenommen, daß Körper in ihrer räumlichen Lage und Gestalt durch menschlichen Eingriff verändert werden können. (Die hier vorgetragene Geometriebegründung ist also nicht völlig „erfahrungsfrei" oder „erfahrungsunabhängig"; entscheidend ist aber, daß keine auf Geometrie und Messung beruhenden, wissenschaftlichen Erfahrungen für den Anfang in Anspruch genommen werden).

Zwei Körper „berühren sich", wenn sie von einem Menschen zur Berührung gebracht worden sind. Berühren sie sich in einem (einfach zusammenhängenden; für die Details der Terminologie sei auf die Literatur verwiesen) Teil ihrer Oberfläche, wie dies etwa bei einem Gipsabdruck eines Oberflächenstücks der Fall ist, so „passen" die beiden Körper (in einem Gebiet) aufeinander. Passen zwei Oberflächengebiete (nacheinander) auf dasselbe Gegenstück, so heißen sie „gestaltgleich". Ein Tripel von paarweise gestaltgleichen Oberflächenstücken führt zu *ebenen* Gebieten, wenn gewisse Vorsichtsmaßnahmen bezüglich Überlappung bei der Passungsprobe zusätzlich getroffen und dadurch z. B. Wellbleche oder Sattelflächen ausgeschlossen werden.

Ebene Oberflächenstücke können methodisch primär, also unter Berücksichtigung des PmO, durch das oben schon erwähnte Dreiplattenschleifverfahren hergestellt werden, das aller historischen Kenntnis nach auch das erste Verfahren für die Herstellung ebener Flächen auf Glas und Marmor ohne die Verwendung von Maschinen war.

Liegen vier Körper vor, die bereits ein ebenes Oberflächenstück tragen, so kann eines als Grundebene zur Führung der drei anderen genommen werden – an den schon erhaltenen Ebenen

Abb. 1

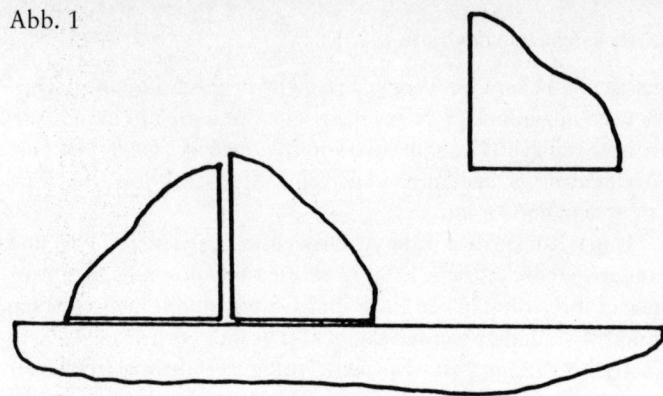

wird nun nicht mehr geschliffen –, um ein Tripel rechter Keile zu erzeugen (siehe Abb. 1).

Dieses Schleifverfahren ist ein methodisch primäres Erzeugungsverfahren für einen „rechten Schnitt" durch einen Körper zu einer auf ihm vorliegenden Ebene. (Bei einer detaillierten Durchführung sind hier jeweils viele zusätzliche terminologische Vorsichtsmaßnahmen zu treffen, um Mehrdeutigkeiten und Sonderfälle auszuschließen – hier sei nur der methodische Gang der Herstellungsverfahren veranschaulicht.)

Werden durch einen Körper zu einer vorliegenden Ebene zwei rechte Schnitte geführt, so heiße das Resultat – unter anschaulicher Bezugnahme – „Tortenstück". Paare öffnungsgleicher Tortenstücke können aus einem Keil, d. h. einem Körper mit zwei sich schneidenden Ebenen in einem beliebigen Öffnungswinkel, durch einen „Querschnitt" erzeugt werden. Der (ebene) Querschnitt ist selbst operativ definiert mit Hilfe eines an beide Keilflanken anzulegenden Tortenstücks. Stellt man zwei durch Querschnitt aus einem Keil erzeugte Tortenstücke auf einer ebenen Grundfläche so aneinander, daß sie sich berühren und ihre Spitzen in entgegengesetzte Richtungen weisen, so erhält man die dritte Grundform, nämlich die *Parallelität* zweier Ebenen (siehe Abb. 2).

Für alle drei Grundformen (Ebenheit, Orthogonalität, Parallelität), die an wirklichen Körpern realisiert werden können, gilt die Eindeutigkeit im Sinne der prototypenfreien Reproduzierbarkeit (die Beweise sind in der Literatur publiziert).

Ersichtlich sind an den *räumlichen Grundformen* auch die *planimetrischen Grundbegriffe* definierbar: Der Schnitt zweier Ebenen führt auf eine *gerade* Kante; am Tortenstück sind *orthogonale Geraden* realisiert; am parallelen Doppelkeil schließlich zwei *parallele Geraden,* die von einer dritten geschnitten werden. Mit ihrer Hilfe läßt sich eine konstruktive Definition für *Längengleichheit* und *Längenverhältnis* geben: Über die Parallelität sind Parallelogramme konstruierbar, deren gegenüberliegende Seiten jeweils „gleichlang" heißen; für Strecken, die einen Endpunkt gemeinsam haben, wird „gleichlang" durch die Bedingung definiert, daß sie Seiten eines Parallelogramms sind, dessen Diagonalen aufeinander senkrecht stehen. Für beliebig zueinander im Raume liegende Strecken ist dann „gleichlang" durch Hintereinanderschalten der beiden vorgenannten Kriterien bestimmt (siehe Abb. 3).

Schließlich läßt sich auch das Zahlenverhältnis zweier Strecken (als Rationalzahl in dualer Darstellung) durch Iteration einer Rechtecks- und Diagonalenkonstruktion nach folgen-

Abb. 2

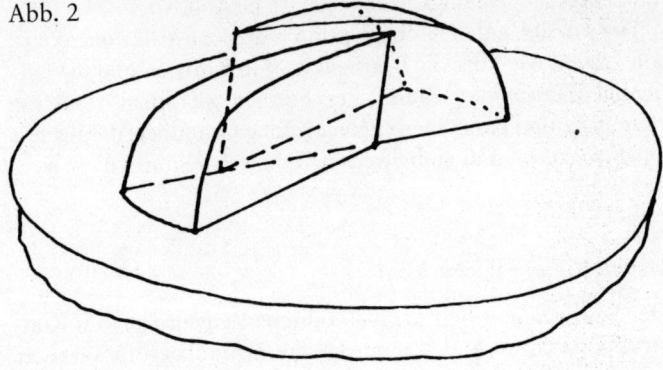

Abb. 3

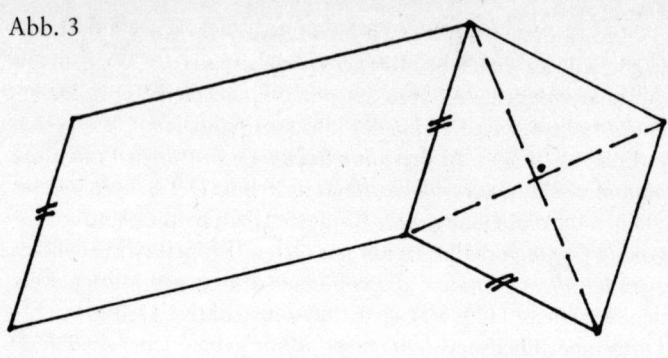

Abb. 4

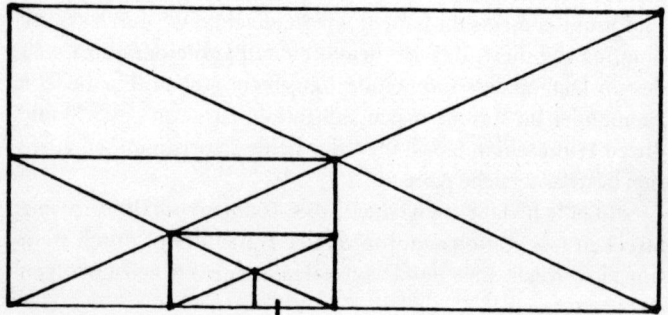

der Figur (für das Längenverhältnis der Strecken AB und AC)
mit beliebiger Genauigkeit angeben (siehe Abb. 4).

Der vorstehende Durchgang durch die Konstruktionenkette
soll zeigen, wie über die Bearbeitung von Körpern und die eindeutige Herstellung räumlicher Formen an ihnen zunächst
räumliche und dann ebene geometrische Grundbegriffe bis hin
zur Kongruenz und zum Streckenverhältnis rekonstruiert werden können.

Geometrie und Wirklichkeit

Der Durchgang durch die methodische Reihenfolge von Kon-
struktionsschritten für geometrische Grundbegriffe skizziert

einen Lösungsweg sowohl für das Anwendungs- als auch das Anfangsproblem. Am Anfang stehen weder Formelsysteme noch Behauptungen, sondern Handlungsanweisungen (bzw. Normen) zur Herstellung räumlicher Formen an Körpern. Diese Anfänge sind also weder wahr noch falsch, sondern nur nach ihrer Zweckmäßigkeit zu beurteilen. Wer die Zwecke der manuellen und begrifflichen Beherrschung räumlicher Formen nicht verfolgt, bedarf auch nicht der operativen Mittel der Geometriebegründung. Freilich ist damit nur die Möglichkeit von Konstruktionen im poietischen Sinne gezeigt. Streng genommen beziehen sich alle derart normierten „geometrischen" Termini auf *wirkliche Körper*. Dies ist zwar für die Lösung des „Anwendungsproblems" unverzichtbar, bedarf aber der Ergänzung insofern, als die *mathematische Sprache der Geometrie* und die traditionelle (und traditionell ungeklärte) Auffassung von der *Idealität mathematischer Begriffe* noch ungeklärt ist. Diese Klärung soll jetzt, und zwar mit handlungstheoretischen Mitteln, herbeigeführt werden.

Handlungsanweisungen dienen dazu, daß eine Person eine andere zu einer Handlung auffordert, und zwar mit Wörtern, die beiden Handlungspartnern gleichermaßen vertraut sind.

Bekanntlich können Anweisungen, Aufforderungen, Normen und dergleichen, also präskriptive Sätze unterschiedlicher Form, nicht nur praktisch befolgt, sondern auch selbst zum Gegenstand eines Diskurses werden. Solche Diskurse können Legitimationsprobleme des Auffordernden ebenso betreffen wie z. B. Realisierungs- oder Befolgungsmöglichkeiten. So sind z. B. Aufforderungen denkbar, die aus empirischen Gründen in einer konkreten Situation unbefolgbar sind – wie die Aufforderung zu schwimmen, wenn kein Wasser da ist –, und andere, die aus logischen bzw. terminologischen Gründen unbefolgbar sind – z. B., wenn dazu aufgefordert wird, einen dreieckigen Kreis zu zeichnen.

Eine wichtige Form des *Diskurses über präskriptive Sätze* ist diejenige, bei der die *Befolgung hypothetisch unterstellt* wird. Wenn etwa Straßenverkehrsregeln nach dem höheren Ziel einer Beförderung des Verkehrsflusses bei größtmöglicher Sicherheit ausgerichtet werden, so diskutiert man Anwendungsfälle, um zu überprüfen, ob vorgeschlagene Regelungen zweckmäßig sind. Die „hypothetische Annahme" der Regelbefolgung ist dabei ersichtlich nicht von derselben Art wie der hypothetische Charakter einer empirisch zu testenden naturwissenschaftlichen Theorie. Vielmehr besteht die Annahme der Regelbefolgung darin, aus Aufforderungssätzen Behauptungssätze – unter Weglassung des Aufforderungsoperators – zu bilden, so z. B. aus der Aufforderung „Schließe diese Tür!" die Behauptung „Diese Tür ist geschlossen". Dieser Übergang wird zu keinem anderen Zweck gemacht als demjenigen, nun aus den so gewonnenen Behauptungen logische Folgerungen zu ziehen und daran die Konsequenzen von Handlungen für den Fall zu erörtern, daß diese ausgeführt werden.

Dieses lebenspraktisch so gängige wie nützliche Vorgehen läßt sich auch für den Übergang von der Sprache für räumliche Formen an wirklichen Körpern auf die ideale Sprache der mathematischen Geometrie anwenden.

Dazu sind für die geschilderten Herstellungsverfahren von Ebene, Orthogonalität und Parallelität erst einmal die *Herstellungsziele* zu formulieren. In der konstruktiven Geometriebegründung wurden hierfür „Homogenitätsprinzipien" vorgeschlagen, d. h. Ununterscheidbarkeitsforderungen für die Herstellungsresultate. Auf definitionstechnische Einzelheiten ist hier nicht einzugehen. Anschaulich geht es darum, daß etwa die Grundform der Ebene durch die Ununterscheidbarkeit der Stellen (oder, in geometrischer Sprache, der Punkte) dieser Ebene sowie ihrer beiden Seiten als Herstellungsziel festgelegt wird. Das Unterscheidungskriterium, das dabei gemäß Herstellungsverfahren in Betracht kommt, betrifft z. B. nicht die Farbe einzelner Ebenenstellen, sondern die Berühreigenschaften bezüglich bestimmter Paßstücke.

Analog lassen sich auch die Orthogonalität und die Parallelität als Herstellungsziele in der Form von Ununterscheidbarkeiten angeben.

Selbstverständlich ist die prototypenfreie Reproduzierbarkeit der Grundformen ebensowenig ein Selbstzweck wie deren Definition. Vielmehr geht es um weitere technische Verwendung einerseits sowie um – nun dem Mathematiker zufallende – Klärung der „Eigenschaften" oder „logischen Folgen" der definierten Grundformen andererseits. Mit anderen Worten: Die *mathematische Geometrie* entsteht durch die *Beschränkung auf die Menge von Definitionen und Aussagen, die an die Definitionen der drei Grundformen anschließen.* Handlungstheoretisch betrachtet geht es dabei um eben die Diskussion der mit der Herstellung der Grundformen sozusagen mitbewirkten oder mitbewirkbaren räumlichen Sachverhalte.

Das leidige, seit Platon und Aristoteles belastete Problem, was unter der Idealität oder Abstraktheit mathematischer Begriffe zu verstehen sei, findet damit eine logisch simple Klärung: Der Übergang von der Rede über räumliche Formen wirklicher Körper auf die *ideale,* mathematische Geometrie wird durch Beschränkung auf die Menge von Sätzen durchgeführt, die aus den Homogenitätsprinzipien zur Definition der Grundformen definitorisch oder logisch gewinnbar sind.

Auch dem populären Verständnis von *Idealisierung* ist dabei Rechnung getragen: Man bedient sich in der „mathematischen Geometrie" einer „Als-ob-Redeweise" dergestalt, daß unterstellt wird, die Herstellungsverfahren seien „vollkommen" gelungen – was in einer weniger unklaren, weniger an mathematische Folgen- und Konvergenzvorstellungen erinnernden Sprache lediglich bedeutet: Man redet *nur noch über die Ziele der Herstellungsverfahren selbst,* in einem Diskurs, wie er oben am Beispiel der Verkehrsregeln interpretiert wurde.

Daraus ergibt sich sofort, daß es kein Einwand gegen diese Geometriebegründung wäre, darauf zu verweisen, daß die „vollkommene Realisierung" der Grundformen niemals gelingen könne – was man z. B. aus der empirischen Physik wisse. Denn in jedem tatsächlich durchgeführten Realisierungsverfahren, das sich ohne Verletzung des PmO heutzutage selbstverständlich anders und mit Hilfe von Maschinen vollzieht, geht es immer nur um eine *hinreichend gute Realisierung;* der technische Verwendungszweck bestimmt, was dabei „hinreichend gut" heißt. Dessen ungeachtet können die definitorischen Vorschriften für die Grundformen und andere geometrische Begriffe mit der Unterstellung beliebiger, eben idealer Genauigkeit diskutiert werden. (Praktisch vertritt diese Auffassung auch jeder Laie und jeder Techniker, der einerseits weiß, daß eine „Ebene" unbegrenzt ist, und der andererseits z. B. einen guten Spiegel „eben" nennt.)

Die „mathematischen" Termini wie *„Punkt"*, *„Gerade"*, *„Ebene"* und all die anderen sind von ihrem definitionstheoretischen Status her so zu verstehen, daß sie *lediglich anzeigen*, daß man – nun unter Absehung aller technischen Realisierungsfragen – sich im Kontext der definitorischen und logischen Folgen der Normen für die Grundbegriffe befindet. Wenn also z. B. ein Schüler zwar definitionstheoretisch noch nicht versiert, aber durchaus berechtigt fragt: „Was ist ein Punkt?", so würde die angemessene Antwort lauten: Das Wort Punkt zeigt an, daß man sich im Argumentationszusammenhang der definitorischen und logischen Folgen – sprich mathematischen Geometrie – aus der Formulierung von Herstellungszielen räumlicher Formen an Körpern befindet. (Diese Antwort ist selbstverständlich dann erst pädagogisch geeignet aufzubereiten.)

Das *Verhältnis von Geometrie und Wirklichkeit* ist somit aller metaphysischen Nebulosität entkleidet. Wir haben es, kulturhistorisch gesehen, mit einer sprachlichen Disziplinierung für Vorschriften und Beschreibung unserer technischen Zivilisation in einer unverzichtbaren Grundvoraussetzung zu tun, nämlich der *technischen Reproduzierbarkeit räumlicher Formen an Körpern*.

Das Begründungsproblem

Naturwissenschaftler und Mathematiker, sofern sie nicht ein philosophisches Interesse an der erkenntnistheoretischen Frage nach der Geltung ihrer eigenen Überzeugung haben, gewinnen in der Regel nachgereichten philosophischen Begründungen wenig ab. Wozu dieser Luxus? In der Tat gibt es philosophisch wenig anzubieten für denjenigen, der die tatsächliche Verbreitung von Lehrmeinungen unter den Angehörigen einer bestimmten wissenschaftlichen Zunft schon für ein ausreichendes Geltungskriterium hält. Dies dürfte wohl die Mehrheit der Naturwissenschaftler und Mathematiker sein.

Hier soll es nicht um philosophische Missionierung gehen. Wer die Frage nach Wahrheit und Geltungsgründen nicht aufwirft, kann gleichwohl ein nützliches Mitglied seiner fachlichen Zunft sein. Den Philosophen, genauer, die meisten Philosophen, befriedigt eine solche Haltung nicht.

Dessen ungeachtet lassen sich aber Gründe nennen, warum auch der Naturwissenschaftler und der Mathematiker um Begründungsprobleme besorgt sein sollten: De facto nämlich vertreten Naturwissenschaftler und Mathematiker immer auch *metatheoretische Sätze über die Theorien ihrer Disziplinen*. Im Falle der Geometrie sind dies etwa Aussagen über das Verhältnis von euklidischer zu nichteuklidischen Geometrien sowie zur Konkurrenz dieser Geometrien hinsichtlich ihrer Brauchbarkeit für die Physik. Nicht selten werden daraus Schlüsse gezogen für die Beurteilung philosophischer oder erkenntnistheoretischer Theorien, etwa für das Verhältnis apriorischer und empirischer Wahrheiten. Die Auffassung etwa, die moderne, relativistische Physik habe die euklidische Geometrie vom Thron gestoßen und die nichteuklidischen Geometrien zu gleichberechtigten, wenn nicht gar überlegenen Theorien erhoben, wäre hierfür ein Beispiel.

Sollen derartige, nun von Gegenstand und Sprachebene her unzweifelhaft philosophische Auffassungen nicht ihrerseits bloß sozialpsychologische Duftmarken sein, die die Zugehörigkeit zu einer Zunft im Sinne eines Glaubensbekenntnisses signalisieren, so kann es nicht ohne eine Befassung mit Begründungsproblemen der Geometrie abgehen. Insofern ist die Aufgabe, Geometrie nach selbst explizit genannten und kritisierbaren Kriterien zu begründen, nicht nur eine philosophische Aufgabe für den Fachphilosophen, sondern auch für die betroffenen Fachwissenschaftler.

2. Wissen von der Welt

Handlungszwecke als synthetisches Apriori
der modernen Physik

Der moderne Empirismus, dem sich die Analytische Wissenschaftstheorie verpflichtet weiß, der aber auch von heutigen Naturwissenschaftlern als ihre Position reklamiert wird, hat im synthetischen Apriori der Tradition I. Kants bis heute *das* rote Tuch ausgemacht, das immer wieder zu Attacken Anlaß gibt. In diesem vom Stierkampf genommenen Bild soll es aber als tertium comparationis nicht um das Wutschnauben des Stieres gehen; ohnehin ist es ja heute empiristisch aktuell geworden, dieses rote Tuch evolutionstheoretisch in der Rückseite des Spiegels zu betrachten und mit K. Lorenz das Apriori der Erkenntnis als Aposteriori der Stammesgeschichte dadurch zu vereinnahmen, daß man es zum Gegenstand erfahrungswissenschaftlicher Untersuchung gemacht hat.

Also nicht der Glaubenskrieg, in dem z. B. Vertreter des Wiener Kreises beim synthetischen Apriori Kants den letzten Metaphysikrest der Erkenntnistheorie gesehen haben, soll Gegenstand der folgenden Erörterung sein, sondern der Versuch, ein neues Verständnis des synthetischen Apriori zu entwickeln, das, eingeschränkt auf die Grundlagen der Physik, auch dem modernen Physiker erlaubt, zuzustimmen. Ziel dieses Versuches ist es, nicht die Physik, wohl aber eine vor allem von Physikern vertretene Erkenntnistheorie zu kritisieren und eine Alternative zu entwickeln, die es dem Physiker müßig erscheinen läßt, dem philosophischen Torero zu demonstrieren, daß er doch nur ein Tuch geschwenkt habe, hinter dem sich kein angreifenswertes Ziel verberge.

Exemplarisch für das Verhältnis der heutigen Physik zum synthetischen Apriori – und immer noch wirksam – ist eine Aussage, die A. Einstein 1922 in einem Aufsatz „Raum und Zeit in der vorrelativistischen Physik" gemacht hat: „Begriffe und Begriffssysteme erhalten ihre Berechtigung nur dadurch, daß sie zum Überschauen von Erlebniskomplexen dienen; eine andere Legitimation gibt es für sie nicht. Es ist deshalb nach meiner Überzeugung eine der verderblichsten Taten der Philosophen, daß sie gewisse begriffliche Grundlagen der Naturwissenschaft aus dem der Kontrolle zugänglichen Gebiet des Empirisch-Zweckmäßigen in die unangreifbare Höhe des Denknotwendigen (Apriorischen) versetzt haben ... Dies gilt im besonderen auch von unseren Begriffen über Zeit und Raum, welche die Physiker – von Tatsachen gezwungen – aus dem Olymp des Apriori herunterholen mußten, um sie reparieren und wieder in einen brauchbaren Zustand setzen zu können."

Die Erwähnung von Zeit und Raum sowie die an anderer Stelle von Einstein geäußerte Auffassung vom nichtempirischen Charakter der Mathematik grenzt seine Philosophenschelte ersichtlich auf das *synthetische* Apriori ein.

Dieser an Einsteins Zitat exemplifizierten Haltung soll eine Methodenreflexion entgegengesetzt werden, die folgenden Argumentationsweg beschreitet: Beginnend bei einem für Physiker wie Philosophen gleichermaßen unkontroversen Charakteristikum der empirischen Datengewinnung als einem vorgegebenen Zweck der Physik soll durch Analyse eine Kette von Teilzwecken gewonnen werden, für die sich in einem zweiten Schritt ein System von Methoden zur Erreichung eben dieser Zwecke angeben läßt. Die Kenntnis dieser Methoden, die sich als zweckorientierte Handlungsweisen auffassen lassen, sind, und dies wird der dritte Teil dieses Aufsatzes sein, mit guten Gründen als ein synthetisch apriorisches Wissen anzusehen.

Physik als quantitative Erfahrungswissenschaft

Es darf wohl als unkontroverse Vorgabe gewählt werden, daß Physik beansprucht, eine quantitative Erfahrungswissenschaft zu sein. In möglichst harmloser, konfliktträchtige Vorgriffe vermeidender Weise läßt sich dieser Anspruch so interpretieren, daß, auf welch kompliziertem Weg auch immer, physikalische Theorien letztlich auf Meßdaten beruhen. Ungeachtet einer großen Zahl nicht trivialer Probleme der Messung und aus der

Sicht des Philosophen wiederum unkontrovers, wird vom Physiker für die tatsächlich in Laboratorien gewonnenen Meßdaten *Reproduzierbarkeit* in Anspruch genommen. Hier ist nicht die Rede von Reproduzierbarkeit sogenannter Effekte oder von der Wiederholbarkeit von Experimenten im Sinne gleicher Verläufe bei gleichen Anfangsbedingungen, sondern von der Reproduzierbarkeit einzelner Meßwerte. Diese sollen den Ausgangspunkt der folgenden Überlegungen bilden. Was bedeutet dieser Anspruch auf Reproduzierbarkeit einzelner Meßwerte, und mit welchen Mitteln ist er einzulösen?

Durch Messung soll, so wird hier unterstellt, über den vermessenen Gegenstand etwas in Erfahrung gebracht werden. Die wiederholte Vermessung ein- und desselben Gegenstandes unter der Frage, ob und gegebenenfalls wie und unter welchen Umständen er sich verändert hat, weist aus, daß die Reproduzierbarkeit von Meßwerten sich nicht vom vermessenen Gegenstand selbst ableiten kann, etwa in dem Sinne, daß sie auf dessen Gleichbleiben beruhe – denn darüber soll ja durch Wiederholung der Messung erst etwas in Erfahrung gebracht werden. Vielmehr betrifft sie die Eigenschaften des verwendeten Meßgerätes.

Leider ist historisch die Frage, welche Eigenschaften von Geräten reproduzierbar sein müssen, damit diese sich zur Messung eignen, spätestens seit Hermann von Helmholtz, ja in gewisser Weise schon seit Aristoteles so gründlich verstellt, daß hier erst einige Aufräumarbeiten zu leisten sind. Die Aristotelische Zeitdefinition – Zeit als *Zahl* der Bewegung nach dem Früher und Später – hat nämlich von Anfang an suggeriert, daß ein *Messen* als ein *Zählen von Maßeinheiten* zu geschehen habe. Diese Auffassung ist, bezogen auf die neuzeitliche Physik, von H. v. Helmholtz in seinem Aufsatz „Zählen und Messen, erkenntnistheoretisch betrachtet" (1887) erstmalig im Detail ausgearbeitet worden. Analog zum Aufbau des Zahlensystems, von den natürlichen und ganzen Zahlen bis zu den reellen, und den für sie definierten Relationen wie Gleichheit, Addition, Multiplikation usw. in der Mathematik, wird für die Physik ein Operationensystem entworfen, das den Umgang mit Maßeinheiten oder Einheitsgrößen erfaßt. Eine nach den Standards moderner Logik abschließende Behandlung dieses Programms ist bei R. Carnap und C. G. Hempel nachzulesen und besteht letztlich darin, die Definition von metrischen Größen auf das Messen und das Messen wiederum auf das Zählen von Maßeinheiten zurückzuführen. Damit wird aber das Problem der Reproduzierbarkeit von Meßgeräteeigenschaften als ein Problem der Reproduzierbarkeit von Standardeinheiten wie Meter, Sekunde, Kilopond usw. betrachtet, und dies heißt: gründlich mißverstanden.

Ein Mißverständnis ist dies nämlich in mehrfacher Hinsicht: Erstens wird dabei die praktische Laborforschung mit der erkenntnis- oder wissenschaftstheoretischen Frage nach dem Geltungsgrund verwechselt. Selbstverständlich soll der praktizierende Forscher im Labor immer alle verfügbaren empirischen Kenntnisse für seine Forschung nutzen, also auch diejenigen, die er für die technische Reproduktion von Maßeinheiten benötigt. Für die Frage nach der *Geltung* von Meßresultaten jedoch ist die Verwendung eines selbst auf Messungen beruhenden empirischen Wissens zirkulär und damit unzulässig.

Zweitens sind, programmatisch wie tatsächlich, die Aussagen der Physik einheiteninvariant. Maßeinheiten sind zwar wertvolle, ja unentbehrliche Kommunikationshilfen für Forscher, mehr aber auch nicht. Sie sind insbesondere keine unverzichtbaren Grundbegriffe für die Möglichkeit quantitativer Aussagen. Physikalische Gesetze nämlich sind, unabhängig von moderner ökonomischer Formulierung unter Zuhilfenahme von Maßeinheiten, Verhältnisaussagen. Eichprobleme und die Reproduzierbarkeit von Standardeinheiten sind für ihre Geltung unerheblich.

Wenn also die empiristische Theorie des Messens durch ihren deskriptiven Anschluß an die tatsächliche Laborpraxis das Geltungsproblem verfehlt, stellt sich die Frage neu: Welche Eigenschaften von Geräten müssen reproduzierbar und damit jederzeit von neuem herbeiführbar sein, damit sich die Geräte zum Messen eignen?

Zur Beantwortung dieser Frage lohnt sich ein Blick auf die *hi-*

storisch vor der messenden Physik liegende Meßkunst des Alltagslebens, die ja auch systematisch unabhängig von Physik eine rund zweieinhalbtausendjährige Geschichte hatte, bevor mit Tycho Brahe und Galilei die wissenschaftliche Meßkunst begann. Aus dieser Alltagspraxis der Feststellung von Gleichheiten und Größenverhältnissen für Längen, Flächen, Rauminhalte, Zeitdauern und Gewichte läßt sich entnehmen, daß offensichtlich gewisse *Invarianzforderungen* eingehalten wurden. Dafür zwei Beispiele: Wenn etwa für zwei Goldstücke mit Hilfe einer Waage festgestellt wurde, daß das eine doppelt so schwer wie das andere ist, so sollte genau dieses Gewichtsverhältnis auch auf jeder anderen Waage erhalten werden – also eine Invarianzforderung bezüglich des verwendeten Meßgeräts; das Meßresultat soll nicht mit dem Austausch einer Waage gegen eine andere variieren. Oder war etwa für Steuerabgaben in Naturalien festgesetzt, daß jeder Bauer ein bestimmtes Hohlmaß des Steuereinnehmers mit Getreide einmal zu füllen hatte, so war dabei als selbstverständlich angenommen, daß dies gerecht sei im Sinne des ersten Axioms bei Euklid, wonach zwei Dinge, die einem Dritten gleich sind, auch untereinander gleich sind.

Diese beiden Beispiele sollen zeigen, daß Geräteinvarianz heißt zu erwarten, daß alle Meßgeräte „dieselben Meßresultate" liefern. Der Ausdruck „dieselben Meßresultate" bedeutet aber selbstverständlich nicht „unabhängig von den Eigenschaften der vermessenen Objekte", sondern ist anders, nämlich dadurch zu bestimmen, daß dieselben logischen Eigenschaften von Meßergebnissen, also z. B. Transitivitäten von Maßgleichheit oder von Größenverhältnissen, gelten sollen.

Die außerwissenschaftliche Meßpraxis legt also folgende Interpretation nahe: Zurückführbar letztlich auf Gerechtigkeitspostulate, vor allem auf die Forderung nach Symmetrie und Transitivität von Gleichheiten, bedeutet die Reproduzierbarkeit von Meßwerten, Meßgeräte so herzustellen und zu gebrauchen, daß durch sie Meßwerte geräteinvariant werden.

Erkenntnistheoretisch ist hier von Belang, daß diese Geräteinvarianz nicht wieder selbst messend kontrolliert werden kann; dazu müßte man nämlich entweder schon wissen, daß ein vermessener Gegenstand sich selbst gleichgeblieben ist, was ja der empirischen Kontrolle durch Messung vorbehalten bleiben soll; oder man müßte schon über ein durch Reproduzierbarkeit von Meßresultaten ausgezeichnetes Meßgerät verfügen, um andere damit zu kontrollieren. Hier stellt sich mit anderen Worten ein sogenanntes *Anfangsproblem:* Wie gelangt man (methodisch) allererst zu Geräteeigenschaften derart, daß die Geräteinvarianz der Meßresultate erreicht wird?

Zur Lösung dieses Anfangproblems führt ein Einfall, der meines Wissens zum ersten Mal bei Hugo Dingler auftaucht: Dingler entdeckte, daß homogene räumliche Formen prototypenfrei reproduzierbar sind. Seit Dinglers frühen Schriften aus den zwanziger Jahren ist es das beliebteste (und nebenbei auch heute noch das meßtechnisch wichtigste) Beispiel, ebene Oberflächen an Körpern zu betrachten. Diese können prototypenfrei, d. h. ohne Rückgriff auf schon vorhandene ebene Oberflächen erzeugt werden – also anders, als es z. B. bei einem Gußverfahren der Fall wäre oder auch bei Verwendung von Maschinen wie einer Drehbank oder einer Fräse. (Irgendwie muß ja auch tatsächlich die Menschheit zu ersten ebenen Oberflächen an Geräten gelangt sein.)

Reproduzierbarkeit bedeutet *hier,* daß ein *Verfahren* bekannt ist, in dem stets aufs Neue, d. h. ohne Rückgriff auf andere ebene Körperoberflächen oder Kontrollgeräte, solche Ebenen an Körpern hergestellt werden können. Dingler (wie vor ihm schon W. K. Clifford) wählt hier das sogenannte *Dreiplattenverfahren,* wonach drei (grob vorgeebnete) Platten wechselweise aneinander so lange abgeschliffen werden, bis jedes Paar aus dem Tripel (beliebig verschiebbar) aufeinander passende Oberflächen hat. Ein solches Verfahren kann nun *allein durch Handlungsanweisungen,* d. h. ohne Verwendung eines Eigennamens für einen Eichstandard oder eine „Ur-Ebene", einen Prototyp, angegeben werden.

Dieser Einfall Dinglers wurde in den fünfziger Jahren von P. Lorenzen in einem Aufsatz über „Die Geometrie als Wissenschaft der räumlichen Ordnung" aufgegriffen und interpretiert durch „Homogenitätsprinzipien", d. h. durch Ununterscheidbarkeitsforderungen, die von Lorenzen als eine Art Vorform geometrischer Axiome angesehen wurden. Allerdings hatte dieser Vorschlag einige methodische und logische Schwächen, so daß er von Lorenzen wieder aufgegeben wurde, und sein 1984 erschienenes Buch „Elementargeometrie. Das Fundament der Analytischen Geometrie" enthält keine Homogenitätsprinzipien mehr. Stattdessen findet sich dort ein sogenanntes Formprinzip, das m. E. jedoch den Nachteil hat, sich außerhalb der Geometrie nicht anwenden zu lassen, und selbst innerhalb der Geometrie bereits an die folgenreiche Grundentscheidung Euklids anschließt, Geometrie zuerst als Planimetrie aufzubauen und erst später zur Stereometrie überzugehen – folgenreich für die Klärung des Parallelenproblems, der Euklidizität und der Dreidimensionalität des Erfahrungsraums.

Hier soll dagegen die Dinglersche Grundidee der Reproduzierbarkeit homogener räumlicher Formen, allerdings auf eine neue und allgemeinere, nämlich auch zeitliche und stoffliche Formen erfassende Weise, aufgegriffen und in ihren Vorzügen gegenüber dem empiristischen Physikverständnis dargelegt werden. Dafür wird zu zeigen sein, wie der Zweck der Geräteunabhängigkeit von Meßwerten auf die Reproduzierbarkeit homogener Formen zurückgeführt werden kann.

Die operationalen Definitionen der Protophysik

Zunächst soll eine *Handlungsanweisung* von einer *Norm* dadurch unterschieden werden, daß eine Handlungsanweisung eine bestimmte Handlung vorschreibt, während eine Norm zur Herbeiführung eines bestimmten Sachverhalts auffordert, ohne anzugeben, durch welche Handlungen. Normen führen also schon von ihrer Definition her die Frage mit sich, ob sie erfüllbar sind, d. h. ob Verfahren angegeben werden können, die geeignet sind, den geforderten Sachverhalt herbeizuführen; oder elliptisch kurz: ob Normen realisierbar sind. Dabei stellt sich das Problem, welcher Art ein Wissen ist, daß bestimmte Realisierungsverfahren, letztlich also bestimmte Handlungsschemata ebenfalls bestimmte Sachverhalte zum Resultat haben, genauer, ob der Zusammenhang einer Norm mit seinem Realisierungs-verfahren empirisch, analytisch oder sonstwie gewußt wird. Im folgenden wird es allerdings nur um solche Normen gehen, die Meßgeräteeigenschaften mit dem Ziel der Reproduzierbarkeit von einzelnen Meßresultaten postulieren.

Eine Norm heiße ein *formales Homogenitätsprinzip,* wenn sie fordert, Homogenität als Ununterscheidbarkeit von *Teilen eines Ganzen* technisch herbeizuführen. Man kann dies etwa so notieren:

$$! \, [\, T c G \text{ und } T' c G \text{ und } a(T, G) \text{ dann } a\, (T', G)\,]$$

Lies: Wenn T ein Teil des ganzen G ist, und wenn T' ein Teil von G ist, und wenn eine Aussage a von T und G gilt, dann soll diese Aussage a auch von T' und G gelten.

Ersichtlich ist dieses formale Homogenitätsprinzip noch keine Norm, sondern hat nur die (logische) Form einer Norm. Denn einerseits ist darin unbestimmt, welche Teile eines welchen Ganzen hier gemeint sind, und zum anderen fehlt die Angabe, in welchen Eigenschaften Ununterscheidbarkeit gefordert wird; anders ausgedrückt, es fehlt die Angabe, wie die Aussage-*form* a durch bestimmte Prädikatoren zu einer *Aussage* zu machen ist. Die Auffüllung dieser Leerstellen führt auf verschiedene *materiale Homogenitätsprinzipien,* die nun tatsächlich Normen sind. Ein Beispiel: Das ganze G sei die Oberfläche eines Körpers, die Teile seien Stellen oder Bereiche der Oberfläche, und der das Unterscheidungsmerkmal benennende Prädikator sei „schwarz". Dann fordert dieses Homogenitätsprinzip, die Oberfläche eines Körpers so einzufärben, daß alle Stellen der Oberfläche gleichmäßig schwarz sind. Die spezielle Wahl des Prädikators „schwarz" legt also fest, daß es sich hier um eine farbliche Homogenität handelt.

Logisch komplexer werden die Verhältnisse bei räumlicher Homogenität: Hier soll nämlich, um mit der definitorischen Bestimmung räumlicher Formen zugleich ein Kontrollverfahren festzulegen, in die Aussage a der Prädikator „berühren" eingesetzt werden. „Berühren" ist aber ein „mehrstelliger" Prädikator (z. B. Körper K1 berührt Körper K2 mit der Stelle S1 an der Stelle S2 – damit ist „berühren" ein vierstelliger Prädikator). Wenn also das Homogenitätsprinzip eigennamenfrei bleiben soll, was sich durch den Vorzug der Unabhängigkeit von irgendeinem mit Eigennamen benannten Prototyp wie z. B. dem Pariser Urmeter nahelegt, so muß die Auffüllung der Leerstellen des Prädikators in Aussage a durch Variable erfolgen, die unter Quantoren zu binden sind. Anschaulich bedeutet dies, daß die Stellen der Oberfläche eines Körpers ununterscheidbar sein sollen hinsichtlich ihrer Berühreigenschaften mit einem oder mit allen vorgeometrisch festen, aber beliebig geformten Körpern.

Ersichtlich fordert dieses durch Verwendung des Prädikators „berühren" und den Bezug auf feste Vergleichskörper als *räumlich* ausgezeichnete Homogenitätsprinzip die Herstellung einer Kugelfläche, deren Stellen ununterscheidbar sind bezüglich Berührung und Nichtberührung mit Erhebungen oder Vertiefungen auf der Obefläche eines beliebigen, aber festen Kontrollkörpers. Gibt es auf dem Kontrollkörper eine Zacke Z, die mit irgendeiner Stelle der Kugelfläche zur Berührung gebracht werden kann, so mit jeder Stelle der Kugel; gibt es auf dem Kontrollkörper eine Vertiefung V, die mit einer Stelle der Kugel nicht zur Berührung gebracht werden kann, so mit keiner von ihr.

Postuliert man nun die Ununterscheidbarkeit der Stellen einer Körperoberfläche hinsichtlich der Berühreigenschaften mit Paaren von Kontrollkörpern, die aufeinander passen, also sich in allen Stellen eines geschlossenen Gebiets berühren (und z. B. durch Gipsabdruck hergestellt werden können), so erhält man durch das räumliche Homogenitätsprinzip die Form der Ebene (genauer: des ebenen Oberflächenstücks).

Da hier nur eigennamenfreie Normen und sie erfüllende, ebenfalls eigennamenfreie Handlungsanweisungen vorliegen, stellt sich das Reproduzierbarkeitsproblem für homogene Formen in Gestalt der Frage, ob eine wiederholte und voneinander unabhängige Durchführung des Realisierungsverfahrens „dieselben" Resultate erwarten läßt und wie diese Gleichheit der Resultate definiert ist. Veranschaulicht am Beispiel der Ebene, geht es um das Problem, ob eine mehrfach und voneinander unabhängige Durchführung des Dreiplattenverfahrens in dem Sinne dasselbe Resultat zeitigt, als aus allen Realisierungsverfahren Oberflächenstücke hervorgehen, die eben im Sinne des räumlichen Homogenitätsprinzips sind und damit auf jede andere, aus einem beliebig anderen Realisierungsverfahren hervorgegangene Ebene passen.

Ein Vergleich der homogenen schwarzen und der ebenen Fläche zeigt, daß der Reproduzierbarkeit der Ebene in dem Sinne, daß alle Ebenen beliebiger Herkunft aufeinander passen, bei homogener Farbigkeit nichts entspricht. Logisch liegt dies daran, daß „schwarz" ein einstelliger, „berühren" ein mehrstelliger Prädikator ist. Diesen Unterschied der beiden materialen Homogenitätsprinzipien möchte ich dadurch zum Ausdruck bringen, daß ich das Homogenitätsprinzip der Ebene (im Unterschied zu dem der Farbe) *eindeutig* nenne, und die Behauptung, daß ein bestimmtes materiales Homogenitätsprinzip eindeutig sei, seinen *Eindeutigkeitssatz*. Eindeutigkeitssätze sind als Behauptungen begründungs- oder beweispflichtig. Aus welchen Voraussetzungen aber sollten solche Eindeutigkeitsbeweise geführt werden?

Zur Erinnerung: Materiale Homogenitätsprinzipien, also Normen, liegen nur dort vor, wo ein Kriterium für die erwünschte Ununterscheidbarkeit explizit angegeben wird. Andererseits muß für jede Norm ihre Realisierbarkeit gezeigt werden, sonst bliebe sie praktisch wertlos. Nun wird im Eindeutigkeitssatz behauptet, daß die wiederholte Durchführung des Realisierungsverfahrens dieselben Ergebnisse zeitigt, und daraus ist ersichtlich, daß die Eindeutigkeit aus dem Realisierungsverfahren, genauer selbstverständlich aus seiner sprachlichen Beschreibung, logisch abgeleitet werden muß. Im einzelnen ist dies aufwendig und kann, für Geometrie, Chronometrie und Hylometrie (Massenmessung), in der Literatur zur Protophysik nachgelesen werden (mit „Protophysik" wird die der messenden Physik methodisch zugrundeliegende Theorie der Meßgeräteeigenschaften bezeichnet).

Es ist die Frage noch offen, welcher Art das Wissen von Existenz und Eindeutigkeit eines Realisierungsverfahrens ist. Immerhin betrifft dieses Wissen im Bereich des Räumlichen die Gleichheit aller Ebenen, Geraden, rechten Winkel sowie aller parallelen Ebenen und Geraden. Im Zeitlichen betrifft es das konstante Gangverhältnis zweier benachbarter Uhren, im Stofflichen die Gleichwertigkeit homogener Materialien zur Herstellung von Gewichtssätzen nach Volumenverhältnissen.

Exemplarisch zeigt im Fall der Ebene der Eindeutigkeitsbeweis, daß die Erzeugung der Ununterscheidbarkeit von Stellen einer Oberfläche durch Schleifen eine Passung mit *allen* Oberflächen dieser Eigenschaft bewirkt, kurz, daß alle ebenen Flächen aufeinander passen, sofern sie die im Realisierungsverfahren erzeugten Eigenschaften haben. Gerade diese Einschränkung macht deutlich, daß die logisch beweisbare Kenntnis der Eindeutigkeit von Normen und ihrer Realisierung ein *Wissen über Handlungen* ist, genauer noch: ein Wissen über die Resultate von Handlungen, sofern hierfür nur die Handlungsbeschreibungen in Betracht gezogen werden. Es geht m. a. W. um eine sprachlich beschriebene, tatsächlich ausgeübte und beherrschte Praxis und nicht um sogenannte „empirische" Eigenschaften der dabei bearbeiteten Körper, die diese sozusagen von Natur aus oder gar menschenunabhängig mitbrächten.

Noch einzulösen ist die Ankündigung, daß aus der Reproduzierbarkeit homogener Formen die Reproduzierbarkeit einzelner Meßwerte folge.

Zunächst eine terminologische Präzisierung: Der Alltagssprache nach läge es durchaus nahe, von Reproduzierbarkeit auch bei gleichförmig eingefärbten Flächen zu sprechen, denn selbstverständlich kann man immer wieder Oberflächen gleichmäßig färben, solange man nur ein Entscheidungskriterium für die Gleichfarbigkeit verschiedener Stellen der Oberfläche hat. Hier soll aber der Terminus *Reproduzierbarkeit* für die *eindeutigen materialen Homogenitätsprinzipien* reserviert werden, aus dem einfachen Grund, weil dann „reproduzierbar" und „eindeutig realisierbar" synonym verwendet werden können. Durch diese terminologische Verschärfung wird ersichtlich das Wissen von der Reproduzierbarkeit einer homogenen Form ein logisch beweisbares – im Unterschied zu einem Handlungswissen vom

Charakter einer Alltagserfahrung, wie sie im Falle der gleichmäßigen Färbbarkeit einer Körperoberfläche vorliegt.

Der Zusammenhang von Reproduzierbarkeiten einzelner Meßwerte und homogener Formen soll nun, um ein unkontrovers physiknahes Beispiel zu wählen, nicht mehr an der Geometrie, sondern am Beispiel der Massenmessung erläutert werden. (Eine erste Durchführung der Hylometrie, d. h. also der protophysikalischen Theorie der Massenmessung, findet sich in P. Janich, Hrsg.: Protophysik heute. Sonderheft von Philosophia Naturalis, Bd. 22, I, 1985.)

Ähnlich wie Euklid durch die logischen Schwächen seiner Definitionen und den ungeklärten Status des Parallelenaxioms über zweitausend Jahre lang Mathematikern, Logikern, Philosophen und Historikern Diskussionsstoff geliefert hat, so hat Newton durch die begrifflichen Mängel seiner drei Bewegungsgesetze den Felsen geschaffen, auf den die Wissenschaftstheorie unseres Jahrhunderts ihre Kirche gebaut hat – denn was bliebe bis in die aktuellen Spielarten der „strukturalistischen Wissenschaftstheorie" hinein von der Analytischen Wissenschaftstheorie übrig, wenn nicht der Status der Bewegungsgesetze Newtons und der „theoretische" (R. Carnap, C. G. Hempel, S. Toumela) oder sogar „t-theoretische" (J. Sneed) Charakter ihrer Terme diskutiert werden könnten? Es ist nicht zu sehen, was an diesen Diskussionen übrig bliebe, wenn Newton selbst eine explizite, zirkelfreie und operationale Definition seiner Grundbegriffe angegeben hätte - keine utopische Prämisse angesichts der Tatsache, daß ja Physiker und Techniker mit der Messung mechanischer Grundgrößen problemlos in der Praxis zurechtkommen. Es gibt also keinen zwingenden Grund, sich um einen eigenen Platz auf diesem Newtonschen Felsen zu bemühen.

Denn auch bezüglich der Materie, wie schon bei Raum und Zeit, gibt es eine uns allen aus dem Alltag immer schon vertraute, von Trägheitsprinzip, Inertialsystem und Erhaltungssätzen völlig unbehelligte und technisch jederzeit reproduzierbare homogene Form: die der homogenen Dichte, wie wir sie von Flüssigkeiten, Metallen, Gläsern und anderen Stoffen kennen. Außerdem dürfte es heute wohl keinen Leser geben, der nicht wüßte, daß man bei einfacheren Formen von Waagen in der Küche, der Apotheke, aber auch im Labor *Gewichtssätze* verwendet, die aus homogenem Material, nämlich Metall sind, so daß man gerade *wegen* der Homogenität des Materials die Verhältnisse der Gewichte durch einen messenden Volumenvergleich bestimmen kann. Kurz: Die Definition von Gewichtsverhältnissen kann für Gewichte, die aus homogenem Stoff hergestellt werden, auf die hier als verfügbar unterstellte Definition von Volumenverhältnissen zurückgeführt werden.

Die Reproduzierbarkeit eines einzelnen Meßwerts, etwa für das Gewichtsverhältnis der schon oben zitierten zwei Goldmünzen, setzt sich dann aus zwei Forderungen zusammen: Erstens müssen alle verwendeten Geräte – der Einfachheit halber denke man an eine symmetrische Balkenwaage – gleich funktionieren; d. h. die Geräteinvarianz wird durch die Forderung nach Symmetrie und Transitivität der Gewichtsgleichheit auf der symmetrischen Balkenwaage vorgeschrieben, oder die Waage gilt als gestört. Zweitens darf es nicht auf den individuellen verwendeten Gewichtssatz ankommen, sondern Gewichtssätze müssen, nach Volumenverhältnissen geeicht, beliebig gegeneinander austauschbar sein. (Anschaulich: für das Gewichtsverhältnis der beiden Goldmünzen darf es keine Rolle spielen, ob diese jeweils auf der Balkenwaage mit Wasser oder mit Eisengewichten aufgewogen werden.) Die erste Forderung, wonach Gewichtsgleichheit die logischen Eigenschaften einer Gleichheitsrelation zu erfüllen hat, ist unproblematisch zu verstehen und zu realisieren. Die zweite Forderung nach Austauschbarkeit des Stoffes, aus dem Gewichtssätze sind, betrifft ein eindeutiges Homogenitätsprinzip für die stoffliche Dichte.

Es bleibt zu zeigen, wie ein materiales Homogenitätsprinzip für die stoffliche Dichte zu gewinnen ist, das die Form des oben angegebenen „formalen Homogenitätsprinzips" hat. Als Ganzes werden hier Körper betrachtet und als Teile jeweils volumengleiche Ausschnitte. Das spezifisch „stoffliche" Merkmal, nach dem Ununterscheidbarkeit volumengleicher Teile eines Körpers herbeigeführt bzw. kontrolliert werden soll, wird durch einen neuen, zweistelligen Prädikator „zuggleich" angegeben.

Zwei (volumengleiche) Teile eines Körpers heißen *zuggleich*, wenn sie ununterscheidbar sind in symmetrischen Anordnungen, in denen sie dem gleichen und gleichgerichteten Zug ausgesetzt sind. Dies ist z. B. bei der symmetrischen Balkenwaage der Fall. Aber nicht nur dort; die Kultur- und Technikgeschichte kennt auch Zuggeschirre in anderen Anwendungsfällen als dem Gewichtsvergleich an einer frei hängenden Balkenwaage, etwa, wenn zwei Zugtiere vor einen Wagen gespannt sind. Anschaulich wird gefordert, daß „zuggleiche" Teile eines Körpers auch z. B. bei einer Bewegung ununterscheidbar bleiben, bei der das Zuggeschirr horizontal und in radialer Richtung auf einem Karussell bewegt wird.

Schon Schulkenntnisse der Mechanik reichen aus, um zu sehen, daß mit der Definition von „zuggleich" der vertraute Unterschied von Trägheit und Schwere absichtsvoll und gezielt umgangen wird. Die Rechtfertigung für dieses Vorgehen liegt darin, daß für die Physik als einer auf universelle Naturgesetze gerichteten Wissenschaft der stillschweigende Bezug auf die Erdkugel, den unsere alltägliche Unterscheidung von Gewicht und Trägheit enthält, aufzugeben ist. Erst innerhalb der Physik muß durch Meßvorschriften oder Experimente, sofern nötig, die Unterscheidung von Schwere und Trägheit explizit getroffen werden. Die Hylometrie bedient sich damit desselben Arguments wie die moderne relativistische Physik, die von der operationalen Ununterscheidbarkeit der Kraftwirkungen auf einen Körper durch Beschleunigung bzw. durch Gravitation ausgeht.

Das die Herstellung von Gewichtssätzen ermöglichende materiale Homogenitätsprinzip fordert also, daß für je zwei volumengleiche Teile eines ganzen Körpers deren Ununterscheidbarkeit hinsichtlich Zuggleichheit gilt. Der zugehörige Eindeutigkeitssatz soll dann, in Analogie zu den oben ausgeführten räumlichen Beispielen, die Gleichheit der Resultate bei unabhängigen Realisierungsverfahren des materialen Homogenitätsprinzips behaupten und belegen. Das heißt, wenn zwei verschiedene (verschieden dichte) stoffliche homogene Eichmaterialien für die Herstellung von Gewichtssätzen gewonnen sind und wenn aus diesen jeweils ein Paar von Teilkörpern („Gewichten") erzeugt wird, das in beiden Fällen das gleiche Volumenverhältnis hat – z. B. a/b –, dann folgt aus der Zuggleichheit zweier Teilkörper aus verschiedenen Materialen auch die Zuggleichheit der jeweils anderen beiden Teilkörper. (Zur Veranschaulichung: Wenn die beiden Goldmünzen einmal mit Wasser, einmal mit Eisengewicht aufgewogen werden und das Verhältnis der beiden Wasservolumina gleich dem Verhältnis der beiden Eisenvolumina ist, und wenn die kleinere Wassermenge und die kleinere Eisenmenge zueinander zuggleich sind, dann auch die größere Wassermenge und die größere Eisenmenge; dies ist die explizite Ausformulierung der Forderung nach Unabhängigkeit des einzelnen Meßresultats vom verwendeten Gewichtssatz.)

Damit ist am Beispiel der Massenmessung gezeigt, wie der Anspruch auf Reproduzierbarkeit eines einzelnen Meßwertes zurückgeführt wird auf die Eindeutigkeit der Herstellung eines stofflich homogenen Vergleichsmaterials – in Analogie zur räumlich homogenen Form der Ebene oder der zeitlich homogenen Form der gleichförmigen Bewegung eines Uhrenzeigers. Die eindeutige Realisierbarkeit von Maßverhältnissen an Gewichtssätzen ergibt sich als Folge der Eindeutigkeit der homogenen Dichte.

Das synthetische Apriori

Wieso soll das jetzt am Beispiel der Massenmessung ausgeführte Wissen über die Folgen von Herstellungshandlungen, wie sie für die messende Physik unverzichtbar sind, synthetisch apriorisch heißen? Nun ist ja Kant nicht nur der Urheber einer Terminologie, um die es hier geht, sondern durch seine Einschätzung der Geometrie als einem synthetisch apriorischen Wissen letztlich der Verursacher der hier aufgegriffenen Debatte. Er gibt damit auch die Zielscheibe ab für das Begleitfeuer, mit dem sich der moderne Empirismus vom synthetischen Apriori abwendet und – in der älteren Analytischen Wissenschaftstheorie – auf die These ausweicht, es könne nur analytische (also logisch-definitorische) oder empirische Aussagen in den Wissenschaften geben; und in der neueren Analytischen Wissenschaftstheorie auch noch die Unterscheidung von analytisch und synthetisch (oder empirisch) aufgibt und alle Sätze der Naturwissenschaften für letztlich empirisch hält.

Was würde, gegen diese Positionen gerichtet, Kant wohl zum Vorschlag einer wissenschaftstheoretischen Wiederbelebung seiner Theorie vom synthetischen Apriori sagen? Wir wissen es nicht. Aber ein wichtiger Unterschied zwischen den hier synthetisch apriorisch genannten Sätzen und Wissensbeständen und dem synthetischen Apriori nach kantischer Auffassung ist unkontrovers feststellbar.

Kant spricht allgemein von den Bedingungen der Möglichkeit von Erfahrung und denkt hierbei ohne Unterschied sowohl an wissenschaftliche wie an vor- oder außerwissenschaftliche, wie sie etwa in gewöhnlichen Alltagswahrnehmungen stattfinden. Im Unterschied dazu betreffen die hier vorgetragenen Überlegungen allein das Messen in der Physik und damit einen speziellen Typ der Erfahrungsgewinnung, der sich der Verwendung von Geräten, also von künstlichen Produkten menschlicher Handwerkskunst, bedient, für deren Funktion die Ziele des menschlichen Erfinders, Herstellers und Benützers konstitutiv sind. Insofern kann vorab gesagt werden, daß eine Wiederbelebung des synthetischen Apriori für die naturwissenschaftliche Meßkunst nicht in Anspruch nehmen darf, eine Interpretation der kantischen Vernunftkritik zu sein. (Allerdings kann auch festgestellt werden, daß Kant dem Anspruch nicht gerecht geworden ist, seine Theorie des synthetischen Apriori im Hinblick auf die Geometrie hinreichend auszuformulieren. Weder der kantische Text selbst noch irgendein heute lebender Kantexperte kann die Frage beantworten, wie aus der reinen Anschauung nach Kants Überzeugung das Parallelenaxiom und damit der Euklidische Charakter der Geometrie zu gewinnen wäre. Kurz, Kants Theorie des synthetischen Apriori greift schon darin zu kurz, daß sie natürliche und messende Erfahrung nicht unterscheidet.)

Für eine erneute, nun wissenschaftstheoretische Inanspruchnahme des synthetischen Apriori für die Grundlagen der Physik spricht, daß seit Kant vor allem durch die Sprachphilosophie sowohl zum Begriffspaar analytisch/synthetisch als auch durch die Wissenschaftstheorie zum Begriffspaar apriorisch/aposteriorisch (synonym mit empirisch) die Diskussion mit Erfolg weitergeführt wurde.

Nun haben allerdings durch die Analytische Sprachphilosophie Einwände W. O. v. Quines gegen die Möglichkeit einer strengen Synonymität, damit einer definitorischen Gleichheit von Wortbedeutungen und somit der Rechtfertigung strikt analytischer Urteile durch Rückgang auf Definitionen, eine große Verbreitung gefunden. Der damit einhergehenden Auffassung, die Unterscheidung von analytischen und synthetischen Urteilen habe sich überlebt, soll hier jedoch nicht gefolgt werden. Sie übersieht nämlich, daß die Wissenschaften, für die es faktisch eine naturwüchsige Geschichte der Weiterentwicklung ihrer Begriffe gibt, nicht daran gehindert sind, Terminologien stets von neuem explizit zu normieren.

Wenn also – auf Anwendungsbereiche oder Theorien beschränkt – wissenschaftliche Fachausdrücke definitorisch explizit festgelegt werden können und sollen, so ist damit, um einem geläufigen Einwand zuvorzukommen, nicht ein Anspruch auf ewige Geltung oder Absolutbegründung in den Naturwissenschaften verknüpft. Die explizite Normierung einer naturwissenschaftlichen Fachsprache ist lediglich ein Mittel, Inhalt und Geltungsbereich der Aussagen einer Theorie besser beurteilen zu können als ohne definitorische Präzisierung. Im folgenden soll also stets für die Unterscheidung von analytisch und synthetisch davon ausgegangen werden, daß bei Bedarf stets hinreichend scharfe, explizite Definitionen für naturwissenschaftliche Fachausdrücke angegeben werden. Für solche Terminologien ist es unproblematisch zu entscheiden, ob die Sätze einer Theorie bereits aufgrund der vorliegenden Definitionen gelten oder nicht. Tun sie dies, mögen sie *analytisch* heißen, sonst *synthetisch*.

In welchem Sinne ist nun das Wissen synthetisch, daß bestimmte materiale Homogenitätsprinzipien von Raum, Zeit und

Materie eindeutig realisierbar sind? Immerhin war ja die logische Ableitbarkeit der Eindeutigkeitssätze aus den explizit beschriebenen Realisierungsverfahren behauptet und auf die einschlägigen Beweise in der Literatur verwiesen worden. Der Unterschied dieser Behauptungen zu analytisch wahren Aussagen dürfte offenkundig sein: Alle Definitionstypen von der schlichten Abkürzungs- oder Ersetzungsdefinition bis zum Abstraktionsverfahren sind letztlich allein Wortverwendungskonventionen, mehr nicht; sie beschränken sich also auf die Regelung von Wortverwendung allein mit Bezug wieder auf sprachliche Gegenstände. Die Beschreibungen bzw. das Vorschreiben von Realisierungsverfahren dagegen haben mit ihrem Bezug auf Herstellungshandlungen eine sprachfreie Basis. Das heißt, wer nur beim Reden verweilt, wird nie zur Naturwissenschaft kommen. Dort muß in der Laborforschung auch handwerklich sprachfrei gehandelt werden.

Nun möchte eingewendet werden, daß bei jedem sprachfreien Handeln sofort wieder notwendigerweise Erfahrung und Rede über Erfahrung ins Spiel kommen. Denn *ob* Handlungen wie das zur Berührungbringen oder das Abschleifen zweier Körper oder das Mischen von Flüssigkeiten zu homogenen Stoffen möglich sind, wisse man doch nur wieder aus Erfahrung. Dem ist zuzustimmen, aber daraus ergibt sich kein Einwand gegen den apriorischen Charakter des Wissens von der eindeutigen Realisierbarkeit. Denn es handelt sich dabei um lebensweltliche Erfahrung im eigenen Handeln, die durch keinerlei logische Deduktion und durch keine analytische Rechtfertigung ersetzbar ist. Ob Handlungen möglich sind, zeigt letztlich allein ihre Durchführung – sprachfrei.

Wer also, dem heute modischen Relativismus zum Trotz, an lückenlosen und vollständigen Begründungsketten für wissenschaftliche Aussagen interessiert ist, kann im Zurückfragen schließlich bis zu den in ihrer Möglichkeit nicht mehr argumentationszugänglichen, sondern nur noch realisierungszugänglichen Handlungen zurückgehen. Die Reproduzierbarkeit homogener Formen von Raum, Zeit und Materie hat also eine lebensweltliche empirische Basis, deren Empirie der Widerfahrnischarakter der Durchführbarkeit einer Handlung ist. Diese Erfahrungen sind aber prinzipiell zu unterscheiden von jenen, die auf Messungen beruhen, d. h. also die gelungene Herstellung und Verwendung von Meßinstrumenten bereits in Anspruch nehmen.

Das hier vorgestellte *Apriori* ist also ein relatives: Relativ zur geräteabhängigen Erfahrung der messenden Physik sind die Vorschriften, die die Herstellung und Verwendung von Meßgeräten leiten und damit die Gegenstände der Physik konstituieren, apriorisch.

Dieses relative Apriori ein synthetisches zu nennen, liegt nicht nur aus dem schon genannten Grunde nahe, daß es sich dabei ersichtlich nicht um analytische Sätze in einem strengen Sinne handelt. Es ist auch die Zweck-Mittel-Relation, die eine Rede von „synthetisch", also zusammensetzend, als angemessen erscheinen läßt. Realisierungsverfahren sind das Mittel, den in materialen Homogenitätsprinzipien gesetzten Zweck zu erreichen. Er ist also primär das Ziel einer personen- und situationsunabhängigen Geltung physikalischer Sätze, das über Invarianzforderungen der oben dargelegten Art präzisiert und durch eine präskriptive Theorie der Meßgeräteeigenschaften erreicht werden kann. Welche Mittel aber zur Erreichung eines Zweckes die angemessenen sind, ist wohl niemals eine bloß analytisch, d. h. aufgrund von Definitionen entscheidbare Frage. Vielmehr muß zur Setzung der Zwecke einer Wissenschaft das erfolgreiche Finden angemessener Mittel hinzukommen – das Mittelwissen ist synthetisch.

So ist auch die synthetisch zu nennende Auswahl von Kriterien, nach denen räumliche, zeitliche und stoffliche Ununterscheidbarkeiten reproduziert werden sollen (und zu Beginn der Physik nicht etwa solche der Farbe, der Temperatur oder der elektrischen Ladung), nicht analytisch zu begründen, sondern sie leitet sich von den technischen Zwecken der Physik her, etwa nach Wissen für Konstruktion und Bau von Kraftmaschinen zu suchen. Wo dann ein Technikwissen vorhanden ist, mag dieses zur Modellbildung für natürliche, vom Menschen nicht erzeugte Vorgänge herangezogen werden.

Selbstverständlich gibt es hier, wo es nur um einen terminologischen Vorschlag zur Revision der Rede vom synthetischen Apriori geht, nichts zu beweisen. Es muß eine gewisse Verträglichkeit mit vertrauten Sprechgewohnheiten und eine innere Konsistenz der terminologischen Vorschläge als Empfehlung ausreichen. Daß sich gleichwohl eine Wiederbelebung dieser Sprachtradition lohnt, mag sich dem Umstand verdanken, daß die relativierende Aufgabe der Unterscheidungen von analytisch und synthetisch, von apriorisch und empirisch heute zu einem philosophischen Physikverständnis geführt hat, das schließlich die alte erkenntnistheoretische Grundfrage aus den Augen verloren hat: Was können wir von der Welt wissen – und was kann kein Wissen über die Welt sein, weil es sich bereits aus dem ergibt, was wir anerkennen müssen, wenn wir überhaupt über die Welt etwas wissen wollen?

3. Chemie als Kulturleistung

Zum Selbstverständnis der Chemie im Spiegel
der Kulturgeschichte

Chemie ist wie keine andere Naturwissenschaft allgegenwärtig und wichtig, wo es um Ausbildung und Formen unserer heutigen technischen Zivilisation geht. Belege hierfür dürfen ebenso zu den heute geläufigen Binsenwahrheiten gezählt werden wie Beispiele für ein wachsendes Unbehagen der Öffentlichkeit an möglichen oder wirklichen, an befürchteten oder beklagten Folgen großtechnischen Einsatzes von chemischem Wissen. So ist es auch nicht überraschend, daß es eine ausgedehnte Diskussion politischer, ökologischer, sozialer und anderer Fragen zur Chemie gibt, eine Diskussion, die ohne ein Bild oder ein Verständnis der Chemie nicht auskommt. Aber ob eher defensiv oder offensiv, ob eher von Sympathien oder Antipathien getragen, ob eher optimistisch oder pessimistisch von Chancen und Risiken moderner Chemie die Rede ist: Weithin liegt dem Streit der Meinungen ein naturalistisches Chemie-Verständnis zugrunde.

Entschuldbar ist diese Tatsache dadurch, daß es kaum zu Versuchen gekommen ist, ein nicht-naturalistisches Bild der Chemie zu entwickeln, ja, daß es sowohl Chemiker wie Philosophen oder Geisteswissenschaftler unterlassen haben, eine Debatte zu führen, wie sie z. B. die Physik seit ihren antiken Anfängen in erkenntnistheoretischer, ideengeschichtlicher, methodologischer oder anderer Hinsicht begleitet hat. Die Chemie hat im Vergleich zu anderen Naturwissenschaften eine Sonderrolle nicht zuletzt dadurch, daß es keine Philosophie der Chemie gibt.

Einem solchen Defizit kann nicht durch einen einzelnen Aufsatz abgeholfen werden. Was aber im folgenden unternommen werden soll, ist ein Klärungsversuch der Sonderrolle der Chemie im Konzert der Naturwissenschaften, ein erster Blick auf die Chemie als – nun nicht mehr naturalistisch beschriebene – Kulturleistung und ein Anstoß, in welche Richtung Aufgaben einer Philosophie der Chemie weisen.

Erster Ansatzpunkt dafür mag die Frage sein, wie Chemie – im Unterschied zur Innenansicht der Disziplin durch ihre Vertreter, also Naturwissenschaftler – aus der Sicht der Geisteswissenschaften zu sehen sei. Zwar ist „Chemie" – trotz unscharfer Ränder zur Physik, Biologie und Pharmazie – als Universitätsfach, als Lehrbuchwissen und als Technik hinreichend scharf abgegrenzt. Aber „Geisteswissenschaft" heißt in Diskussionen häufig nur all das, was keine Naturwissenschaft ist. Daraus ergibt sich selbstverständlich noch kein Programm, bezüglich der „Naturwissenschaft" Chemie jetzt alles das zu versuchen, was bisher noch nicht gemacht wurde.

Geisteswissenschaft, ursprünglich ein neues Kunstwort zur Übersetzung von „moral science" bei John Stuart Mill, bezeichnet seit Diltheys Versuch einer scharfen Trennung von den Naturwissenschaften die Gesamtheit derjenigen *Wissenschaften, die die geschichtlich-gesellschaftliche Wirklichkeit zum Gegenstand haben.* Logisch besser spricht man heute lieber von *Kultur*wissenschaften als dem Gegenüber der *Natur*wissenschaften. Damit läßt sich nicht nur eine Grobeinteilung von Universitätsfächern zum Ausdruck bringen, sondern auch eine Alternative zweier grundsätzlicher Betrachtungsweisen oder „Philosophien" der Gesamtwirklichkeit, also der natürlichen *und* der kultürlichen gewinnen. Grob gesprochen versucht die *naturalistische* Perspektive, Kultur als Teil der Natur zu beschreiben, und die *kulturalistische* sieht die Natur als Gegenstand menschlicher Praxis. Die naturalistische orientiert sich am Vorbild naturwissenschaftlicher Theorien im gängigen Verständnis und beschränkt sich auf beschreibendes, behauptendes oder erklärendes Reden über Vorgegebenes; die kulturalistische nimmt Zwecke und Mittel, menschliche Intentionen und Handlungen, Normen und Regeln und die Geschichtlichkeit von Wissen und Institutionen zum Gegenstand und zur Grundlage ihrer Untersuchungen.

Wenn für die heutige Chemie, ihre Wahrnehmung durch andere Wissenschaften und durch die Öffentlichkeit zunächst einmal die Frage zu beantworten ist, welches Problem es eigentlich zu lösen gilt, so scheint mir nur *ein* Weg sichtbar, vom Ausgangsort gegenwärtiger Unbehagen an der Chemie zum Zielort eines strukturierten Problemfeldes zu führen, nämlich ihre kulturalistische Betrachtung – mit prinzipiell allen kulturwissenschaftlich bereits bekannten Aspekten menschlicher Handlungen. Unstrittig ist ja die *wissenschaftliche Chemie von Menschen hervorgebracht,* wird aber heute keineswegs in erster Linie als Komplex zweckrationalen menschlichen Handelns unter historisch sich wandelnden Bedingungen gesehen. Ich stelle mir deshalb für diesen Aufsatz die Aufgabe, die *Chemie als Kulturleistung* zu beschreiben, um daran Defizite der aktuellen und verbreiteten Sicht auf die Chemie zu ergründen und Handlungsbedarf – wissenschaftlichen wie außerwissenschaftlichen – zu benennen; die jeweiligen Adressaten und Maßnahmen ergeben sich daraus von selbst.

Dabei muß ich zunächst mit einem historischen Teil beginnen. Da zeigt sich nämlich, wie und warum ein reiches vor- und außerwissenschaftliches chemisches Handlungsvermögen gegenüber der Physik und später auch der Biologie im Prozeß der Verwissenschaftlichung der Naturwissenschaften ins Hintertreffen gerät. Die Entdeckungen der *Theoriefähigkeit,* der *Empiriefähigkeit* und der *Philosophiefähigkeit* der Naturwissenschaften gerät jedesmal der Physik (und später auch der Biologie) zum Vorteil, der Chemie aber zum Nachteil. So fehlen, in welchem Kausalverhältnis zueinander auch immer, der Chemie zunächst sowohl akademische Reputation als auch akademische Institution.

In einem zweiten Teil konfrontiere ich wissenschaftsphilosophische Grundeinsichten in den Charakter der Chemie mit ihrer Selbstdarstellung durch Fachvertreter. Daraus ergeben sich Konsequenzen, die über wissenschaftstheoretische Fragen hinausgehen und gesellschaftliche, d. h. politisch-ethische Aspekte betreffen.

Zur Kulturgeschichte der Chemie

Zunächst geht es mir um die Frage, wie es kulturhistorisch zur *Sonderrolle der Chemie* im Verhältnis zu vergleichbaren anderen Naturwissenschaften gekommen ist.

Bekanntlich beginnt die Kulturgeschichte der Menschheit nicht mit Wissenschaft, Philosophie oder anderen Bereichen unseres sogenannten Kulturbetriebs, sondern im weitesten Sinne mit Zivilisation. Betrachtet man nun deren erste Anfänge unter dem Aspekt der Aufteilung auf die Gegenstandsbereiche der modernen Naturwissenschaften Physik, Chemie und Biologie, so würden dem physikalischen Bereich Herstellung und Gebrauch von Geräten, Werkzeugen, Waffen und Behausungen zufallen, dem biologischen Bereich Ackerbau, Viehzucht und Jagd, dem chemischen Bereich die Herstellung und Konservierung von Nahrungsmitteln, die Handlungen des Gerbens und Färbens, die Gewinnung und Verarbeitung von Werkstoffen, von Ton über Metalle bis zu Gläsern, und schließlich die Heilkunst z. B. für die Wundversorgung.

Ersichtlich steht der Bereich menschlicher Leistungen, die in der modernen Chemie verwissenschaftlicht werden, nicht nur in keiner Weise den analogen Bereichen für Physik und Biologie nach, sie sind vielmehr unverzichtbar für die unmmittelbare Lebensbewältigung und in Bedeutung, Entwicklungshöhe und Differenzierung den Bereichen der beiden anderen Naturwissenschaften eher überlegen. Es ist wohl nicht übertrieben, für die

Frühphase der menschlichen Kulturgeschichte zu behaupten, daß die chemischen Errungenschaften zivilisationsstiftend sind und durch die gesamte weitere Kulturgeschichte für die Lebenspraxis auch unverzichtbar bleiben.

Allerdings läßt sich schon für die vor- und außerwissenschaftliche chemische Praxis eine erkenntnistheoretische Feststellung treffen, die in den modernen Wissenschaften wieder eine Rolle spielen wird: Wenn sich der Mensch als Chemiker betätigt, tut er etwas, was später in den Gegenstandsbereich der Physik fallen wird: Er greift als „Handwerker" im wörtlichen Sinne in die Natur ein, d. h. mit seinen Händen wirkend, indem er sich und Gegenstände der Welt bewegt und räumlich verändert. Jeder Eingriff in die Natur, also auch der chemische, ist als menschliche Handlung immer auch eine poietische, d. h. herstellende Handlung und ein raumzeitliches Ereignis. Das Manuelle und damit *der Eingriff in die Natur* ist *methodisch primär* und allgemeiner als alle daran anschließenden feineren Unterscheidungen des Physikalischen (z. B. einen Speer zu schleudern), des Biologischen (z. B. die Paarung zweier Haustiere zu befördern oder zu verhindern), des Chemischen (z. B. Speisen zu backen, zu kochen usw.), des Künstlerischen (z. B. Höhlenwände oder Kleidung zu verzieren) usw.

Wir haben wissenschaftstheoretisch also nicht nur den *Primat der Praxis vor der Theorie* und den *Primat der Poiesis vor der Empirie,* sondern sogar den *Primat der körperlichen Bewegung* des Handwerkers *vor der Feststellung chemischer Qualitäten* seiner Produkte zu berücksichtigen.

Als Fazit bleibt, dessen ungeachtet, daß im Bereich des vor- und außerwissenschaftlichen menschlichen Handelns und Lebens das Chemische mindestens in voller Gleichwertigkeit zum Physikalischen und Biologischen entwickelt ist, wenn nicht sogar höher. Die Chemie fällt jedoch, vor allem gemessen an der Physik, erheblich zurück im Hinblick auf die wichtigsten Phasen der Verwissenschaftlichung.

Dies möchte ich an drei wichtigen Phasen erläutern, in denen für die Naturwissenschaften zuerst ihre Theoriefähigkeit (nämlich in der griechischen Antike), dann ihre Empiriefähigkeit (nämlich mit dem Beginn der klassischen Physik im 17. Jahrhundert) und schließlich ihre Philosophiefähigkeit (Mitte des 19. Jahrhunderts) endeckt wurden.

Zunächst zur griechischen Antike. Traditionell gilt es als eine Leistung der griechischen Philosophie, vor allem in ihren Exponenten Platon und Aristoteles, *Wissen* von *bloßer Meinung und Irrtum* zu unterscheiden. Als Alternative zum bloß subjektiven Meinen oder zur Autoritätswahrheit wird das begründete Wissen durch eben seine Begründungsfähigkeit im Diskurs, in logischer Argumentation ausgezeichnet. J. Mittelstraß spricht von der „Entdeckung der Möglichkeit von Wissenschaft" in der Schule der Pythagoräer. Paradigmatisch sind Geometrie, Astronomie und Musiktheorie die Anwendungsfelder solcher Begründungskünste.

Bevor noch Aristoteles zwischen Mathematik als Wissenschaft vom Zeitunabhängigen und Physik oder Naturwissenschaft als Wissenschaft vom Bewegten unterscheidet, gerät das erste Forschungsprogramm der Kulturgeschichte überhaupt in eine Situation, die wir heute eine Grundlagenkrise nennen würden: Das pythagoreische Programm nämlich, der spekulativen Naturphilosophie die Form des Wissens dadurch zu geben, daß der Kosmos durch einfache Zahlenverhältnisse beschrieben, ja mit ihnen gleichgesetz wird, bricht durch die Entdeckung der Inkommensurabilität von Seite und Diagonale am regulären Fünfeck durch Hippasos von Metapont (um – 450) zusammen. Das Argumentieren oder Begründen besteht damit seine erste Feuerprobe gegen ein Dogma, und zwar durch den Beweis, daß es kein gemeinsames Maß, d. h. kein rationalzahliges Längenverhältnis für Seite und Diagonale am Pentagramm und dann an anderen geometrischen Figuren wie dem Quadrat gibt.

Ebenfalls bekannt ist, daß diese Krise eines arithmetischen Programms der *Geometrie* einen Vorrang sichert, der den paradigmatischen Charakter einer *Theorieform*, nämlich der Elemente des Euklid, und einer damit verknüpften aristotelischen Wissenschaftslehre begründet; ein Ereignis, das bis ins 20. Jahrhundert hinein nachweisbare Wirkung hat. *Wissenschaftsfähigkeit* eines Erkenntnisgebietes wird in der Folge mehr und mehr mit *Theoriefähigkeit more geometrico* gleichgesetzt. (Diese Theorieform konnte die Chemie bis heute nicht annähernd erreichen.)

Dabei geraten aber dann auf dem Feld der philosophischen Wissens- und Wissenschaftslehre einige erkenntnistheoretische Umstände aus dem Blick, was für die *Wissenschaftsfähigkeit der Chemie* (die es als chemische Praxis auch in der griechischen Antike in bemerkenswerter Blüte gab) negative Folgen hat. Diese Umstände betreffen den Praxisbezug und die Konstitutionszusammenhänge der Gegenstände der jeweiligen Theorien. Dies ist kurz zu erläutern.

Jedes wissenschaftliche Argumentieren in einem Diskurs, in dem die Dialogparteien denselben Argumentationsregeln verpflichtet sind, bedarf der Argumentationsanfänge, sogenannter *Grundbegriffe und Grundsätze.* Die Anfänge der thaletischen und der pythagoreischen Geometrie gewinnen solche Anfänge an technisch reproduzierbaren Verhältnissen wie symmetrischen Figuren, harmonisch empfundenen Tonintervallen (und den dazugehörigen Saitenlängen am Monochord) oder anderen, technisch herstellbaren und unmittelbar ad oculos demonstrierbaren Verhältnissen. Die antike Geometrie ist eine Formentheorie, d. h. nicht an Größen, sondern nur an Größenverhältnissen (griechisch *lógoi,* lateinisch *rationes*) interessiert. (Hier nimmt übrigens der gute Klang der Wörter logisch und rational seinen historischen Anfang.)

Sowohl die Etymologie einiger geometrischer Grundbegriffe als auch einige euklidische Definitionen zeigen, daß die Planimetrie, also Geometrie der Ebene, in den ersten zehn Büchern Euklids an eine Zeichen- und Malpraxis anschließt, die Stereometrie (ab dem 11. Buch) an die Steinmetzkunst. Wenn später Platon und Aristoteles eine Kontroverse über das Wesen der geometrischen Gegenstände austragen, so haben bereits sie den Konstitutionszusammenhang geometrischer Gegenstände wie von Punkten, Linien, Geraden und Ebenen mit dieser handwerklichen Herstellungspraxis weitgehend vergessen oder ignoriert. Es sind die bis zur Wiederholbarkeit durch jedermann hochstilisierten Erzeugungsverfahren für die Gegenstände einer

Wissenschaft, die letztlich den Anspruch auf *transsubjektive Geltung von Begründungsketten einschließlich ihrer Argumentationsanfänge* tragen. (Man darf sich in unserem thematischen Zusammenhang bei „Erzeugungsverfahren für die Gegenstände einer Wissenschaft" an die „Darstellungsverfahren" chemischer Elemente und Verbindungen erinnert fühlen!)

Weniger technisch ausgedrückt: Die damaligen *Wissenschaften,* noch nicht in Teildisziplinen nach unserem heutigen Verständnis aufgeteilt, haben ein *poietisches oder operationales Fundament,* man könnte auch sagen: *ein technisches Fundament.* Genau dies wird in der weiteren Kulturgeschichte immer weiter verdrängt zugunsten einer Sicht auf die Wissenschaften, in deren Vordergrund das Reden, genauer syntaktische Strukturen von Theorien stehen, von Satzsystemen also, gegenüber denen die tatsächlich auszuführenden Handlungen der Wissenschaftler wie Beobachten, Experimentieren, Herstellen und Verwenden von Zeichengerät für geometrische Konstruktionen (unter anderem in der Astronomie), d.h. der gesamte Bereich der Poiesis und der Techne, immer mehr in den Hintergrund treten. Wissenschaftsfähigkeit verkommt so zu einer Theoriefähigkeit in dem *einseitigen* Verständnis, daß der Wissenschaftler nur Theoretiker, Mathematiker und Denker ist, der die niedrige empirische Forschungsarbeit – modern gesprochen – dem Laborpersonal überläßt. In Newtons *Principia* heißt es schließlich, die Geometrie sei eine Sache der Mechaniker, worunter man sich den Gerätebauer fürs Labor vorzustellen hat.

Zwar hat die Entdeckung der Inkommensurabilität eine langwährende Debatte über Möglichkeit und Grenzen der Vergleichbarkeit zur Folge gehabt, mit dem Resultat der Maxime, daß man nur Gleichartiges vergleichen dürfe, nämlich z.B. Linien mit Linien oder Flächen mit Flächen. Man hat diese Auffassung der Vergleichbarkeit von Gleichartigem auf Qualitäten wie süß und sauer, warm und kalt, feucht und trocken übertragen, aber die Fixierung auf das Theorienideal der Geometrie und die Vernachlässigung der Herstellungspraxis hat schon für die antike Naturphilosophie eine vergleichbar entwickelte Taxonomie der Qualitäten verhindert, die über die spekulative Vier-Elementen-Lehre des Empedokles wesentlich hinausgegangen wäre.

Auch die Diskussion der Begriffe „Mixis" und „Synthesis" bei Aristoteles, die moderne Wissenschaftstheoretiker schon als die Unterscheidung von Gemisch und chemischer Verbindung interpretiert haben, ändert nichts an der Tatsache, daß das geometrische Wissenschaftlichkeitsideal mit der Überführung damaliger chemischer Praxis in Theorie unverträglich war. Den „Theoretikern" war ein Verständnis für die operationale und semantische Basis ihrer Theorie nicht mehr zugänglich. Die Vorstellung gar, *Rezepturen* (also explizite Vorschriften) zur Reproduktion chemischer Sachverhalte würden eine Wissenschaft begründen können, war für das antike Wissenschaftsverständnis unerreichbar und ist es teilweise bis heute geblieben, wenn man an die heutige Analytische Wissenschaftstheorie denkt.

Die geglückte Verbindung von Geometrie und Astronomie schließlich bildet den historischen Anfang einer Dominanz von Kosmologie als Hauptthema der Naturwissenschaften und der Naturphilosophie. Bei alledem ist die Chemie auf der Strecke geblieben und hat ihre erste Chance zur Verwissenschaftlichung nicht wahrnehmen können.

Die Ausführlichkeit, mit der ich diese erste Phase der Verwissenschaftlichung der Naturwissenschaften behandelt habe, halte ich im Hinblick auf unser Thema für gerechtfertigt, weil in der Antike auch der Grund für den Fächerkanon gelegt wird, der später akademischer Bemühungen für Wert erachtet wird. Betrachtet man die mittelalterliche Einteilung der Wissenschaften und Künste und schließlich die Anfänge der abendländischen Universitätsgeschichte in Italien, so ist aufgrund der beschriebenen Entwicklungen auch institutionell für die Chemie in der Neuzeit zunächst kein Platz.

Die zweite Phase der Verwissenschaftlichung moderner Naturwissenschaften in der klassischen Physik des 17. Jahrhunderts hatte ich die *Entdeckung der Empiriefähigkeit* genannt. Bekanntlich ist es der *Einsatz des Experiments durch Galilei*, der die Naturwissenschaft von einer eher spekulativen aristotelischen Form zu derjenigen neuzeitlicher Erfahrungswissenschaft macht. Galilei entwickelt auch, wenn auch aus heutiger Sicht unzureichend, die dazugehörende Methodologie der Physik und legt den Grund für die Erfolgsgeschichte einer Wissenschaft, die ihre spezifischen Erfahrungen dem Gebrauch von Instrumenten und Apparaten verdankt, die technische Reproduzierbarkeit von Abläufen im Experiment für die störungsfreie Darstellung von Naturgesetzen hält und durch die Entwicklung der Meßkunst die Anwendung höherer Mathematik auf die Gegenstände der Naturwissenschaft sicherstellt. Eindrucksvoll hat E. Husserl in seiner Krisisschrift beschrieben, wie Galilei damit erstmalig die Natur geometrisiert und mechanisiert.

Der enorme Erfolg der mechanistischen Weltauffassung bis hin zum Paradigma der mechanischen Uhr als Metapher für das Naturgeschehen, die in der Biologie eine große Rolle spielen sollte, und die antike Vernachlässigung der tatsächlich beanspruchten operationalen Gegenstands-Konstitution der neuen Wissenschaft haben die Entdeckung verhindert, daß mit dem Stand der Meßkunst der Größen Volumen, Gewicht, Temperatur und Luftdruck praktisch schon alles verfügbar war, was eine experimentelle Chemie bis hin zu quantitativen Aussagen ermöglicht hätte. Dies ist um so überraschender, als nach dem Stand der Technik und Zivilisation im 17. Jahrhundert der Bedarf für eine naturwissenschaftliche Chemie nicht geringer veranschlagt werden darf als der für eine naturwissenschaftliche Physik. Man denke nur daran, daß die Erklärungserfolge in der Ballistik ja auch den Chemiker für die Weiterentwicklung des Schießpulvers sowie der Materialien für Geschütze und Geschosse gefordert hätte. Aber Stoffeigenschaften und ihre technische Beherrschung finden weder in die Theoriebildung und Wissenschaft nach Euklidischem Vorbild noch in die Meß- und Experimentierkunst nach Galileischem Vorbild Eingang. Programmatische Äußerungen Newtons in den „Queries", daß die interne Struktur der Materie durch gravitationsähnliche Anziehungskräfte geringer Reichweite bestimmt sei – moderne Wissenschaftstheoretiker sehen darin eine Vorform der Affinitätstheorie –, bleiben spekulativ.

Als Gründe für diese Entwicklung kann ich nur sehen, daß

weder die schon erwähnte Theoriefähigkeit der Chemie durch antike Vorgaben sichtbar war, noch Institutionen vorhanden waren, die sich im Rahmen ihrer herrschenden Selbstverständnisse dieser Aufgaben hätten annehmen können. Eine gewisse *Ausnahme* bildet lediglich die Medizin mit ihrem Teilgebiet Pharmazie und der Einfluß von *Paracelsus,* aber damit war Chemie auch aus den *artes liberales* (nach aristotelischer Einteilung aus den theoretischen Wissenschaften, den ἐπιστήμαι) in eine der Fakultäten (aristotelisch τέχναι), nämlich die Medizin, und damit zugleich aus dem aufklärerischen Diskussionszusammenhang von Astronomie und Physik, und damit von Naturwissenschaft, verbannt.

Damit ergibt sich für die zweite Phase der Verwissenschaftlichung von Naturwissenschaft durch Ausbildung der experimentellen Methode das höchst *paradoxe Resultat,* daß die Chemie, die wir doch heute als Experimentalwissenschaft par excellence verstehen, an dieser Neuerung nicht beteiligt wird; jedenfalls nicht im Sinne einer im Wechselspiel mit Theoriebildung stehenden Experimentierkunst der akademischen Naturwissenschaft.

Als sich schließlich die Chemie mit einer Zeitverzögerung von ein- bis zweihundert Jahren mit den Theorien von Dalton, Avogadro, Gay Lussac und schließlich der Oxydationstheorie von Lavoisier anschickt, selbst eine quantitative Experimentalwissenschaft nach allen Regeln der Kunst zu werden, ist ihr die Physik wieder einen wesentlichen Schritt in der Ausbildung des heutigen Naturwissenschaftsverständnisses voraus: Die *Physik* gerät in mehrfache *Grundlagenkrisen* und nötigt ihre Vertreter, eine metatheoretische Diskussion zu führen und damit in Konkurrenz zu treten zu philosophischen Erkenntnis- und Wissenschaftstheoretikern.

Es sind die bekannten Probleme des 19. Jahrhunderts, etwa, daß sich die Maxwell-Hertzsche Elektrodynamik nicht als Teiltheorie der Mechanik formulieren läßt, daß die Entdeckung der nichteuklidischen Geometrien zusammen mit deren Begründungsdefekten das Programm einer empirischen Entscheidung der Geometrie des wirklichen Raumes nahelegt; es sind die Probleme der theoretischen Thermodynamik, der Erhaltungssätze, und, pauschal gesprochen, der Vorgeschichte der relativistischen und der Quantenphysik, die der Physik ihre *Naivität* bezüglich der Grundbegriffe von Raum, Zeit, Kausalität und Energie und auch bezüglich ihrer Methoden genommen haben.

Heute gehört die Reflexion auf Grundbegriffe, Methoden, Geltungsansprüche, die Natur des Meßprozesses und v. a. m. zu den unverzichtbaren Bestandteilen einer Naturwissenschaft. Beginnend mit der Physik, einstweilen endend mit der Biologie und ihrem Ableger, der evolutionären Erkenntnistheorie, beanspruchen Naturwissenschaften heute *erkenntnistheoretische Kompetenz* – wenn auch nicht zu Recht, so doch in der öffentlichen Meinung erfolgreich.

Die Chemie dagegen hat, obgleich auch sie manchen Paradigmenwechsel absolviert hat, keine in metatheoretischen Folgen vergleichbare Gundlagenkrise und damit keine vergleichbare Aufwertung zum Gegenstand oder Konkurrenzunternehmen von Philosophie erlebt. Vielmehr verdankt, etwas polemisch gegen die eigene Zunft gewendet, die Wissenschaftstheorie und die Wissenschaftsgeschichte der Chemie gerade mal eben mit der Phlogiston-Theorie die Einsicht, daß nichts so falsch sein kann, daß es nicht auch nützlich wäre. Resümierend ist festzuhalten, daß die Paraderolle der geometrisch-mathematischen Physik für die Naturwissenschaften die Chemie als Wissenschaft trotz ihrer stets unkontroversen praktischen Bedeutung und ihrer eigenen Entwicklungsgeschichte in drei entscheidenden Phasen in den Hintergrund hat treten lassen. Die Folgen sind bekannt.

Die Chemie ist vergleichsweise spät zur Universitätswissenschaft geworden. Sie konnte keinen nennenswerten Beitrag liefern zur Ausbildung naturwissenschaftlicher „Weltbilder", wie sie durch die Physik in der Kosmologie und Kosmogonie, durch die Biologie in der Evolutionstheorie und einem biologischen Menschenbild mit Erfolg propagiert worden sind. Die Chemie konnte praktisch keinen Beitrag leisten zur erkenntnistheoretischen Diskussion, obgleich sie vielfach originelle und erfolgreiche Wege ging. Chemie wurde im Konzert der Wissenschaften, in den Vorlieben der akademischen Welt mit historischen und mit systematischen Interessen und nicht zuletzt in der gesellschaftlichen Wertschätzung bestenfalls als Anhängsel der Physik gesehen.

Dieser Entwicklung auf der akademischen Seite steht eine technische und wirtschaftliche Kulturgeschichte der letzten zweihundert Jahre gegenüber, die zu einer *chemischen Industrie* geführt hat, wohingegen es keine physikalische und noch keine biologische Industrie gibt.

Ich hoffe, hiermit Anfänge einer geistesgeschichtlichen Antwort auf die Frage skizziert zu haben, was die *Sonderrolle der Chemie* gegenüber anderen Wissenschaften oder Naturwissenschaften ausmacht und begründet hat. Diese Sonderrolle, deren Verständnis mir unverzichtbar für jede begründete Maßnahme im Rahmen von Überlegungen zur „Aufwertung" der Chemie erscheint, setzt sich heute systematisch fort, was ich unter einigen wissenschaftstheoretischen Gesichtspunkten darlegen möchte, und definiert damit einen Handlungsbedarf vor allem für philosophische und kulturwissenschaftliche Forschung.

Wissenschaftstheoretische Aspekte der Chemie

Vorausschicken muß ich, daß eine Sonderstellung der Chemie vor allem gegenüber der Physik und der Biologie schon darin zu sehen ist, daß es zu ihr *keine ausgearbeitete Wissenschaftstheorie* gibt. Die Begründer der modernen Wissenschaftstheorie im Wiener Kreis sowie deren Vorgänger wie Poincaré, Mach, Helmholtz, Duhem u. a. haben die Chemie äußerst stiefmütterlich behandelt und allenfalls als Appendix der Physik betrachtet. So kann ich hier auch keine zusammenhängende Skizze geben, sondern nur einzelne Aspekte herausgreifen.

1. Schon beim ersten, nämlich auf ihren *Namen* gerichteten Blick ist die *Chemie* wohl *einzigartig* unter allen Wissenschaften: Ich kann jedenfalls keine andere Wissenschaft finden, bei der man nicht wüßte, woher ihr Name nach seiner ursprünglichen, vorwissenschaftlichen Bedeutung kommt. Für „Chemie" ist nur sicher, daß das Wort aus dem Arabischen stammt und

dort mit dem Artikel al versehen als Alchemie einen Handlungs-bereich abdeckt, den wir heute mit guten Gründen zur Vorge-schichte der naturwissenschaftlichen Chemie rechnen. Vermu-tete Rückführungen auf griechische Wörter für Metallguß oder auf den Wortstamm des griechischen Verbums für Gießen wer-den bestritten.

Dieser Defekt ist nur auf den ersten Blick nebensächlich. Zwar kann man selbstverständlich das Wort Chemie genauso erlernen, wie der des Griechischen Unkundige etwa das Wort Entomologie lernt, wenn er nämlich weiß, was der Chemiker bzw. der Entomo-loge tut und leistet. Für Disziplinen wie Physik und Mathematik aber hat es immer eine große Rolle gespielt, daß parallel zu ihrer inhaltlichen Entwicklung immer auch eine *Begriffsgeschichte der Fächerbezeichnung* und damit eine Geschichte metatheoreti-scher Verstehensbemühungen einhergegangen ist. So läßt sich z. B. der Bruch von der Aristotelischen zur Galileischen Physik immer auch als Bedeutungsumschwung der Begriffe Physik, Natur und Mechanik verstehen. Physik, von griechisch φύω (ich wachse), und Natur, von lateinisch nasci (geboren werden), hat für *Mechanik*, von griechisch μηχανάομαι (ich ersinne eine List), nur das Verständnis der *Überlistung von Natur* durch Mechanik, während sie bei Galilei zur technischen *Befolgung von Naturge-setzen* umgedeutet wird. „Chemie" dagegen hat als Fachbezeich-nung keine Begriffsgeschichte. Der Begriff Chemie leistet keine Dienste als roter Faden für die Geschichte von sich entwickelnden Chemieverständnissen.

2. Was aber noch schwerer wiegt, ist ein erkenntnistheo-retischer Effekt dieses begrifflichen Vakuums. Auch wenn all-tagssprachliche Nachlässigkeit oft ohne Folgen darüber hin-weggeht, haben wir doch bei Fächerbezeichnungen wie z. B. Psychologie, Biologie oder Archäologie schon terminologisch eine scharfe Unterscheidung zwischen einer *Wissenschaft* und ihrem *Gegenstandsbereich,* den wir in den genannten Fällen mit Adjektiven wie biotisch, psychisch und archaisch benennen. Auch „physisch" und „physikalisch" sind entsprechend zu un-terscheiden. (Und, so wünscht man sich als Wissenschaftstheo-retiker, auch „methodisch" und „methodologisch"!)

Gerade für die Naturwissenschaften ist diese Unterscheidung von enormer Bedeutung. Denn unabhängig davon, welcher Wissenschaftstheorie man auch anhängt, ist unbestritten, daß es die Naturwissenschaften letztlich mit etwas Natürlichem, und das heißt gerade: mit etwas zu tun haben, was nicht vom Menschen gemacht wird, d. h. was kultürlich ist. Die Wissenschaften der Disziplinen selbst dagegen sind selbstverständlich von Menschen gemacht oder betrieben, betreffen also gerade den Bereich des Kultürlichen, des menschlichen Handelns und Eingreifens in das natürlich Gegebene.

Wer also die Fächerbezeichnungen nicht von den Bezeichnungen ihrer als vorgegebenen unterstellten Gegenstandsbereiche unterscheidet, macht sich des erkenntnistheoretischen Fehlers schuldig, die freie, einem historischen Wandel unterliegende Wahl von Methoden und Rationalitätsstandards der Naturwissenschaften zu verwechseln mit dem „Natürlichen", das zwar spätestens seit Kant nicht unabhängig von unseren naturwissenschaftlichen Methoden ist, aber sogar im 20. Jahrhundert noch als empirische Grenze des technisch Machbaren von diesen unterschieden werden muß. Oder dramatisch kurz: den Fehler, nicht zwischen Natur und Kultur zu unterscheiden. Im simplen Anwendungsbeispiel: Die Fallbewegung eines *physischen* Körpers kann nur im *physikalischen* Experiment erforscht werden, das physikalische *Experiment* als methodisches Mittel selbst nicht wieder physikalisch oder experimentell, sondern nur *methodologisch, kulturwissenschaftlich oder philosophisch*.

Was aber bedeutet in diesem Zusmmenhang das Wort „Chemie"? Ist „chemisch" ein Adjektiv für Vorgänge wie z. B. der Photosynthese, die lange vor der naturgeschichtlichen Entstehung höherer Säugetiere abgelaufen sind, oder z. B. für die experimentellen Verfahren der Analytischen Chemie? Im ersten Falle ist Chemie Teil des Naturgeschehens und viele hundert Millionen Jahre alt, im zweiten Falle nicht älter als dreihundert Jahre. Keine moderne Sprache kennt einen terminologischen Unterschied zwischen der Wissenschaft Chemie und ihrem Gegenstandsbereich. Solche Defekte finden sich sonst nur in der wenig reflektierten englischen Sprache etwa bezüglich des Wortes

„physical", obwohl sich sogar der differenziertere Sprachgebrauch unserer Ingenieure, der zwischen Technik und Technologie unterscheidet, ins Englische hinein fortzusetzen beginnt. Auf Folgen dieses begrifflichen Defizits bezüglich Chemie komme ich noch zu sprechen.

3. Das Lehrbuch „Anorganische Chemie", Band 1, von Max Schmidt, Mannheim 1967, beginnt seine Einleitung folgendermaßen: „Chemie ist eine Naturwissenschaft. Sie beschäftigt sich mit dem Studium der entweder direkt durch die Sinne oder indirekt durch geeignete Instrumente zugänglichen stofflichen Umwelt des Menschen. Im Verlauf der interessanten historischen Entwicklung der Chemie . . . ist es gelungen, die unbeschreibliche Mannigfaltigkeit der Erscheinungsformen der uns bekannten Materie zurückzuführen auf verhältnismäßig wenige, genau definierte Bausteine, die sogenanten chemischen Elemente. Wir kennen heute 104 Elemente . . ." Und später: „Chemie ist somit die Wissenschaft, die sich mit den Kombinationsmöglichkeiten der bekannten 104 Elemente beschäftigt." Dies ist ein sehr schöner, weil in seiner Naivität klar erkennbarer *Naturalismus*. Und er ist keineswegs eine Ausnahme, sondern ließe sich durch viele andere Lehrbuchzitate und Selbstdarstellung von Chemikern ergänzen. Dabei ist gar manches übersehen, wofür ich eine – keineswegs vollständige – Reihe von Beispielen geben möchte.

Der Chemiestudent, der zum ersten Mal das Labor betritt, oder auch der Schüler im Chemieunterricht wird ja nicht vor *Natur in Flaschen* geführt. Vielmehr sind seine Reagenzien höchstentwickelte Industrieprodukte, die bestellt werden nach Katalogen, in denen z. B. Reinheitsgrade quantitativ angegeben werden. Schon die einfachsten Schulversuche also, die ja wohl ein solides Verständnis von Chemie erzeugen oder doch mindestens nicht verhindern sollten, müßten für die Aufrechterhaltung der These „Chemie ist eine Naturwissenschaft" mit einer aufwendigen Darstellung der Chemiegeschichte dem Schüler verständlich machen, welch langer historischer Erkenntnisweg und welch hoch entwickelter technischer Produktionsweg von Natur im Sinne des technisch noch Unveränderten zu den Kunstprodukten seiner Reagenzien zurückgelegt werden mußten.

Der Naturalismus im Selbstverständnis der Chemiker kennt viele Formen. Im Moment bin ich bei der naturalistischen Definition ihres Gegenstandsbereiches. Hierher gehört auch die Bestimmung, die Chemie habe es mit den *Naturgesetzen* zu tun, welche Stoffeigenschaften und ihre Veränderung beherrschten. Wer, von der Frage nach einer Definition des Wortes „Naturgesetz" vielleicht noch legitimerweise überfordert, wenigstens ein anerkanntes Beispiel eines Naturgesetzes nennen möchte, wird uns einen fachsprachlichen Satz der Chemie, der Physik oder einer anderen Naturwissenschaft vortragen. Dieser ist dann als Naturgesetz von anderen Sätzen dadurch ausgezeichnet, daß seine Bedeutung und seine Geltung durch etablierte Verfahren operationaler Definition und empirischer Kontrolle immer wieder gelingt. Ein Chemiker, der sein Fach ja betreibt und nicht als Unkundiger von außen beschreibt, müßte wissen, welch begrifflicher und technischer Aufwand vonnöten ist, chemische „Naturgesetze" zu finden und zu begründen.

Hierher gehört die Rede von *Entdeckungen* im allgemeinen. Psychologisch betrachtet suggeriert das Wort Entdeckung – wie bei der Entdeckung eines Steinpilzes unter beiseitegeschobenem Laub –, daß durch den Entdecker nur eine Decke zu beseitigen sei, um etwas Vorhandenes zu sehen. Der Erfinder dagegen erschafft oder schöpft etwas Neues. Nun ist es eine Trivialität, daß auch der Erfinder, den wir gerne unter die Techniker rechnen, nicht Beliebiges zur Funktion bringen kann, sondern sich empirischen Realisierungsgrenzen seiner Phantasie unterworfen sieht. In einem Wortspiel: Der Erfinder ist ein Entdecker seines Handlungserfolges oder Mißerfolges.

Nun läßt sich unschwer sehen, daß sich kein Beispiel aus der Entdeckungsgeschichte der Chemie nennen läßt, das sich nicht zutreffender als Erfinderbemühung eines Technikers verstehen ließe. Selbst wo ein Chemiker verzweifelt nach einem Trial-and-error-Verfahren herumprobiert oder glücklich auf eine sogenannte „Zufallsentdeckung" stößt, entscheidet erst die Wiederholbarkeit eines Vorgangs oder die Wiederherstellbarkeit eines Zustandes bzw. Stoffes darüber, ob er eine „Entdeckung" gemacht hat. Mit anderen Worten: *Das Gelingen und Mißlingen* seiner *handwerklich technischen Reproduktionsversuche* und damit eine Prozedur, die viel mit dem technischen Entwicklungsverfahren der Ingenieure zu tun hat, macht die Entdeckung chemischer Naturgesetze aus. *Chemie,* von der Forschungspraxis und damit von menschlichen Handlungsbemühungen her betrachtet, ist primär eine *Technikwissenschaft.* Die „Natur" kommt allenfalls in der Form ins Spiel, daß wir die alte, schon im Mittelalter aufkommende Rede von den Naturgesetzen reinterpretieren als metatheoretischen Unterschied zwischen dem technisch Möglichen und dem technisch Unmöglichen.

4. Das naturalistische Selbstverständnis der Chemie äußert sich aber auch in verdeckteren Formen. So beantwortet das Lehrbuch *Inorganic Chemistry. Principles of Structure and Reactivity* von J. E. Huheey (2. Auflage 1983) die Frage „What is inorganic chemistry?" mit: „Inorganic chemistry is any phase of chemistry of interest to an inorganic chemist". Der Autor befindet sich damit auf der Höhe einer empiristischen Wissenschaftssoziologie, die, etwas polemisch formuliert, die Definition einer wissenschaftlichen Disziplin vom Türschild des entsprechenden Instituts abliest. Wer in einem Institut für anorganische Chemie arbeitet, ist ein anorganischer Chemiker, und was er tut, ist folglich anorganische Chemie.

Hier werden nicht mehr nur Stoffe und ihre Eigenschaften oder Naturgesetze als naturgegeben genommen, sondern Institutionen, Praxen, Wissensbestände, Vorgeschichten, Zwecke und Werte, Methoden usw. Dieses alles läßt sich dann nur noch beschreiben, nach Analogie zur empiristischen Populärphilosophie, nach der ein Naturwissenschaftler eine gegebene Natur „beschreibt". Hier hat sich ein cruder Positivismus Bahn gebrochen, der allein den Bereich des Behauptens und Beschreibens für wissenschaftsfähig, den des Sollens und der Normen (der ja für den Naturwissenschaftler schon im Bereich der Normierung von Terminologie und Meßverfahren beginnt) jedoch für nicht wissenschaftsfähig hält. Dies verdient hier nicht zuletzt deshalb Erwähnung, weil die Chemie, verstanden als Technikwissenschaft, sich alsbald mit der Forderung nach *technology assessment* konfrontiert sehen wird.

5. Das Risiko, Chemie naturalistisch zu sehen und damit nicht mehr nach historischen Bedingungen, Forschungszielen, nach Mittel-Zweck-Zusammenhängen und weiteren Rechtfertigungsproblemen des chemischen Forscher- und Produzentenhandelns zu fragen, schlägt durch auf den Naturalismus in der Chemiegeschichtsschreibung. Ich greife beliebig zwei Beispiele heraus: in „Geschichte der Chemie" von I. Strube, R. Stolz und H. Remane (1984) heißt es über „Ziele und Aufgaben der Geschichte der Naturwissenschaften, insbesondere der Geschichte der Chemie":

„Der Grund für das gesteigerte gesellschaftliche Interesse an der Geschichte der Wissenschaft und ihren Disziplinen ist vor allem darin zu suchen, daß man sich seit einigen Jahrzehnten darum bemüht, „Wissenschaft" als gesamtgesellschaftliche Erscheinung zu erfassen und die *Gesetzmäßigkeiten ihrer Entwicklung* sowie die ihrer Einzeldisziplinen zu erforschen und aufzudecken. Vordergründige Aufgabe ist es dabei, den Stellenwert zu bestimmen, den die Wissenschaft und speziell die Naturwissenschaften in der Entwicklung der menschlichen Gesellschaft eingenommen haben und künftig einnehmen werden. Letzliches *Ziel dieser Untersuchungen* ist es, aus der Kenntnis der Gesetzmäßigkeiten der bisherigen Entwicklung der Naturwissenschaften deren *zukünftige Entwicklungstendenzen vorauszusagen* und ihre Entwicklungswege so beeinflussen zu können, daß neue Forschungsergebnisse und deren technologische Umsetzungen den gesellschaftlich höchsten Nutzen gewährleisten" (Hervorhebungen vom Verf.).

Man sieht: Noch nicht einmal die Berücksichtigung gesellschaftlicher Relevanz und ein Abschied von der Zweckfreiheit der Naturwissenschaft schützen davor, Chemiegeschichte als menschliche Praxis in derselben Weise erkennen zu wollen wie der Physiker den Lauf der Planeten und die Wurfparabel, nämlich als Naturgesetze.

Diese naturalistische Chemiegeschichtsschreibung hat selbst Tradition. So liest man in Albert Ladenburgs angesehenem Buch „Vorträge über die Entwicklungsgeschichte der Chemie von Lavoisier bis zur Gegenwart" ([1]/1869, [2]/1907) in der ersten Vorlesung: „Immerhin gehört die Geschichte menschlichen Handelns und Wissens zu den interessantesten Forschungen. Wenn wir uns zu den Anhängern der *Darwinschen Theorie* zählen und derselben eine berechtigte Ausdehnung geben, so gewinnt der Rückblick auf vergangene Jahrhunderte an Bedeutung. Wir müssen dann in der *Entwicklung* einen stetigen *Fortschritt* erkennen, die Geschichte ist nicht mehr die Nebeneinanderreihung einzelner Tatsachen, wie sie zufällig chronologisch aufeinanderfolgen, sondern sie enthält die Schule des menschlichen Geistes und seiner Civilisation" (Hervorhebungen vom Autor).

Chemiegeschichte als naturgesetzliche Evolution also! Beiden Texten ist dabei gemeinsam, daß sie nicht eine schlichte Chronologie von genialen Chemikerleistungen schreiben wollen, sondern gerade auf gesellschaftlichen Nutzen, menschliche Bedürfnisse, verantwortliches Handeln und Entfaltung menschlicher Kultur hinauswollen.

In der Chemiegeschichtsschreibung gibt es heute eine nur noch schwer zu übersehende Fülle von Einzelstudien, die sich, soweit ich es beurteilen kann, im Wesentlichen wissenschaftstheoretischen Ideosynkrasien oder wissenschaftsgeschichtsschreibungstheoretischen ad-hoc-Positionen verdanken. Vollständige Urteile auf diesem Feld sind schwierig, so daß ich mich auf die Auskunft beschränken muß, daß mir bisher keine einzige nichtnaturalistische Chemiegeschichtsschreibung bekanntgeworden ist.

6. Eine letzte hier zu erwähnende Form naturalistischen Selbstverständnisses, das in der Chemie anzutreffen ist, erscheint zunächst nur eine wissenschaftstheoretische Spezialität, ist aber bei näherem Besehen höchst folgenreich: Es geht mir um die Unterscheidung von künstlich und natürlich. Ich nenne „künstlich", lateinisch „artifiziell" oder „Artefakt", griechisch „technisch", was der Mensch durch manuelles, handwerkliches, aristotelisch gesprochen, durch poietisches Handeln hervorbringt.

Nun ist es eine Binsenweisheit, daß heute niemand eine spekulative Chemie treibt oder treiben möchte, daß auch die quantenphysikalische Höhenflüge vollführende theoretische Chemie ohne Bezug zur Laborchemie keine Chemie wäre. Chemie kommt also, ich habe es oben unter einem anderen Aspekt schon einmal ausgeführt, als Technikwissenschaft in die Welt. Sie befaßt sich aber auch mit natürlichen Phänomenbereichen. Ob es um Stoffwechselprozesse von Pflanzen und Tieren oder um die Erdatmosphäre geht, um die Entstehung von Erdöl oder die chemischen Prozesse im menschlichen Gehirn, Chemie ist auch *Natur*wissenschaft in dem Sinne, daß sie sich mit Natürlichem befaßt. Wissenschaftstheoretisch ist aber unbestreitbar, daß wir verläßliches Wissen über das Natürliche nur nach Maßgabe des technischen Erfolgs einer Laborchemie gewinnen können.

Was nun für den Wissenschaftstheoretiker nur als methodische Ordnung von Interesse ist, wonach das Gelingen technischer Reproduktionen im Labor das Erkenntnismittel und damit methodisch primär für das Erkennen natürlicher Vorgänge ist, hat für die Wahrnehmung der Chemie durch den mehr oder weniger gebildeten Laien, also auch die anderen Wissenschaftler, eine wichtige Konsequenz: Zunehmend wird heute das technische Vermögen der modernen Chemie in allen Bereichen von der Pharmazie über die Kunststoffchemie, die Farbchemie, im Pflanzenschutz und in der Düngemittelproduktion, erst recht so in gentechnischen Produktionsverfahren, als *gefährlicher Eingriff in die Natur* gewertet. Im Verbund mit renommierten und moralisch unverdächtigen Philosophien wie der von Hans Jonas oder von Robert Spämann wird nicht nur für Zurückhaltung bei Eingriffen in die Natur plädiert, sondern viel weitergehend ein Naturschutz propagiert, der auf gravierenden Denkfehlern beruht.

In radikalster Form ist demnach Natur das, was übrigbleibt, wenn man den Menschen und seine Zivilisation aus der Erde verbannt – auch wenn selbstverständlich nur in Gedanken, so doch gelegentlich mit naturalistischer Zustimmung; nämlich in der These, daß es der Natur nichts ausmache, wenn der Mensch von der Erde verschwände, sich selbst evolutionär überlebe. Daß auch solche Meinungen Kulturprodukte sind, die in ihren deskriptiven wie normativen Teilen angezweifelt werden dürfen, ist wohl unstrittig.

Weniger radikal, dafür öffentlich wirksamer, wird einer technisch verfahrenden Chemie eine Hauptschuld an den Lasten der technischen Zivilisation zugesprochen. Verbunden damit wird, wo nicht gar für Unterlassung chemischer Forschung, so doch für eine „alternative", „weiche" oder „natürliche" Chemie plädiert. Diese Plädoyers übersehen:

1. daß für einen Naturbegriff, der nicht den Menschen und seine Grundbedürfnisse als Teil der Natur begreift, schon der technik- und wissenschaftsfreie, archaische *Mensch ein Umweltverschmutzer* ist – Atmen genügt bereits;

2. daß *jede Zivilisation,* auch z. B. die der romantisierten Hopi-Indianer, eine Intervention in die Natur, einen Verbrauch von Ressourcen und ein *anthropozentrisches Naturverhältnis* zur Folge hat;

3. daß jeder *Naturschutz* zur Erhaltung der Lebensgrundlagen des Menschen, zumal unter der Perspektive der Überbevölkerung, *Wissen* erfordert – vor allem über natürliche Kreisläufe, Zusammenhänge und Gesetze. Gerade aber auch das Wissen, das für Naturschutz benötigt wird, ist ein verläßliches und verwertbares Wissen nur als naturwissenschaftliches *Kausal*wissen, und d. h., als *technisches Interventionswissen* – denn jedes Experiment ist eine technische Intervention in das Natürliche, daher auch jeder beobachtete Kausalnexus, erkannt an der technischen Beherrschung von Wirkungen künstlich erzeugter Verhältnisse. Kurz: Auch eine Chemie als „Umweltwissenschaft" muß dem Erkenntnisideal der Technikwissenschaft verpflichtet bleiben.

Schluß

Mein Versuch, die Chemie kulturalistisch zu sehen, mußte sich auf eine Auswahl von Aspekten beschränken. Wenn ich mich dabei einerseits beschränkt habe auf den geistesgeschichtlichen Hintergrund der Sonderrolle der Chemie im Konzert der Wissenschaften, andererseits in kritischer Auseinandersetzung mit der Selbstsicht der Chemiker auf eine wissenschaftsphilosophische Kritik: Wenn ich also nicht eingehen konnte z. B. auf Editorials chemischer Fachzeitschriften, Stellungnahmen hoher Chemiefunktionäre und Politiker oder ansehnliche Äußerungen hochrangiger Chemiker; und wenn ich auch verzichtet habe auf einen direkten Bezug zu den aktuellen PR-Maßnahmen der chemischen Industrie, so liegt dies an einer Überzeugung, die ich trefflich von dem englischen Journalisten und Zeitkritiker Gilbert Chesterton im Jahre 1905 formuliert finde:

„Es gibt Leute – und ich gehöre zu ihnen – die glauben, das praktisch wichtigste an einem Menschen sei seine Philosophie. Für eine Wirtin, die einen Mieter ins Auge faßt, ist es zwar wichtig, daß sie sein Einkommen kenne, noch wichtiger aber ist es für sie, daß sie seine Philosophie kenne. Für einen Feldherrn, der einen Feind zu bekämpfen hat, ist es zwar wichtig, daß er die Truppenzahl des Feindes kenne, aber noch wichtiger ist es für ihn, daß er die Philosophie des Feindes kenne. Ja, es ist nach meiner Überzeugung gar nicht die Frage, ob die Philosophie eines Menschen auf seine Umgebung einen Einfluß ausübt, es fragt sich vielmehr, ob überhaupt etwas andres als die Philosophie einen solchen Einfluß ausübt."

4. Naturgeschichten

Benötigt die Biologie eine relativistische Revision?

Einleitung: Eine terminologische Anmerkung

Der Ausdruck „relativistische Revision" stammt aus dem Gebiet der Philosophie der Physik. Dort bedeutet er die „Revision" der Klassischen Physik durch die spezielle Relativitätstheorie und betrifft eine *Kritik an Grundbegriffen* wie Gleichzeitigkeit, Länge und Zeitdauer sowie deren neue Definition. Im vorherrschenden Wissenschaftsverständnis ist diese Revision eine empiristische insofern, als angenommen wird, daß der Fortschritt der empirischen Forschung die Physiker gezwungen hat, das Begriffssystem der Klassischen Mechanik zugunsten eines neuen, nämlich dem der relativistischen Raum-Zeit, aufzugeben. Wenn im folgenden der Ausdruck „relativistische Revision" verwendet wird, dann jedoch nicht in diesem empiristischen Verständnis derart, daß etwa nun die Biologen gezwungen seien, in Folge empirischer Resultate ihre Grundbegriffe zu ändern.

Unabhängig von allen empirischen Gründen, die historisch die Physiker veranlaßt haben mögen, von der Klassischen zur Relativistischen Physik überzugehen – oder Gründen, die von empiristischen Philosophen der Physik vorgebracht worden sein mögen –, kann nämlich diese *Revision* auch beschrieben und gerechtfertigt werden *durch eine erkenntnistheoretische Überlegung:* Die klassisch-physikalischen Begriffe des absoluten Raumes und der absoluten Zeit ebenso wie die dynamischen Begriffe der Masse, der Kraft und des Impulses (oder wenigstens einer von diesen) und schließlich der Begriff des Inertialsystems sind im Rahmen der Klassischen Physik gänzlich ohne operationale Definition. „Operationale Definiton" ist hier in einem strengen Sinne zu verstehen und betrifft nicht nur logische oder linguistische Aspekte: Eine operationale Definition hat immer ein System von Handlungsanweisungen zu enthalten, die tatsächlich befolgt werden können, und die dabei zur Messung des durch sie definierten Parameters führen.

Es ist allgemein unbestritten, daß einerseits die Klassische Mechanik eine außerordentlich erfolgreiche Theorie für die Technik ist und daß andererseits das Fehlen operationaler Definitionen für mechanische Parameter das erkenntnistheoretische Problem der Anwendung der Theorie sogar auf einfache mechanische Laborexperimente offen läßt. Das Faktum des praktischen Erfolgs der Theorie also ist hier wissenschaftstheoretisch unverstanden. Dies sollte Grund genug sein, sich nicht der vorherrschenden analytischen Auffassung anzuschließen, eine jede Theorie müsse nun einmal einige undefinierte Grundbegriffe, sogenannte „theoretische Terme", aufweisen.

Es war Albert Einstein selbst, der eine Darstellung seiner Theorie gab, die beanspruchte, die definitorischen Schwächen der Grundbegriffe der Newtonschen Physik durch operationale Definitionen z. B. der Gleichzeitigkeit räumlich entfernter Ereignisse zu überwinden. Ob nun in jeder Hinsicht erfolgreich oder nicht, dieser Einsteinsche Zugang verdient aus erkenntnistheoretischen Gründen als Standard genommen zu werden, denn er führte den menschlichen Beobachter in die Physik ein. Die in dieser Hinsicht naive Klassische Physik wird dadurch „überwunden", daß die Relativistische Physik den physikalischen Beobachter, der z. B. Länge und Dauer mißt, in die Theorie selbst einbezieht.

Ich übergehe hier, daß Einstein in diesem Ansatz gleichsam auf halbem Weg stehengeblieben ist, denn sein „Beobachter" kann seiner Funktion nach durch eine Maschine ersetzt werden, die Meßdaten sammelt, und ist damit keineswegs konzipiert als ein Mensch, der nach Zwecken handelt. Dies aber muß jeder Physiker sein, der seine Instrumente kompetent benützt und dabei stets zu unterscheiden hat zwischen Meßdaten, die empirische Resultate darstellen, und solchen, die lediglich eine Fehlfunktion seines Meßinstrumentes sind. Deshalb soll hier unter *Relativistischer Revision* die *„Einführung des menschlichen Wissenschaftlers* in die Wissenschaft, und damit seine *Berücksichtigung in der Theorie"* verstanden sein. Schließlich ist jede Erfahrungserkenntnis über „die Welt" oder „die Natur" durch die zweckgerichteten Handlungen von Menschen zustandegebracht und bleibt bezogen auf deren Bedingungen und Umstände.

Jede Revision einer Theorie, die darauf beruht, daß sie die prinzipiell unvermeidlichen Beschränkungen durch den handelnden und redenden menschlichen Wissenschaftler berücksichtigt, hat erkenntnistheoretisch ihre eigene Berechtigung, unabhängig von allen möglichen empirischen, aus der Theorie resultierenden Argumenten.

Ist Biologie wie Physik?

Auf den ersten Blick scheint es eher problematisch, den Ausdruck „Relativistische Revision" auf die Biologie anzuwenden, und zwar aus wenigsten zwei Gründen. Erstens unterscheiden sich Physik und Biologie erheblich hinsichtlich ihrer theoretischen Ansprüche. Wo Physik eine umfassende Theorie ist oder wenigstens zu sein beansprucht, die alle physikalisch zugänglichen Phänomene abdeckt, ist Biologie eher eine Ansammlung verschiedener Einzeltheorien, die durch verschiedene Methoden, Fragen und darauf abgestellte Theorieformen zustande kommt. Und während Raum und Zeit für die Physik unverzichtbare Grundkategorien für alle überhaupt in Frage stehenden Phänomene sind, die deshalb Physik als ein Ganzes für eine Relativistische Revision zugänglich machen, mag es fraglich erscheinen, ob Biologie Begriffe hat oder benötigt, die im selben Sinne grundlegend für die gesamte Disziplin sind.

Dieser zweite Grund betrifft also die Tatsache, daß in der Physik praktisch jedes empirische Wissen durch Messung mit Hilfe von Meßgeräten zustande kommt, was eine allgemeine Theorie *der* empirischen Methode der Physik zu formulieren erlaubt; in der Biologie dagegen ergänzen sich Laborforschung und Feldforschung, quantitative und qualitative Beobachtungen, naturhistorische und aktuelle, beschreibende und erklärende Teile der Theorie usw. Deshalb sollen hier drei wichtige Züge der modernen Biologie unterschieden werden, die jeweils ihre eigene Überlegung bezüglich einer eventuell erforderlichen Kritik und Revision verlangen: Züge, die sowohl in den Methoden der Gewinnung spezifischen empirischen Wissens als auch in der diesen entsprechenden Konstruktion von Terminologie verschieden sind:

1. Die älteste, indessen immer noch aktuelle Aufgabe für den Biologen ist die Sammlung und *Klassifikation von Lebewesen* und ihre Beschreibung in Form von *Taxonomien.* Bekanntlich ist diese Systematisierung heute nicht mehr unabhängig von einer Laborbiologie – z. B. wegen genetischer Parameter für die Definition einer Spezies –, aber das Ziel dieser Aktivität ist immer noch eine vollständige und eindeutige Klassifikation aller Formen des Lebendigen.

2. Ein zweiter Teil der Biologie befaßt sich mit der Beschreibung und Erklärung von *Organismen,* ihres *Aufbaus* und ihrer Leistungen im Zusammenwirken ihrer Organe. Diese Aufgabe reicht von Anatomie über Physiologie und Embryologie bis zur Genetik und ist in erster Linie eine Laborwissenschaft. Lediglich

ethologische Untersuchungen sind nicht auf Laborbeobachtungen beschränkt, sondern werden auch in natürlicher Umgebung als sogenannte Feldforschung betrieben.

3. Ein dritter Teil der Biologie behandelt alle Fragen der *Naturgeschichte,* der Entstehung des Lebens auf der Erde, der Evolution, und zwar ihres tatsächlichen Ganges sowie ihrer Erklärung. Dieser Teil der Biologie ist verknüpft mit einer Art naturgeschichtlicher Hypothesen, die nicht im selben Sinne kontrollierbar sind wie die Hypothesen einer experimentellen Laborbiologie. Denn dort muß unabweisbar auch über Naturereignisse gesprochen werden, die nicht beobachtbar sind, weil sie lange Zeit vor Beginn der Wissenschaft Biologie stattgefunden haben und gleichwohl als einmalige Ereignisse für uns von Interesse sind.

Zur Abkürzung seien diese drei Züge oder Teile der Biologie *Klassifikation, Organismuslehre* und *Naturgeschichtsschreibung* genannt, für die nun getrennt zu diskutieren ist, ob sie jeweils eine „Relativistische Revision" erfordern.

Die Klassifikation ist revidiert

Auf den ersten Blick sind die theoretischen Mittel und die empirischen Methoden der Klassifikation von Lebewesen sehr einfach – jedenfalls solange dafür keine Parameter herangezogen werden, die nur in anspruchsvollen Laboruntersuchungen zur genetischen Bestimmung der Abstammung gehandhabt werden können.

Allerdings liegen die Verhältnisse nicht so einfach, wie es, etwa auf dem Niveau der Systematisierungsversuche von Carl von Linné, erscheinen mag. In Abhängigkeit von den jeweiligen Lebensbedingungen können die Phänotypen einer bestimmten Spezies derart variieren, daß es sich als ein schwieriges Problem für Experten herausstellt, gerade die Komponenten zusammenzustellen und scharf zu beschreiben, die für die Definition einer „Spezies" erforderlich sind. Aber unabhängig von diesen Schwierigkeiten besteht das Resultat, auf das die Biologen aus sind, in einer *vollständigen Begriffspyramide* oder einem vollständigen Begriffsbaum, wo jedes Lebewesen seinen wohl definierten Platz hat.

Es ist logisch trivial, daß die resultierende Einteilung ganz von den Kriterien abhängt, die zur Klassifikation gewählt wurden. Und diese Wahl ist selbstverständlich gegründet in menschlichen Entscheidungen, die die Gesamtaufgabe der Klassifikation und der Biologie betreffen. Hier ist keinerlei relativistische Revision erforderlich, denn sie ist seit langem erfolgt. Schon A. Cesalpino (1524–1603) wußte, daß verschiedene konkurrierende Taxonomien erfunden werden können. Linné (1707–1778) entwickelte ein „künstliches" System als Mittel zur besseren Identifizierung von Pflanzen; ein System, das in besonders klarer Weise die Verbindung zwischen menschlichen Handlungszielen und einer entsprechenden Wahl von Kriterien zur Klassifikation zeigt. Im Gegensatz zu Linné versuchte G. L. L. de Buffon (1707–1788), ein „natürliches" System zu entwickeln, „natürlich" im Sinne der Wahl des Kriteriums, welche Individuen von Natur aus eine Fortpflanzungsgemeinschaft bilden.

Zwar gibt es Hinweise, daß die frühe Einsicht in die Abhängigkeit klassifikatorischer Resultate von den Zwecken der Kriterienwahl in Gefahr war, durch empiristische Verkürzungen verloren zu gehen: Schon M. Adanson (1727–1806) postulierte, daß keine a priori gewählten Kriterien angewandt werden dürften, sondern *alle* Eigenschaften von Lebewesen für die Klassifikation herangezogen werden müßten. Aber jede mögliche „Eigenschaft" hat dafür sprachlich beschrieben zu werden, d. h., muß in einem emphatischen Sinne gemacht oder getroffen werden und bleibt deshalb selbstverständlich von menschlichen Entscheidungen und Wahlen abhängig.

Wenn moderne Biologen nach einer Taxonomie des Lebendigen suchen, die Lebewesen als Ergebnis ihrer eigenen Abstammung klassifiziert (einschließlich aller genetischen Erkenntnis über Fortpflanzung und Verwandtschaft), so ist dies wiederum eine menschliche Setzung eines Zieles, das seine eigenen Mittel erfordert. Ob heutige Biologen sich dessen voll bewußt sind oder nicht, es gibt auf diesem Gebiet wenig Grund für eine Kritik an der Biologie.

„Organismuslehre" war als Abkürzung für alle Disziplinen gewählt worden, die Organismen beschreiben und ihre Leistungen erklären, wie z. B. Anatomie, Physiologie, Embryologie, Genetik usw. Grob gesprochen sind Organismen „das Gegebene" für diese Disziplinen, wie es die Himmelserscheinungen für den Astronomen sind. Kriterien für die Organismusbeschreibung und Mittel (sogar in Form elaborierter naturwissenschaftlicher Theorien) für die Erklärung von Organismusleistungen sind von so verschiedenen Bereichen wie Physik und Chemie, Medizin, aber auch der Praxis des Jagens, der Tierzucht und anderen genommen. Diese Mischung aus naturwissenschaftlichen Quellen, die üblicherweise nicht im Zweck-Mittel-Schema gesehen werden, und von Teilen der Alltagspraxis, die klar durch menschliche Zwecke und Handlungen zu ihrer Verfolgung strukturiert ist, ist ebensowenig reflektiert, wie es die Folgen sind, die es nach sich zieht, wenn man in naiver Abstraktion oder Verallgemeinerung über *einen bestimmten* Organismus spricht. Letzteres erinnert an die Naivität der Klassischen Physik, über die Bewegung eines isolierten, einzelnen Körpers zu reden.

Selbstverständlich gibt es in der modernen Biologie die Ethologie und die Ökologie, was belegt, daß Biologen längst sensibel geworden sind für stillschweigende Annahmen in älteren biologischen Theorien. Außerdem gibt es biologieintern kritische Ansätze, die sich von naiv-abstrahierender Betrachtung der Organismen abheben, wie der von J. v. Uexküll (1864–1944). Danach sollen Organismen nicht mehr als (klassisch-physikalisch isolierte) Maschinen betrachtet werden, die angemessen in denselben Parametern beschrieben werden wie wirkliche Maschinen; und insbesondere sollen danach die sensorischen Fähigkeiten von Organismen nicht mehr relativ zum Spektrum von Reizen definiert werden, die vollständig durch physikalische Teildisziplinen wie Optik, Mechanik, Thermodynamik usw. beschrieben werden. Das heißt, die isolierte Betrachtung des Organismus in einer Umwelt, für die unterstellt ist, die modernen Naturwissenschaften würden uns deren Eigenschaften vollständig beschreiben, ist aufgegeben. Nach Uexküll hat die Welt für den einzelnen Organismus „Merkmale" nur insofern, als der Organismus darauf regieren kann, oder in der Terminologie Uexkülls, insofern der Organismus „Wirkmale" hat, die mit den Merkmalen in einem „Funktionskreis" zusammengeschlossen sind.

Inzwischen gibt es, von Biologen selbst vorangetrieben, manche Aufklärung über eine stillschweigende Naivität der Organismuslehre, aber die resultierenden Theorien und die hauptsächlichen Forschungsrichtungen sind immer noch sozusagen von einem *archimedischen Standpunkt* aus betrieben, d. h. einem Standpunkt außerhalb der Welt, der diese zum Objekt einer „objektiven" wissenschaftlichen Beobachtung machen soll. Sogar der „Funktionskreis" in der Theorie Uexkülls, also die Merkmal-Wirkmal-Beziehung, ist selbstverständlich in Parametern beschrieben, die aus den Theorien der Physik genommen sind; d. h., daß die Terminologie zur Beschreibung von organismischen Reaktionen, orientiert am Ideal der Außen-Beobachtbarkeit, weitgehend *physikalistisch* ist.

Selbst die kritischsten Ansätze der modernen Biologie – am kritischsten im Hinblick auf die Sensibilität gegenüber den eigenen methodologischen Setzungen –, die z. B. Organismen niemals losgelöst von ihrer Umgebung betrachten, setzen doch voraus, daß Biologen tatsächlich wissen, wie die Welt ist, in der Organismen leben, und welche Naturgesetze in ihr gelten. Dort scheinen Physik und Chemie alles Wissen zu liefern, das erforderlich ist als Rahmen für die Beschreibung und Erklärung von Organismen. Tatsächlich wird dabei wenig der Tatsache Rechnung getragen, daß beides, Physik und Chemie, aus menschlicher Handwerkskunst und der Fähigkeit abstammt, einfache Maschinen zu bauen, Metalle zu gewinnen, Legierungen herzustellen, Farben und Medikamente zu produzieren usw. Es sind ja nur die moderne Darstellung von Physik und Chemie in Lehrbüchern, sowie die moderne Arbeitsteilung von Forschung und Anwendung, die den *technischen Charakter* dieser Disziplin und ihre wesentliche Verbindung mit *menschlichen Zwecken* verbergen: Physik und Chemie sind, grob gesprochen, keineswegs Wissenschaften, die sagen, wie die Welt von Natur aus ist (und so soll sie dann auch für einige oder alle Tiere und Pflanzen sein), also völlig unabhängig von der Entwicklung menschlicher Kultur, von der Physik und Chemie Teile sind. Immer noch liefern diese Disziplinen technisches Know-how für Menschen, und die tatsächlich eingesetzten Kriterien, die für oder gegen Theorien sprechen, erweisen sich letzten Endes doch nur als die Frage nach dem technischen Erfolg – allen anspruchsvollen und raffinierten Philosophien der Wissenschaft zum Trotz.

Es ist deshalb wenig gerechtfertigt anzunehmen, daß Physik und Chemie gerade *das* Wissen über die Welt liefern, das der Biologe benötigt, um Organismen zu beschreiben und ihre Lebensfunktionen zu erklären. Kurz, Organismuslehre ist nicht nur offen für eine relativistische Revision, sie bedarf ihrer dringend, und sei es zumindest, was die unkritische Verwendung von Physik und Chemie betrifft, wohl aber noch in manch anderen Zusammenhängen.

An einer florierenden Wissenschaft wie der Biologie eine solche Kritik vorzutragen, provoziert nicht selten den Einwand, ob denn der Kriktiker einen besseren Weg wüßte.

Kritik ist immer sekundär zum Kritisierten. Ohne den Künstler und sein Werk gäbe es keine noch so scharfsinnige Kritik an einem Konzert, einem Gemälde oder sonst einem Kunstwerk. Und zuzugeben ist auch, daß die Kritiker nur in den seltensten Fällen den Künstler in seinem Metier übertreffen könnten. Aber dies bedeutet nicht, daß deshalb eine Kritik falsch sein muß. Es erfordert unterschiedliche Fähigkeiten, in einem Bereich zu handeln und darüber gültige Aussagen zu machen. Entsprechend kann eine philosophische Kritik an Naturwissenschaften zutreffend und gerechtfertigt sein ohne zusätzliche Hinweise, wie besser vorzugehen wäre. Allerdings soll hier Kritik nicht in dem Verständnis vertreten werden, daß sie selbstgenügsam und desinteressiert ist an einer möglichen Umsetzung in eine Verbesserung biologischer Forschung oder Theoriebildung. Deshalb seien wenigstens zwei Hinweise in Richtung einer solchen Verbesserung gegeben:

Eine relativistische Revision der Organismuslehre müßte folgende Schritte einschließen:

1. Die *Schwächen der „Objektivität des archimedischen Standpunktes"* sollte den Biologen deutlich werden. So benötigt z. B. Biologie, wie jede andere Wissenschaft auch, eine eigene *Terminologie*. Diese beruht selbstverständlich auf Übereinkünften, ohne deshalb beliebig zu sein. Sie hat vielmehr ihrem Zweck oder ihren Zwecken zu dienen. Damit wird es zur ersten Aufgabe einer erfolgreichen Revision durch Biologen, solche *Zwecke* und forschungstragende Absichten explizit zu formulieren, zu klären, und abzugehen von der naiven Vorstellung, der Naturwissenschaftler habe die Natur, wie sie unabhängig vom Menschen nun einmal sei, zu beschreiben.

2. Ein zweiter Schritt könnte bei einer gründlichen *Analyse* der kritischen Ansätze in der Biologie beginnen, wie denen von Uexküll, Lorenz und Mayr. Es ist instruktiv zu sehen, aus welchen Bereichen solche Ansätze ihre terminologischen Mittel nehmen. Allerdings hat man zu unterscheiden zwischen biologischen Theorien und den damit einhergehenden Philosophien; solche Philosophien sind mit Vorsicht zu sehen, nicht etwa, weil Philosophien von Fachwissenschaftlern generell schlechter wären als die professioneller Philosophen, die ihrerseits häufig die erforderliche Nähe zu den Fachwissenschaften vermissen lassen. Die Risiken von Laienphilosophien, die durch Fachwissenschaftler aufgegriffen oder entwickelt werden, liegen vielmehr darin, daß es für den Laien häufig sehr schwer zu überschauen ist, welche sehr starken Thesen oder Philosopheme schon mit ein paar wenigen grundlegenden Fachausdrücken unerkannt mitübernommen werden.

Eine solche Analyse des *Systems von Grundbegriffen* bei einzelnen Biologen mag ein Licht werfen auf die tatsächlich von ihnen verfolgten Fragen und Probleme, durchaus begleitet von dem Risiko, dabei zu Resultaten zu kommen, die den von den Autoren selbst dargelegten philosophischen Selbstverständnissen widersprechen. Muß z. B. Biologie mehr als Grundlagentheorie der Medizin und anderer Anwendungsfelder gesehen werden, oder liegt das hauptsächliche Interesse der Biologen daran, die Komplexität von Umwelten biologisch zu beschreiben, oder zielt Biologie in erster Linie auf Naturgeschichtsschreibung ab, eventuell mit dem Fernziel, eine überzeugende Entstehungsgeschichte des Menschen in seiner heutigen Form zu schreiben?

Die letztgenannte Frage markiert bereits die zentrale Aufgabe einer relativistischen Revision. Es ist völlig unstrittig, daß Biologie, wie jede andere Wissenschaft auch, von Menschen betrieben wird. Die heutige Biologie enthält viele Ansätze, Fragen und Betrachtungsweisen der belebten Natur, die dringend eine solide Diskussion der Ziele, Zwecke und Hoffnungen ihrer Vertreter verlangen. *Methodologische Fragen,* etwa ob synthetische Biologie besser ist als radikaler Konstruktivismus, oder ob eine an Ethologie hauptsächlich orientierte Biologie besser ist als eine ökologische, oder ob verschiedene Ansätze und Betrachtungsweisen zu einer Art von methodologischer Synthese gebracht werden sollen: Alle Fragen dieser Art können nur diskutiert und entschieden werden relativ zu den *Leitfragen und Hauptzwecken der ganzen Disziplin Biologie.*

Schließlich ist es eine simple Tatsache, daß menschliches Leben notwendigerweise ein kulturabhängiger Austausch mit der Natur ist und daß wenigstens die westlichen Gesellschaften heutzutage immer deutlicher ins Bewußtsein heben, daß dieser Austausch eine dramatische Entwicklung genommen hat. Als Beispiel möchte ich nur die extreme Veränderung der Rate nennen, mit der Arten von Tieren und Pflanzen aussterben. Was wäre schlecht an einem Vorschlag, die Biologie strikt unter den Zweck zu fassen, Kenntnisse bereitzustellen für eine gute Prophylaxe und Therapie des menschlichen Verhältnisses zur belebten Natur? Könnte man sich auf diesen Forschungszweck verständigen, so hätte dies auf der methodologischen Ebene sofort ein interventionalistisches Verständnis von Kausalität zur Folge, wonach Ursache-Wirkungs-Verhältnisse in der Natur nur dadurch erkannt werden können, daß der Forscher an eigenen experimentellen Eingriffen ein technisches Bewirkungswissen über die interessierenden, natürlich auftretenden Wirkungen bereitstellt.

Damit soll behauptet sein, daß es nicht nur Menschen sind, *von* denen Biologie getrieben wird, sondern daß es auch Menschen sind, *für* die die Biologie betrieben werden könnte und sollte – weit entfernt von den naturalistischen Deutungen der Biologie, wonach es eine natürliche (oder gar naturgesetzliche) Neugier der Wissenschaftler und zugleich eine noble Distanz zu jeder Form von Anwendbarkeit ist, die eine „zweckfreie" Biologie wissenschaftlich macht.

Die Relativität der Naturgeschichtsschreibung

Nach dem vorangegangenen Plädoyer für eine pragmatisch oder instrumentalistisch verstandene Organismuslehre mag wenigsten die Naturgeschichte, also das Gebiet der Evolutionstheorien, für immun gegen alle Ansprüche auf anthropomorphe Relativismen gehalten werden. In der Tat scheint jede *Geschichtsschreibung,* ob der Natur oder der Kultur, *wenig direkte Anwendbarkeit* in Form von Handlungsempfehlungen zu haben, die dann auf ihren Erfolg hin beurteilt werden können. Vielmehr ist es Teil unseres kulturellen Selbstverständnisses, daß ein ernsthaftes Begreifen unserer Gegenwart nicht ohne Kenntnisse über deren Zustandekommen möglich ist.

Aber dort liegt ein erkenntnistheoretisches Problem, das Kulturhistorikern wohlbekannt ist: Geschichtsschreibung wird immer von einem selbst als Produkt dieser Geschichte gebildeten Menschen unternommen. Unter den Naturhistorikern scheint dies weniger bekannt, und zwar sowohl im Bereich der physikalischen Weltentstehungstheorien als auch der biologischen Evolutionstheorien. Lehrbücher über Evolution lesen sich häufig so, als wäre der biologische Autor persönlich dabeigewesen. Naturgeschichtliche Ereignisse werden üblicherweise aus der Position des unmittelbaren Beobachters beschrieben. Und dies, obwohl selbstverständlich alle hier in Frage kommenden Ereignisse nicht direkt beobachtet worden sind oder werden können.

Zwar wissen dies viele Biologen, genauso wie Astrophysiker dies wissen, die etwa an der Urknalltheorie arbeiten. Alle *sin-*

gulären Ereignisse, die dabei bearbeitet werden, sind nur *durch Schlüsse aus Theorien* und *aus jetzt beobachtbaren Tatsachen* gewonnen. Aber viele Theoretiker und Naturgeschichtsschreiber scheinen zu glauben, daß sie es dabei mit derselben Relation zwischen Einzeltatsachen und generellen Hypothesen zu tun haben, wie dies der Fall etwa in der Chemie oder in der Teilchenphysik ist. Diese Auffassung jedoch steht Zweifeln offen. Wo in der Chemie oder in der Elementarteilchenphysik Laborforschung in einem Wechselverhältnis zu Theorien stehen, das man dialektisch nennen könnte – neue Hypothesen erfordern neue Experimente, und neue Laborresultate provozieren neue Hypothesen –, ist die Situation in der Naturgeschichtsschreibung wesentlich komplexer.

Es trifft nicht zu, daß die Natur Indizien oder Spuren ihrer eigenen Geschichte sozusagen von sich aus anbietet als eine *empirische Basis für Hypothesen* über die Ereignisse, die tatsächlich stattgefunden haben. Die Situation ist vielmehr vergleichbar der Rekonstruktion eines Verbrechens durch einen Detektiv. Indizien, Spuren und dergleichen liegen nicht einfach vor. Kriminelle produzieren so wenig Spuren in der Absicht, die Rekonstruktion ihrer Tat zu ermöglichen, wie die Natur Spuren als Angebot für Wissenschaftler produziert. Lediglich im Lichte einer Hypothese können Indizien oder Spuren entdeckt werden, ja können – wieder in einem emphatischen Sinne – „gemacht" werden, vergleichbar dem Detektiv, der sich Indizien nachträglich dadurch schafft, daß er den Täter in eine Falle lockt.

Soweit scheinen systematische und historische Hypothesen noch eine ähnliche Beziehung zu ihrer Erfahrungsbasis zu haben. Aber die Produktion experimenteller Resultate in systematischer Laborforschung hat, im Unterschied zur Naturgeschichtsschreibung, eher den Charakter der *freien Wahl technischer Mittel für festgelegte Zwecke.* Jeder technisch reproduzierbare Effekt scheint, bezogen auf die Zwecke, für die er Mittel sein kann, wert, erforscht zu werden. Das heißt, der Anspruch von Experimentalwissenschaften auf universelles Wissen liegt genau in dieser technischen Reproduzierbarkeit von Mitteln für angegebene Zwecke.

Die Indizien oder Spuren eines *singulären historischen Ereignisses* jedoch, auch wenn sie in irgendeinem Sinne durch den menschlichen Beobachter selbst provoziert oder produziert sind, entbehren genau diese freie Reproduzierbarkeit; sie sind nicht auf universelles, in der Zukunft jederzeit von neuem gleich verfügbares Wissen aus, sondern auf Rekonstruktion einer einmaligen Vergangenheit. Das heißt, solche Indizien zu produzieren, verweist auf einen wichtigen Unterschied zwischen Experimentalwissenschaft und Naturgeschichtsschreibung: Die Produktion von Indizien oder Spuren früherer Ereignisse hängt nicht nur von Hypothesen über den *vermuteten Weg der Geschichte* ab, sie hängt auch ab vom *verfügbaren Kausalwissen*, das dabei investiert wird. Um es pointiert zu sagen: Wenn sich das investierte Kausalwissen ändert, muß eine neue Naturgeschichte geschrieben werden.

Ein fingierter Vergleich mag diesen Punkt erläutern: G. Mendel (1822–1884) konnte z. B. nur Ähnlichkeiten zwischen Bohnen als Kriterium für den Erbgang charakteristischer Eigenschaften heranziehen. Soweit die Mendelschen Gesetze als Kausalwissen gelten, bleibt sowohl die Auswahl von Merkmalen als auch die Aufstellung von Evolutionshypothesen für eine bestimmte Spezies an diese ersten Schritte einer Auswahl der Merkmale gebunden. Moderne Methoden dagegen, nach denen etwa „genetische Informationen" im Genom verschiedener Organismen verglichen werden, erlauben ein wesentlich weiterreichendes Wissen über die Abstammung einzelner Organismen – und eine andere Forschung über charakteristische Eigenschaften von Organismen hat zu beginnen. Es sind dann nämlich nicht mehr die Prima-facie-Eigenschaften für den theoretisch naiven Beobachter, sondern solche, für die ein kausaler Zusammenhang zur Veränderung des Genoms im Durchgang durch die Generationen vermutet oder festgestellt wird. In diesem Sinne muß jede wissenschaftliche Periode, abgegrenzt durch das ihr verfügbare Kausalwissen, für beides, die Bildung evolutionärer Hypothesen und die Suche nach Indizien dafür, eine eigene und neue Geschichte schreiben.

Das heißt auch, daß es keine logischen Gründe gibt, die jüngeren Geschichten lediglich als Verbesserungen der älteren anzunehmen, etwa in Analogie zu der Auffassung, daß ältere physikalische Theorien jeweils in jüngere „eingebettet" werden. Vielmehr kann in der Naturgeschichtsschreibung durch Veränderung des im Labor gewonnenen Kausalwissens die völlige Aufgabe älterer, generell als falsch erkannter und nicht mehr verbesserungsfähiger Naturgeschichten erzwungen sein.

Zusammenfassend lassen sich als die beiden klassischen Naivitäten, die in der Biologie zu vermeiden und durch eine revidierte, relativistische Perspektive zu ersetzen sind, nennen:

1. Das für die Naturgeschichtsschreibung *Gegebene* ist *nicht eine empirische Basis von Indizien* oder Spuren, die von der Natur gelegt würden, und aus denen der Naturwissenschaftler die Abfolge der Naturereignisse ablesen könnte. Indizien müssen vielmehr gesucht oder sogar künstlich produziert werden mit Bezug auf bestimmte Hypothesen über das Stattfinden von Ereignissen. Jede Naturgeschichtsschreibung führt nur zu *hypothetischen Rekonstruktionen* von *Ereignissen, die nicht unmittelbar beobachtet werden können*. Radikal gesprochen: In einem strengen Sinn bleibt es sogar unbekannt, ob sich überhaupt etwas ereignet hat. Es sind erst menschliche Beobachter und tätige Forscher, die das Bedürfnis entwickelt haben, die heute vorfindliche Natur mit dem Einfall einer geschichtlichen Entwicklung zu konfrontieren, die sich wissenschaftlich soll erforschen lassen – und darin liegt selbstverständlich eine Analogie zu den besser vertrauten Beispielen einer wissenschaftlichen Kulturgeschichtsschreibung als methodische Ausweitung und Disziplinierung persönlicher Lebenserfahrung.

Die klassische Naivität, daß das für den Biologen „Gegebene" in der Naturgeschichte eine Kette tatsächlich stattgefundener Ereignisse sei, muß ersetzt werden durch die Vorstellung, daß wir unsere gegenwärtigen Beobachtungen natürlicher Ereignisse hypothetisch extrapolieren zur „Beschreibung" einer singulären Geschichte (im Sinne von Geschehen). Das „Beschriebene" ist der Wissenschaft aber nicht anders gegeben als in der Form von Methoden und Gründen, extrapolierende Hypothesen zu formulieren und zu akzeptieren.

2. Jede Naturgeschichtsschreibung bleibt unentrinnbar *relativiert auf gegenwärtiges Kausalwissen*. Wir können keinen archimedischen Standpunkt außerhalb des Geschehens einnehmen. Aber es ist nicht unsere eigene Stellung in der *Natur*geschichte (von der wir nichts wissen, wenn wir darüber nicht eine Wissenschaft entwickeln), die uns von einer endgültigen Beschreibung des Naturgeschehens abhält, sondern es ist unsere Stellung in der *Kultur*geschichte, vor allem in der Geschichte naturwissenschaftlicher Erkenntnisbemühungen, die unsere Erzählungen über die eine und einzigartige Kette von Ereignissen beeinflußt.

Hier wird also, entgegen der wohl verbreiteten Erwartung, sogar im Bereich der Naturgeschichtsschreibung deutlich, daß diese nicht nur *von* Menschen, sondern auch *für* Menschen entwickelt wird; denn nur die Zeitgenossen teilen dasselbe Kausalwissen wie die Naturgeschichtsschreiber und können deshalb die erzählten Naturgeschichten als Vorgeschichte ihrer eigenen Gegenwart anerkennen.

Nun könnte immer noch der Eindruck entstehen, daß diese relativistische Revision eine rein erkenntnistheoretische sei, im Unterschied zu der pragmatischen oder instrumentalistischen im Bereich der Organismuslehre. Aber selbst daran sind Zweifel erlaubt. Warum überhaupt schreiben Menschen Naturgeschichten? Ist dies lediglich ein kultureller Luxus? Ist dies, mit manchen sozialen und politischen Konsequenzen, ein Unternehmen, das von „emanzipatorischem Erkenntnisinteresse" getragen wird, also etwa der Emanzipation aus religiösen Schöpfungsmythen? Oder läßt sich auch Naturgeschichtsschreibung auf eine instrumentalistische, zu Handlungsempfehlungen führende Weise verstehen?

Menschen, die z. B. um Naturschutz besorgt sind, tendieren dazu, menschliche Eingriffe in die Natur zu minimieren. Nicht in die Natur einzugreifen, wird gleichgesetzt damit, die Dinge natürlich zu belassen. Aber wissen wir tatsächlich, wie die Welt „von Natur aus" ist? Auch daran muß man zweifeln. Was z. B. muß geschützt werden, wenn die Natur des Mittelmeerraumes geschützt werden soll? Lediglich von Kulturhistorikern wissen wir, welche Bäume z. B. vor zweitausend Jahren in Spanien gewachsen sind. Wir wissen dies jedoch – heute – keineswegs durch die Naturgeschichtsschreibung. Da diese alte Flora unter dem Einfluß vor allem der Römer verschwunden ist und die gesamte mediterrane Region dramatisch verändert wurde: Was soll dann geschützt werden, und was ist das Ziel von Maßnahmen des Naturschutzes? Das heißt, Naturgeschichte (wieder im Sinne von Geschehen) muß z. B. zum Zwecke kompetenten Naturschutzes bekannt sein und ist nicht zu verwechseln mit dem Luxusbedürfnis, einfach zweckfrei zu wissen, was der Fall war.

Zurückkommend auf die Ausgangsfrage, ob Biologie eine relativistische Revision erfordert, mag deutlich geworden sein, daß dies in der Tat der Fall ist. Und es ist der Fall, weil Biologie als Naturwissenschaft eine durch zweckgerichtetes menschliches Handeln zustandekommende, auf sprachliche Repräsentation ihrer Ergebnisse und Geltungsansprüche angewiesene Praxis innerhalb der Kulturgeschichte ist. Diese Sicht der Biologie gerät nicht in Konflikt mit anderen Möglichkeiten eines z. B. emotional gefärbten Verhältnisses des Menschen zur Natur – aber dies ist nicht Thema der Wissenschaftstheorie.

5. Physiologie und Sprache

Erkenntnistheoretische Probleme naturwissenschaftlicher Wahrnehmungstheorien

Einleitung

Physiologie als alte und gut etablierte Naturwissenschaft teilt mit anderen naturwissenschaftlichen Disziplinen viele Gemeinsamkeiten. Sie hat ihre eigenen Methoden entwickelt, Erfahrung durch systematische Beobachtung und Experiment zu gewinnen, sie sucht nach Kausalerklärungen für natürliche Ereignisse und formuliert universelle Gesetze. Mutatis mutandis ist Physiologie eine Naturwissenschaft wie z. B. die Physik und kann wissenschaftstheoretisch mit genau dem gleichen philosophischen Vokabular beschrieben werden. Dies mag trivial erscheinen, gibt aber einen Hinweis darauf, daß die Physiologen auch noch eine andere wichtige Eigenschaft mit ihren Kollegen aus der Physik teilen: Sie benötigen und haben auch in der Tat ihre eigene, sozusagen fachspezifische, Philosophie.

Über Physiker hat C. F. v. Weizsäcker, selbst Philosoph und Physiker, gesagt, jeder Physiker habe seine eigene Philosophie, und der Physiker, der dies verneine, habe in der Regel eine besonders schlechte. Dies mag man als Feststellung interpretieren, daß nicht alle Grundsätze einer wissenschaftlichen Disziplin das Ergebnis eben dieser Disziplin selbst sein können, sondern in der Form von Grundannahmen, methodologischen Regeln und definitorischen Konventionen dieser vorausgehen, sowie als These, daß keine Naturwissenschaft ohne eine Philosophie auskommt. Ich möchte sie die „stillschweigende Philosophie des praktizierenden Naturwissenschaftlers" nennen.

Die weitreichenden Ähnlichkeiten zwischen Physiologie und Physik legen es nahe, daß auch die stillschweigende Philosophie der Physiologen und der Physiker weitreichende Ähnlichkeiten aufweisen. So nehmen etwa beide an, etwas „Gegebenes" sei durch naturwissenschaftliche Methoden zu erforschen. Das für den Physiologen „Gegebene" ist, grob gesprochen, die Struktur und Funktion von Organismen und ihrer Organe. Diese in ihrem Grundzug „realistische" stillschweigende Philosophie erfährt im Bereich physiologischer Theorien der Sinneswahrnehmung gleichsam eine doppelte Anwendung, und zwar insofern, als „das für die Sinneswahrnehmung irgendeines Organismus Gegebene" nun genau dasselbe ist wie das „für die Sinneswahrnehmung des forschenden Physiologen Gegebene". Dies soll der Ausgangspunkt des vorliegenden Aufsatzes sein: Sogar in einer naturwissenschaftlichen Alltagssprache läßt sich ein offenkundig erkenntnistheoretisches Problem durch diese Iteration formulieren: „Der Physiologe hat Sinneswahrnehmung von Organismen, die Sinneswahrnehmung haben."

Hier soll selbstverständlich nicht übersehen werden, daß Physiologie in vielen Punkten auch von Physik verschieden ist. Obwohl alle Naturwissenschaften sich aus der Philosophie abge-

spalten haben, wo Philosophie ein Name ist für Erkenntnisbemühungen am Anfang unserer westlichen Kulturgeschichte,
so darf man doch sagen, daß die Anfänge etwa der Astronomie
oder der Mechanik weiter entfernt sind von den bevorzugten
Themen der Philosophen als etwa die Sinnesphysiologie, die unmittelbar ein empirischer Ableger philosophischer Erkenntnistheorien ist.

Sogar Väter einer radikal empiristischen modernen Physiologie, nämlich H. v. Helmholtz und E. Mach, waren aus moderner
Sicht immerhin kompetente Philosophen. Betrachtet man die
Physiologie aus der Sicht eines heutigen Philosophen, der nicht
selbst Physiologe ist, so läßt sich unter Physiologen eine hohe
Sensibilität für erkenntnistheoretische Fragen feststellen, die
sich von der der Physiker deutlich unterscheidet. Und wo immer
ein solches Bedürfnis nach philosophischer Reflexion besteht,
wie dies gerade im Zusammenhang physiologischer Erforschung kognitiver Organismusleistungen der Fall ist, beginnen
die Fachwissenschaftler selbst und autonom, sozusagen ohne
auf den Schulphilosophen zu warten, ihre philosophischen Debatten.

Es ist für den hauptberuflichen Wissenschaftsphilosophen
von großem Interesse, solche Spezialphilosophien, die von Fachwissenschaftlern aus Anlässen der aktuellen Forschung heraus
entwickelt wurden, zu betrachten. Hier habe ich den besonderen Vorzug, mich auf den bekannten Marburger Physiologen
Herbert Hensel beziehen zu können. Er hat sich mit erkenntnistheoretischen Fragen der Sinneswahrnehmung ausgiebig befaßt
und eine klare Kritik an einigen „naturalistischen" Fehlern in
der stillschweigenden Philosophie der Physiologen entwickelt.
Da diese Kritik in weitgehender Übereinstimmung mit meinen
eigenen philosophischen Ansichten steht und sich auf Philosophen beruft, die auch in meinen Augen einschlägige Autoritäten
sind, möchte ich zunächst Hensels antinaturalistische Argumente skizzieren, um dann ein zusätzliches, bei Hensel nicht zu fin-
dendes Argument vorzutragen, das in dieselbe Richtung weist.
Dieses zusätzliche Argument betrifft die Unvermeidlichkeit der
Tatsache, daß wir eine verstehbare, in allen Teilen nachvollzieh-

bare *Sprache* über Sinneswahrnehmung benötigen, wenn es darüber eine Wissenschaft geben soll.

Herbert Hensels Kritik am Naturalismus

Hensel diskutierte die Sinneswahrnehmung des Menschen. Auf diesem Gebiet teilen wir alle gewisse vor- oder außerwissenschaftliche Fähigkeiten wie z. B. die der Farbwahrnehmung. Die naturalistische oder auch physikalistische Theorie der Wahrnehmung schließt an die cartesische Einteilung der Wirklichkeit in eine körperliche oder ausgedehnte (res extensa) und in eine geistige Welt (res cogitans) an. Sie beginnt nämlich mit der Welt der physischen Objekte, die unter wiederum physikalisch beschriebenen Bedingungen als Reize, als „Stimuli", wirken können. Die Physik reicht, nach dieser Auffassung, völlig hin, die Ereignisse zu beschreiben, die die sensorischen Oberflächen von Sinnesorganen erreichen und dort bestimmte weitere Ereignisse naturgesetzlich auslösen, die, von einem bestimmten neuronalen Verarbeitungsgrad an, „Wahrnehmungen" heißen bzw. sind.

Selbstverständlich war diese cartesische Spaltung so berühmten Physiologen wie H. v. Helmholtz und E. Du Bois-Reymond bekannt, und sie waren sich dessen voll bewußt, daß eine subjektive Komponente hinzutreten muß, um aus der soeben beschriebenen Kausalkette natürlicher Ereignisse eine Wahrnehmung zu machen. Schon der Philosoph G. Berkeley (1685–1753) hatte festgestellt, daß Schmerz eine rein subjektive Angelegenheit sei, eine Art „subjektiver Wirkung" eines „objektiven Ereignisses" in der Außenwelt, das auf unseren Organismus wirkt.

Die soeben erwähnten Physiologen haben konsequenterweise aus dem Gesetz der spezifischen Sinnesenergien, das durch ihren gemeinsamen Lehrer J. Müller formuliert worden war, geschlossen, daß alle Sinnesqualitäten letztlich subjektiv sind. Nach Hensel führt dies zu einem unlösbaren Dilemma des Naturalismus oder Physikalismus: Es gibt nämlich keine Isomorphie, keine Gleichgestaltigkeit oder gleiche Struktur zwischen der äußeren physikalischen Welt und der Welt unserer Wahrnehmung in der Form von Sinnesqualitäten. Hensel hält es vielmehr für einen naturalistischen oder physikalistischen Irrtum, „Wahrnehmungen" über Kausalketten von natürlichen Ereignissen in unserem Nervensystem aus Reizen abzuleiten. Er nennt diesen Fehler das Haupthindernis für ein angemessenes Verständnis der Sinneswahrnehmung. Und darin ist Hensel sicher recht zu geben, obgleich offen bleiben mag, ob er dafür hinreichende Gründe vorgetragen hat. Im wesentlichen bezieht er sich mit seinen Argumentationen auf die Phänomenologie Edmund Husserls und dessen Klage über die cartesische Spaltung in einen physikalischen Objektivismus und einen transzendentalen Subjektivismus.

Deshalb sei dieser Punkt in anderer Form erläutert, die durchaus Hensels These stützt: Jeder Versuch, zu beschreiben oder zu erklären, wie menschliche Sinneswahrnehmung funktioniert, scheint an das Wissen gebunden zu sein, was es überhaupt wahrzunehmen gibt. Mit anderen Worten: Selbst wenn wir nicht das verbreitete Sender-Empfänger-Modell für die Wechselwirkung zwischen der äußeren Welt und den Sinnesorganen zu Hilfe nehmen, scheinen wir ein vorgängiges Wissen über die wahrnehmbare Welt zu benötigen, bevor wir beschreiben und erklären können, wie dieses Angebot an unsere Sinneswahrnehmung durch spezielle Organe angenommen werden kann. Woher aber soll dieses Wissen kommen?

De facto jedenfalls scheint man zu glauben, daß jede mögliche Meinungsverschiedenheit über die wahrnehmbare Welt durch die Physik entschieden werden könne. Entsprechend dieser Auffassung, die man dann zurecht Physikalismus nennt, bedienten sich Physiker „objektiver Methoden", wie Messungen, Experimente und Beobachtungsgeräte mit raffinierten Analysemitteln usw., anstelle der unzuverlässigen Sinneswahrnehmung. Aber ganz offensichtlich hängen alle diese Methoden und Apparate und ihre Anwendbarkeit letztlich doch an der Sinneswahrnehmung des forschenden Physikers – und dies ist eines von Hensels wichtigsten Argumenten. Physik kann nicht die letzte Information über das Wahrnehmbare liefern, sondern hängt selbst von ihr ab.

Im Vorgriff mag hier bereits erwähnt sein, daß der wissenschaftliche Charakter der Physik weitgehend bestimmt ist durch den Gebrauch einer allgemeinen und eindeutigen technischen Sprache, mit der über die Ergebnisse der Sinneswahrnehmungen von Physikern gesprochen wird, und daß diese Sprache wiederum durch ein Wissen über die eingesetzten Geräte bestimmt ist – ein Gesichtspunkt, der außerhalb der Betrachtung von Hensel liegt.

Nach Hensel, der in diesem Punkt den Philosophen Edmund Husserl und Hugo Dingler folgt, gewinnen Wahrnehmungen einen Sinn für uns nicht in Folge unserer objektiven Erkenntnis der Welt durch die Physik, sondern durch unser Alltagsleben und durch die Praxis, sich lebensweltlich in der Wahrnehmung zu orientieren. Menschliche Sinneswahrnehmung ist kein bloß passives Ereignis, sondern eine Aktivität, ein Handeln. Das wahrnehmende Subjekt tritt in eine von Absichten geleitete Beziehung mit dem wahrgenommenen Objekt ein, und zwar in einem freien Willensakt. Allerdings fehlt hier nach Hensel völlig eine philosophische Theorie der Sinne in der Art einer außerwissenschaftlichen „Sinneslehre", d. h. einer von der Physik unabhängigen Theorie der Sinne und Sinnesqualitäten. Die zentrale Aufgabe einer solchen Sinneslehre wäre eine solide und naturwissenschaftlich nützliche Beschreibung von Sinnesqualitäten. Hensel nennt diese Sinnesqualitäten einen „Skandal der Vernunft", weil sie offensichtlich nicht streng und explizit definierbar seien. Sie können nur erlebt, aber nicht definiert werden. Ungeachtet dieser Charakterisierung als „Skandal der Vernunft" möchte ich versuchen, diesen Aspekt so vernünftig wie möglich in meiner eigenen Terminologie zu erklären.

Es besteht ein wichtiger Unterschied zwischen einer Handlung und der sprachlichen Beschreibung dieser Handlung. Wenn etwa ein Pianist eine Bachfuge spielt, kann ich ihm zuhören, ihn betrachten und möglicherweise angemessene Aussagen über sein Spiel formulieren. Man könnte sogar kompetenter als der Pianist selbst sein, über sein Konzert eine kenntnisreiche Kritik zu schreiben. Aber es bleibt auch ein Rest, der nur dem Pianisten selbst bekannt ist. Er vollzieht die Handlung des

Spielens, und er erlebt das Spielen der Fuge. Der tatsächliche Vollzug der Handlung ist unhinterfragbar und ist nichts, was von etwas anderem abgeleitet werden könnte. Jede Frage über die Qualität der Erfahrung, die der Pianist hat, wäre selbst wieder eine neue, eigenständige Handlung (und nicht bloß die Beschreibung einer Handlung) und würde deshalb voraussetzen, daß der Fragesteller selbst in der Lage ist, zu handeln oder doch mindestens zu wissen, was es heißt, daß man selbst handelt; außerdem können Fragen nach der Erlebnisqualität der Erfahrungen des Pianisten letztlich nur durch Klavierspielen, also durch den Vollzug einer nichtsprachlichen Handlung, anstatt bloßen Redens über diese Handlung, beantwortet werden. Dies ist in demselben Sinne gemeint, wie wir Sehende zu wissen glauben, daß ein Blindgeborener niemals wirklich wird nachvollziehen können, wie die Farben eines eindrucksvollen Sonnenuntergangs sind, auch wenn er gelernt haben sollte, darüber geistreiche und wahre Sätze zu behaupten.

Nach Hensel haben naturwissenschaftliche Theorien der menschlichen Sinneswahrnehmung den intentionalen Charakter der Wahrnehmung zu berücksichtigen, der aber nur selbst durch eigenen Vollzug solcher Wahrnehmungen verstanden werden kann. Die Beschränkungen, die hieraus jeder Theorie der Sinneswahrnehmung erwachsen, diese unauflösbare Bindung an die persönliche, subjektive Erfahrung von Sinnesqualitäten, stelle ein entscheidendes Hindernis für jede explizite operationale Definition und damit für experimentelle Untersuchungen der Sinneswahrnehmung dar. Der einzige Ausweg aus dieser dramatischen Situation wäre für Hensel eine gute Phänomenologie, die uns lehrt, wie völlig frei von naturwissenschaftlichen Begriffen und Forschungsresultaten festgestellt werden kann, was es wahrzunehmen gibt.

Nun, als Mitglied der Gilde der Philosophen, die hier von solchen Erwartungen belastet ist, kann ich nur zugestehen, daß ich keine solche Philosophie sehe, die eine ausreichende Grundlage für die Sinnesphysiologie leisten könnte. Dies soll nicht als ein Einwand gegen Hensel verstanden werden; seine Kritik des Naturalismus und des Physikalismus in der empirischen Physiologie ist gut begründet und überzeugend. Vielmehr möchte ich im folgenden überlegen, ob diese Einsichten, die also aus der Physiologie selbst stammen, durch modernere philosophische Ansätze gestützt und konstruktiv fortgesetzt werden können.

Reden über Wahrnehmung

Naturwissenschaftler mögen gelegentlich der Meinung zuneigen, daß Naturwissenschaften Fortschritte machen, zu neuen Resultaten kommen und mehr und mehr verläßliche Erkenntnis über die Welt zutage fördern, wohingegen die Philosophie historisch aus einer Abfolge von wechselnden Positionen und Meinungen besteht, für die noch nicht einmal beurteilt werden kann, ob hierbei irgendein Fortschritt erzielt wird oder nicht. Wo auf der einen Seite experimentelle Erfahrung und mathematische Theorie verläßliche Erkenntnisse stiften, findet auf der anderen Seite ein bloß subjektives Hin und Her zwischen Schulen und Meinungen statt, kurz, bloße Beliebigkeit. Dies ist jedoch ein gefährliches Vorurteil insofern, als es offensichtlich nicht selbst in den Bereich der Aussagen einer Naturwissenschaft fällt, also etwa experimentell überprüft werden könnte. Vielmehr ist diese Meinung dem Bereich der Wissenschaftsphilosophie zuzurechnen. Als solche ist sie, wenn nicht gar mit sich selbst im Widerspruch, nach den Regeln philosophischer Argumentation zu behandeln. Deshalb sei es erlaubt, einem naturwissenschaftlichen Publikum gegenüber mit der Gegenthese aufzutreten, daß es doch einen Fortschritt in der Philosophie gegeben hat, der für das Problem der Sinneswahrnehmung etwas austragen kann, nämlich der sogenannte *linguistic turn*.

Dieser Ausdruck bedeutet in aller Kürze, daß es sowohl in den Wissenschaften als auch in der Philosophie Probleme gibt, die mehr mit ihrer sprachlichen Formulierung als mit der Sache selbst zusammenhängen. Manche Probleme jedenfalls können allein schon dadurch gelöst werden, daß sie in einer geklärten, mit strengen Definitionen arbeitenden Sprache reformuliert werden. Ja mehr noch, manche Probleme verschwinden einfach dadurch, daß man sie in einer exakten Sprache zu reformulieren versucht. (Die Philosophen, die am meisten zum linguistic turn beigetragen haben, sind Ludwig Wittgenstein, Bertrand Russell und die berühmtesten Mitglieder des Wiener Kreises.) Anstatt jedoch ausführlich zu erläutern, worin das Programm des linguistic turn besteht, will ich versuchen, von dessen Vorzügen Gebrauch zu machen und zu unserem Problem zurückzukehren.

Es ist eine triviale Tatsache, daß Physiologie eine Wissenschaft ist. Trivialitäten sollten aber nur solange ignoriert werden, als dieses Ignorieren keine Probleme erzeugt. Solche entstehen jedoch hier. Indem nämlich behauptet wird, daß Physiologie eine Wissenschaft ist, läßt sich auch betonen, daß Physiologie eine Aktivität von Leuten ist, die auf Resultate aus sind, die ihrerseits unvermeidlich in Theorien, in sprachlichen Sätzen, in Wörtern dargestellt werden müssen. Weder die Sinneswahrnehmung der Physiologen noch irgendwelche Laboraktivitäten allein wären ausreichend, Physiologie zu treiben oder sie gar zu einer Wissenschaft zu machen. Die sprachliche Darstellung ihrer Resultate ist unverzichtbar, um sie zum Gegenstand eines rationalen Diskurses der Experten zu machen. Dies ist selbstverständlich unter Physiologen bekannt, die sofort eine Liste von termini technici angeben und entsprechende Definitionen vortragen könnten, welche die Fachsprache der Physiologie bilden.

Das Problem der sprachlichen Darstellung jedoch liegt in einigen Schlüsselwörtern, die nicht in derselben Weise eingeführt oder definiert worden sind (und vielleicht auch nicht eingeführt werden können), wie dies für die wichtigsten Termini der Physik, der Chemie, der Anatomie oder anderer zur Physiologie beitragenden Disziplinen gilt. In keiner sinnesphysiologischen Abhandlung sind Wörter wie „Empfindung", „Sensorium", „Sinnesreiz" oder andere vollständig entbehrlich. Diese Wörter sind Basisausdrücke, die nicht explizit definiert werden, und zwar weder in den Lehrbüchern noch in der Forschungspraxis. Jeder Sprecher und Hörer scheint sie ohne Definition zu verstehen. Sie markieren in einem nicht genau bestimmten Sinn das gesamte Forschungsgebiet und seine Resultate. Sie bilden gleichsam einen Schlußstein für das Gewölbe der ganzen Theorie. Diese Metapher besagt, daß das Wort „Wahrnehmung" seine endgültige Bedeutung gefunden haben wird (oder haben würde), wenn einst das Gebiet der Wahrnehmung empirisch vollständig erforscht und bekannt sein wird, wenn alle Details, alle Kausalketten von Ereignissen in der äußeren Welt zu bewußter Wahrnehmung enthüllt sein werden (bzw. sein würden).

Unter Wissenschaftsphilosophen ist es eine Binsenweisheit, daß alle Wissenschaften einige Basiswörter zu haben scheinen, die nicht definiert sind. Man frage einen Mathematiker nach der Definition der Wörter „Punkt" oder „Zahl", einen Physiker nach einer operationalen Definition für „Inertialsystem" oder einfach für „Masse", man frage einen Biologen nach der Definition von „Organismus". Man wird viele Antworten erhalten, aber keine Definitionen. Aus diesem Dilemma machen einige „analytische" Philosophien eine Tugend und formulieren, im Anschluß an ein Stück Wissenschaftsgeschichte, daß diese Offenheit der Terminologie notwendig und charakteristisch für jede Wissenschaft (oder mindestens Naturwissenschaft) sei. Ich dagegen möchte vorschlagen, zu unterscheiden zwischen „unbekannt bis jetzt" und „prinzipiell unbekannt".

Selbstverständlich gibt es keinerlei Beweis für die Unmöglichkeit geeigneter Definitionen für eine Theorie. In der Physiologie aber ist die Situation sogar noch schlechter als in Physik oder Chemie. Es ist nämlich nicht nur das Wort „Wahrnehmung", das eine Definition entbehrt, sondern es ist eine große Zahl weiterer Wörter, die alle möglichen Arten der Wahrnehmung charakterisieren, etwa die visuelle oder die akustische, und die damit korrespondierenden Wörter wie „sehen" oder „hören". Kurz, es scheinen *alle* Wörter ohne Definition zu sein, die als Prädikate für die Beschreibung spezieller Sinneswahrnehmungen fungieren können. Schließlich sind sogar viele Wörter undefiniert, die man zu benutzen gewohnt ist, um den „Inhalt" solcher Sinneswahrnehmungen zu beschreiben, wie „Ton" oder „Klang", „Farbe" oder „Wärme" usw. (Letztere Wörter sind hier so gemeint, daß sie nicht in den entsprechenden physikalischen Disziplinen wie der Optik, der Akustik oder der Thermodynamik definiert werden, sondern daß sie Sinnesqualitäten im Sinne Hensels bezeichnen.)

Sinnesphysiologie scheint deshalb ein höchst sonderbares Gebäude zu werden, wenn alle diese grundlegenden Wörter als „Schlußsteine" des fertigen Gewölbes betrachtet werden müssen. Um diese Metapher noch fortzusetzen: Das Gebäude der Sinnesphysiologie scheint kein Dach zu haben und besteht nur aus einer Anzahl freistehender Wände. Oder, nicht metaphorisch, auf welche Weise sollten Physiologen ihre Fachsprache terminologisch bestimmen, um wissenschaftlich über Sinneswahrnehmung sprechen zu können?

Hier hilft es wenig, Zuflucht zu irgendwelchen formalen Definitionskunststücken zu nehmen. Es ist vielmehr eine zentrale erkenntnistheoretische Frage, die unseren gesamten Zugang zum Bereich der Sinneswahrnehmung und der Möglichkeit, darüber verläßliche Erkenntnisse zu haben, betrifft.

Sollten wir z. B. unsere Überlegungen beginnen bei der möglichst primitiven oder einfachen Fähigkeit der Wahrnehmung? Denn es scheint Teil der stillschweigenden Philosophie aller Naturwissenschaften zu sein, daß es einen allgemeinen Unterschied zwischen einfachen und komplexen Phänomenen gebe. Im Bereich der Lebewesen gilt hier natürlich der homo sapiens als komplexestes Phänomen, d. h. als komplexester Organismus, und a fortiori sind seine kognitiven Fähigkeiten der üblichen Meinung nach die komplexesten. Die Natur selbst scheint hier eine Ordnung von Komplexität der Organismen und ihrer Funktionen zu zeigen, und – immer noch als Beschreibung der stillschweigenden Philosophie der Physiologen – selbstverständlich wird jeder bescheidene oder auch nur im Vollbesitz seiner geistigen Kräfte arbeitende Naturwissenschaftler bei den einfachst möglichen Fragen beginnen, in der Hoffnung, von dort aus zu immer komplexeren Systemen vordringen zu können. Im Hinblick auf die kognitiven Leistungen von Organen empfiehlt diese Vorstellung einen Anfang mit den einfachst möglichen Beispielen, etwa bei Mikroorganismen, die nur *einen* Wahrnehmungskanal und *eine* mögliche Reaktion aufweisen.

Erkenntnistheoretisch betrachtet scheint diese synthetische

Methode, die vom Einfachen zum Komplexen voranschreitet, für gesichert anzunehmen, daß es eine natürliche oder naturgesetzliche Ordnung der Dinge gibt, die auch eine Ordnung der Forschungsschritte vorschreibt oder doch zumindest empfiehlt. Diese Auffassung ist jedoch höchst problematisch.

Einfachheit oder Komplexität von Phänomenen ist nicht eine natürliche Eigenschaft als solche, sondern eine begriffliche Anordnung, die durch den Wissenschaftler selbst gestiftet wird. Nur im Hinblick auf eine ganze Wissenschaftsgeschichte, auf die wissenschaftlichen Methoden und ihre Resultate kann ein Mikroorganismus einfacher erscheinen als ein Mensch. Der berühmte Mann auf der Straße, der Laie, der Nichtwissenschaftler kann aber sehr wohl ein wertvolles Mitglied der menschlichen Gesellschaft sein, ohne überhaupt etwas über Mikroorganismen zu wissen (obwohl ich zugestehe, daß ein solcher Mensch einen wichtigen Bildungsmangel hätte). Aber dieser „Normalmensch" weiß eine Menge über sich selbst und deshalb über menschliche Wahrnehmung.

Sogar das Wort „Phänomen" liefert hier einen wichtigen erkenntnistheoretischen Hinweis: Dieser Ausdruck war nämlich in die Wissenschaft durch die griechische Antike eingeführt worden, wo die $\varphi\alpha\iota\nu\acute{o}\mu\varepsilon\nu\alpha$, die Phänomene, waren, was sich selbst am Himmel zeigt, nämlich Sterne, die Sonne, der Mond, Wolken usw. Solche Phänomene waren jedermann ohne Zuhilfenahme von Instrumenten oder speziellen Kenntnissen sichtbar. Aber schon die Unterscheidung zwischen Fixsternen und Planeten erfordert Wissen, und die seltsamen, „sich zeigenden" (als deutsche Übersetzung von *phainómenon*) Bahnen der Planeten relativ zum Fixsternhimmel, die dem antiken Glauben an die ewigen Kreisbahnen der göttlichen Himmelskörper widersprachen, machten erste „Erklärungen" der „natürlichen" Phänomene in der Geschichte des menschlichen Denkens erforderlich. Die „Phänomene" mußten „gerettet" werden, d. h. das Sichtbare mußte in Einklang mit theoretischen Vorannahmen gebracht werden. Insofern sind Phänomene immer Phänomene *für jemanden,* d. h. sie sind, was sie sind, immer nur relativ zu einer vorgängigen Kenntnis. Sie sind also unter keinen Umständen „rein natürlich", sondern sie sind begrifflich und, soweit die modernen Naturwissenschaften betroffen sind, meistens künstlich, d. h. technisch, hergestellt.

Die einfachsten Phänomene im Bereich der Organismen und ihrer kognitiven Leistungen sind niemals sogenannte niedere oder einfache Lebewesen; denn um diese auch nur einigermaßen gut in Augenschein zu nehmen, benötigt man fast schon ein gutes Labor; und selbst dann spricht man über solche Lebewesen in einer anthropomorphen Metaphorik. Mit anderen Worten: Betrachtet man den Weg oder den Zugang zu Erkenntnissen, d. h. die unvermeidlichen Schritte, um ein sprachlich dargestelltes, naturwissenschaftliches Wissen zu gewinnen, so ist das einfachste Phänomen der Mensch selbst. Dabei ist der Mensch nicht „als Organismus" zu betrachten, weil dies bereits einen terminus technicus einer Naturwissenschaft in Anspruch nimmt und eine Reihe von Setzungen und Abstraktionen enthält. Vielmehr ist der Mensch zunächst als eine Person unabhängig von allen Resultaten oder Hypothesen einer Wissenschaft, die uns in der Form sogenannter gesetzesartiger Aussagen begegnet.

Selbst der einfachste Satz einer Wissenschaft wäre nicht ohne methodisch vorausgehende Schritte zu erhalten, die nicht dem Bereich der Wissenschaften angehören. Jeder, der Wissenschaftler werden möchte, muß über eine Fülle von Fähigkeiten des Alltagslebens verfügen und sich ihrer bedienen können, ohne daß zuerst theoretische Beweise oder naturwissenschaftliche Erklärungen für diese Fähigkeiten gegeben werden. Und selbstverständlich ist Sinneswahrnehmung und bewußtes, absichtvolles Handeln und Reden ein ganz bedeutender Teil dieser Alltagsfähigkeiten.

Deshalb soll ein Blick auf die Fähigkeiten geworfen werden, die für das Alltagsleben unverzichtbar sind und zugleich unser Thema berühren. Was heißt es, daß unsere Sinneswahrnehmungen im Alltagsleben „intentional" sind – dies war Hensels Argument – und daß wir über unsere Wahrnehmungen auch sprechen müssen?

Ich möchte diese Fragen durch eine Erklärung der folgenden These beantworten: Menschliche Sinneswahrnehmung ist eine

Art des Handelns, und wir benötigen eine Sprache, um beides zu erlernen, das Handeln wie das Wahrnehmen. Mit der Frage, wie wir Wahrnehmungshandlungen erlernen, wird jedoch nicht dazu eingeladen, empirische Entwicklungspsychologie des Kindes zu betreiben. Vielmehr suche ich nach expliziten und operationalen Definitionen in methodischer Ordnung, was soviel bedeutet wie: in einer Ordnung, die tatsächlich durchlaufen werden kann und keine Teilschritte einschließt, die erst später in der Definitionenkette zugänglich wären.

Die für einen naturwissenschaftlichen Leser wahrscheinlich am wenigsten vertraute Begriffsbildung betrifft das Wort „Handlung". Naturwissenschaften sprechen üblicherweise von „Verhalten". „Verhalten" ist ein extrem weit gespannter Ausdruck und reicht von Ereignissen wie der Wärmeausdehnung eines Metallstücks und dem Wachstum einer Pflanze über die Reaktionen einer Fliege auf einen Reiz bis hin zur Entscheidung eines Physiologen, eine neue Theorie zu akzeptieren. Auf der anderen Seite ist jeder von uns unzweifelhaft kompetent, folgende Unterscheidung von „Handeln" und „Verhalten" (im engeren Sinne) zu treffen: zu stolpern stößt jemandem zu; nur ein guter Schauspieler auf der Bühne kann absichtsvoll stolpern, und deshalb sagen wir dann auch, daß er das Stolpern imitiert oder spielt, also nicht „wirklich" stolpert. Eine Infektionskrankheit zu bekommen oder den Pupillenreflex zu zeigen, sind Ereignisse, die unserem Körper zustoßen oder sich an ihm ereignen und die wir selbstverständlich davon unterscheiden, z. B. einen Brief an einen Freund zu schreiben.

Mit anderen Worten: Wir unterscheiden ganz klar ein „reines Verhalten" von unseren absichtsvollen Handlungen. Zu Handlungen kann man jemanden auffordern, aber man kann niemanden auffordern, sich im engeren Sinne zu verhalten, d. h. ein „reines Verhalten" zu zeigen, wie etwa das Stolpern. Man weiß, daß man Handlungen wie das Briefeschreiben unterlassen kann, während man das reine Verhalten nicht unterlassen kann. (Man kann höchstens Handlungen ausführen, deren Zweck es ist, das Zustoßen eines reinen Verhaltens nach Möglichkeit zu vermeiden.)

In diesen Erläuterungen des Handlungsbegriffes wird versucht, die Rede über geistige oder mentale Prozesse zu vermeiden – insbesondere ist absichtsvoll das Wort „Intention" vermieden, um dem Prinzip zu genügen, in den Wissenschaften solange wie irgend möglich über beobachtbare Ereignisse zu sprechen.

Auf der anderen Seite läßt es sich nicht vermeiden, an die Alltagsfähigkeiten, genauer an die praktische Kenntnis zu appellieren, welche Ereignisse durch einen Menschen selbst hervorgebracht werden, und welche ihm lediglich zustoßen. Recht besehen werden damit keine wissenschaftlichen Regeln verletzt, denn jeder Wissenschaftler, auch der Physiologe, bedient sich dieses Unterscheidungsvermögens immer schon und ganz selbstverständlich im Bereich seiner Forschung. Der Experimentator nämlich, der nicht unterscheiden kann zwischen dem Aufbau und der Durchführung eines Experimentes, die er selbst beherrscht, und auf der anderen Seite dem Ereignis, welches sich dann ereignet und welches selbstverständlich ihm als das empirische Resultat des Experimentes zustößt, kann weder das Experiment durchführen noch verstehen noch beschreiben.

Als empirischer Forscher hat man eine weitere wichtige Grundunterscheidung im Hinblick auf Handlungen und Verhalten zur Verfügung: Handlungen wie das Durchführen eines Experimentes können erfolgreich oder erfolglos sein. Es ist jedoch nicht sinnvoll, über Erfolg und Mißerfolg von Verhalten zu sprechen. Stolpern kann weder erfolgreich noch erfolglos sein, weil es eben nur passiert, zustößt. (Davon, daß ein außenstehender Betrachter über Ereignisse wie Stolpern oder z. B. tierisches Verhalten im Wege der Interpretation einem Reich der Zwecke gegenüberstellt, ist hier nicht die Rede.)

Der Erfolg einer Handlung kann auf zwei verschiedene Weisen verstanden werden, entweder als das Erreichen eines Zieles (wie z. B. das Treffen der Zielscheibe beim Schießen) oder aber als das erfolgreiche Realisieren eines Handlungsschemas wie z. B. das richtige Spielen einer Fuge auf dem Klavier. Diese zwei Bedeutungen von „Erfolg" hängen eng miteinander zusammen, denn die perfekte Beherrschung eines Handlungsschemas ist ein notwendiges und oft auch hinreichendes Mittel, um das Ziel einer Handlung zu erreichen. Aber diese Subtilitäten der Handlungstheorie brauchen uns hier nicht zu beunruhigen.

Es gibt einfache, vertraute Beispiele des Alltagslebens, die uns zeigen, daß wir bereits üblicherweise die Sinneswahrnehmung als Handlung in dem soeben erläuterten Sinne verstehen. Wir fragen z. B. jemanden, der den Nachthimmel betrachtet, ob er den Orion sehe, oder wir fragen jemanden, der einer Fuge lauscht, ob er das Leitthema heraushöre. Etwas zu sehen oder etwas zu hören, kann also erfolgreich sein oder erfolglos. Wir können – durch Aufforderung – jemandes Aufmerksamkeit auf etwas richten. Betrachten und zuhören sind Handlungen, die erbeten oder auch unterlassen werden können, im Unterschied zu bloßem Verhalten. Sinneswahrnehmung für uns menschliche Wesen bedeutet immer etwas als etwas erkennen, z. B. ein paar Lichtpunkte am Nachthimmel als das Sternbild des Orion.

Etwas aufmerksam zu sehen oder zu hören, enthält außerdem immer eine Komponente der Erinnerung; aber der Erinnerung woran? Offensichtlich in unserem Beispiel an das, was wir gelernt haben müssen, wenn wir das Wort „Orion" gelernt haben. Dieses Verständnis von Sinneswahrnehmung trifft auch auf die Fälle elementarer Prädikate zu. Ein Objekt als rot zu sehen, bezieht sich immer auf die Fähigkeit, die wir notwendigerweise zusammen mit dem korrekten Gebrauch des Wortes „rot" erworben haben. Damit sollte die Verbindung zwischen Sprache und Wahrnehmung deutlich geworden sein: wir haben gelernt und sind danach fähig, Unterscheidungen sprachlich zu machen. Wir lernen die überlegte, absichtsvolle Wahrnehmung der Farbe Rot zusammen mit dem Gebrauch des Wortes „rot". Es ist ein beliebter Hinweis in der Sprachphilosophie, daß Eskimos viele Wörter für unterschiedliche Arten von Schnee (etwa nach dessen Verwendungsweisen) lernen und manche arabischen Sprachen im Bereich der bräunlichen Farben viele Wörter zur Unterscheidung von Farbnuancen kennen, die für die Orientierung in der Wüste nützlich sind. So spielen kulturelle Bedürfnisse und ein historischer Hintergrund eine ebenso wichtige Rolle für die Definition des Wahrnehmbaren wie das natürliche Wahrnehmungsangebot.

Selbstverständlich ist der Einwand zu erwarten, daß grundlegendere Fähigkeiten erforderlich sind, um sprachliche Unterscheidungen überhaupt erlernen zu können. Ein blindgeborener Mensch ist eben unfähig, Farbwörter kompetent zu erlernen. Statt diesen Einwand zu diskutieren, möchte ich jedoch auf die Frage zurückgehen, was unser Thema ist. War es nicht das Problem, was wir über Sinneserfahrung als Naturwissenschaftler wissen können? Und kann eine Naturwissenschaft betrieben werden ohne eine sprachliche Fassung ihrer Resultate? Beziehen wir uns nicht, wenn wir über jemandes Sinneswahrnehmung sprechen, auf etwas, das wir selbst in Wörtern beschreiben, die wir gerade anhand der betreffenden Unterscheidung erlernt haben? Einer Unterscheidung, die wir selbst in der Wahrnehmung absichtsvoll und zielgerichtet machen? Das soll heißen: Jede Theorie über die Funktion eines Wahrnehmungsorgans, das für die Wahrnehmung unverzichtbar ist, ist methodisch gesehen „später", d. h. kann nur später gewußt werden als das Wissen, was sich ereignet und was wir tun, wenn wir eine sprachlich beschriebene Sinneswahrnehmung bereits haben.

Wenn Naturwissenschaftler schließlich über die Sinneswahrnehmung von Tieren sprechen, so hätte diese Rede nicht einmal einen Forschungsgegenstand, wenn sie nicht gegründet wäre auf einen Konsens hinsichtlich unserer eigenen, sprachlich strukturierten Wahrnehmungen. Das heißt, es muß nicht nur überhaupt konsensfähig geredet werden, sondern es muß auch die Analogie zwischen unserer Sinneswahrnehmung und der Interpretation bestimmter beobachteter Verhaltensweisen eines Tieres als Wahrnehmung verstanden werden.

Zum Schluß eine wichtige Konsequenz aus diesem Argument. Während der Physikalismus versucht, Sinneswahrnehmung zu beschreiben und zu erklären als eine Kette von Kausalereignissen, die ausgeht von einem Reiz und deshalb von einem früheren Zeitpunkt, hat Wahrnehmung nach meinem Verständnis eine ganz andere zeitliche Struktur. Zu handeln heißt, einen Zustand oder einen Sachverhalt herbeizuführen, der andernfalls nicht auftreten würde. Dieser Zustand oder dieser Sachverhalt ist als das Ziel oder der Zweck unserer Handlung zu bezeichnen und tritt selbstverständlich später ein als die Handlung selbst. Zu handeln zielt also ab auf etwas, was noch nicht der Fall ist. Ob eine Handlung erfolgreich ist oder nicht, ist immer erst am Ende der Handlung zu ersehen.

Handeln zielt also auf etwas Kontrafaktisches in der Zukunft und bleibt bezogen auf ein System von Zielen, Zwecken, oder wie immer man die durch Handeln angestrebten Zustände oder Sachverhalte bezeichnen möchte. Dies aber gilt auch für Sinneswahrnehmungen, die, grob gesprochen, in einer Prüfung bestehen, ob sich unsere Wahrnehmungserwartungen erfüllen, Erwartungen, die sich, aus der Vergangenheit gebildet, auf für uns zukünftige Zustände oder Zwecke richten.

Die große Herausforderung an naturwissenschaftliche Wahrnehmungstheorien ist es, dieser – der zeitlichen Ordnung in Kausalketten nicht entsprechenden – Tatsache Rechnung zu tragen.

6. Verhalten und Handeln

Ist Psychologie auf der Grundlage technischer Rationalität als Wissenschaft möglich?

Einleitung

Ziel dieses Aufsatzes ist die Unterscheidung zweier Wissensformen und ein Plädoyer, eine davon zur Grundlage für ein Verständnis der Psychologie zu machen. Hintergrund dieses Versuchs ist die (historisch aus den Naturwissenschaften und ihrer philosophischen Diskussion stammende) Auffassung von Wissenschaft als – kurz gesagt – einer Bemühung, wahres Wissen von der Welt in Form zutreffender Beschreibungen zu finden. Dabei gilt bei allem unbestrittenen historischen Wandel von Rationalitäts- und Wahrheitsstandards die Frage des Zutreffens von Beschreibungen in aller Regel als neutral gegenüber menschlichen Zwecksetzungen, die sich etwa in der Anwendung von Wissen zeigen mögen.

Zumindest in den Naturwissenschaften ist diese Unabhängigkeit wissenschaftlicher Wahrheit von Zwecksetzungen (trivialer Weise ausgenommen den Scheinzweck, wahre Beschreibungen von der Welt zu finden) bisher nicht auf Dauer erfolgreich bestritten, ja nicht einmal von Ideologien auf Dauer erfolgreich abgelehnt worden.

Hier soll für die Psychologie die Möglichkeit einer Orientierung allein an Maßstäben der Zweckrationalität diskutiert werden, allerdings mit der Einschränkung auf Wahrheits- und Methodenfragen. Pointiert gesagt, soll nach der Möglichkeit einer wissenschaftlichen Psychologie gefragt werden, die nach technisch erfolgreichem Wissen für Prophylaxe und Therapie strebt und nach nichts anderem, insbesondere also weder nach einem allgemeinen Menschenbild, noch nach spezialisierten oder partiellen Menschenbildern. (Daß hierbei besondere Legitimationsprobleme psychologischer Forschung auftreten, soll dabei nicht vergessen werden.)

Es soll vielmehr eine Alternative zu einer Psychologie erwogen und beschrieben werden, der es in empirischer Forschung nicht „zweckneutral" um „die Natur" (oder die Kultur) des oder einzelner Menschen geht und die unabhängig von intendierten (oder zwar nicht tatsächlich intendierten, aber möglichen) Anwendungen das Verhalten, Handeln, Erleben usw. von Menschen beschreibt, erklärt, vorhersagt – oder wie sonst immer psychologische Richtungen ihr (deskriptivistisches) Selbstverständnis formulieren.

Die methodischen Schwierigkeiten, eine zweck- bzw. anwendungsneutrale Psychologie zu treiben, sollen weitestgehend außer Betracht bleiben, obgleich sie den Grund abgeben, hier die Möglichkeit einer Alternative vorzutragen.

Am Anfang mögen allgemeinere Überlegungen dazu hilfreich sein, wie Erfahrungswissenschaften zu wahren Erkenntnissen kommen. Freilich ist diese Frage in Philosophie und Wissenschaftstheorie schon endlos zerredet. Deshalb mag der Versuch erlaubt sein, noch einmal bei elementaren Formen des Alltagswissens nachzusehen, um Anhaltspunkte für eine begriffliche Unterscheidung zu finden.

Schon an den allerersten Sprach- und Handlungsvermögen kleiner Kinder läßt sich unterscheiden, daß sie einerseits zu sagen wissen, „wie etwas ist", und andererseits zu tun wissen, „wie etwas geht", „wie man etwas macht". Vorläufig seien hierfür die Bezeichnungen *Beschreibungswissen* und *Handlungswissen* gewählt. Beispiele solchen Beschreibungswissens betreffen etwa Sachverhalte wie die, daß Tannenbäume Nadeln haben, daß es im Winter schneit und daß am Sonntag die Eltern länger schlafen. Beispiele für Handlungswissen sind etwa die Vermögen, ein Streichholz anzuzünden, eine Kerze zu löschen oder einen Schraubdeckel zu öffnen.

Da die hier gesuchte Unterscheidung von Formen des Alltagswissens schließlich auf die Wissenschaft Psychologie übertragen werden soll, und da dort qua Wissenschaft nur sprachlich explizit mitteilbare (theoriefähige) Wissensbestände eine Rolle spielen sollen, sei hier sogleich auch für Alltagswissen nur das sprachlich beschreibbare Wissen ins Auge gefaßt. Damit ist gemeint, daß nur Vermögen von Handlungen betrachtet werden, die zu im Alltag unkontrovers beschreibbaren Situationsveränderungen führen. Das Vorliegen des Handlungsvermögens, ein Streichholz zu entzünden, ist deshalb sprachlich unkontrovers, weil, soweit Streichhölzer vorhanden, das Handlungsvermögen durch Vorführen belegt werden kann. Eingeschlossen seien ferner „unverstandene" Handlungsvermögen wie z. B. das Akupunktieren oder das Mischen von Heilkräutern ohne Kenntnis physiologisch-chemischer Wirkmechanismen, sofern nur über die Wirkungen der Prozeduren im Sinne später eingetretener Sachverhalte Einigkeit besteht. Nicht ausgeschlossen seien ferner Handlungsvermögen im Sinne einer Beherrschung von Künsten wie dem Klavierspielen, wo als „Zweck" eben die Durchführung einer Handlung wie dem aktuellen Klavierspiel gilt, nicht aber ein nach dem Handeln fortbestehender Sachverhalt wie das Brennen des entzündeten Streichholzes. Keine Bedeutung soll außerdem haben, welchen Anteil sprachliche gegenüber nichtsprachlichen Vermittlungen bei der lehrenden Weitergabe von Handlungsvermögen haben. Ausgeschlossen sind dagegen „Handlungsvermögen", über deren Vorhandensein der angeblich Handlungskundige weder sprachliche oder nichtsprachliche Lehrbarkeit beansprucht, noch Außenstehende Einigkeit über das Vorliegen von Situationsveränderungen erreichen.

Obgleich der Unterschied von Beschreibungs- und Handlungswissen jedermann zugänglich sein dürfte, sofern nicht besondere Spitzfindigkeiten bemüht werden – das Beschreibungswissen stellt sich in Aussagen „über die Welt" dar, „wie sie nun einmal ist", und scheint damit bezüglich seiner Wahrheit unabhängig von unseren Interessen; Handlungswissen dagegen stellt sich in Aussagen dar, die bezogen auf Ausgangs- und Zielsituationen geeignete, d. h. erfolgreiche Mittelwahlen beschreiben oder das Gelingen von Handlungen selbst zum Ziel haben (wie beim Klavierspielen) –, aber dennoch läßt dieser Unterschied Unklarheiten und Fragen offen und scheint sich in mehrfacher Hinsicht gegen weitere Präzisierung zu sperren. Von solchen Schwierigkeiten bezüglich naheliegender Unterscheidungskriterien seien wenigstens zwei erwähnt.

So könnte etwa vermutet werden, Beschreibungswissen sei „allgemeingültig" im Sinne von zweckneutral, während Handlungswissen speziell, d. h. durch spezielle Zweckabhängigkeiten situationsgebunden sei. Zweckneutralität bzw. Zweckabhängigkeit von Wahrheit kann jedoch nicht ohne weitgehende Vorsichtsmaßnahmen als Unterscheidungskriterium gewählt werden. Denn leicht läßt sich folgende Dualität der beiden Wissensformen zueinander feststellen: Einmal betrifft Handlungswissen zwar die Mittelwahl für jeweils konkrete Zwecke, ist also in diesem Sinne zweckabhängig, aber die sprachliche Fassung von Handlungswissen verlangt im selben Sinne „zutreffende" Beschreibungen von Ausgangs- und Zielsachverhalten bzw. von Mitteln wie die deskriptiven Aussagen des Beschreibungswissens. Also scheint auch zweckabhängiges Handlungswissen der Beschreibungswahrheit verpflichtet, die ihrerseits durch Zweckneutralität charakterisiert sein sollte. Umgekehrt ist Beschreibungswissen in wahren Aussagen zu fassen, aber das

Behaupten, Vertreten, Anerkennen, Bestreiten usw. von Aussagen, allgemein argumentatives Sprechen, ist ebenfalls Handeln. („Handeln" ist hier schon soweit terminologisch gemeint, daß es – im Unterschied zu bloßem Verhalten – stets auf Zwecke gerichtet ist.) Bei auch nur minimalen Anforderungen an die Konsequenz der Terminologie ist also einerseits Sprechen Handeln, und andererseits werden Handlungen sprachlich gefaßt, so daß das bezüglich des Unterschieds wahr/falsch zweckneutrale Beschreibungswissen als Handlungsergebnis zweckrational (z. B. auf den Zweck gelingender Kommunikation gerichtet) erscheint, während sich das bezüglich des Unterschieds wirksam/wirkungslos zweckabhängige Handlungswissen als sprachlich gefaßtes Wissen zweckneutral zeigt.

In diesem Verhältnis von Beschreibungs- und Handlungswissen kommt die triviale Tatsache zum Ausdruck, daß ohne terminologische Künstlichkeit Handeln als Teil der Welt betrachtet werden kann, von der wir Beschreibungswissen suchen oder haben, und daß andererseits Sprechen als Handeln betrachtet werden kann, das wir nach Wirkung auf Zwecke hin beurteilen können, wollen oder sollen. Ohne weitere Zusätze wäre es also irrig, Beschreibungswissen durch Zweckunabhängigkeit, Handlungswissen durch Zweckabhängigkeit charakterisieren zu wollen. Dies gilt, wie sich leicht durch Fortsetzung des obigen Gedankens zeigen läßt, ebenfalls für das Kriterium der Situationsunabhängigkeit versus Situationsabhängigkeit.

Angesichts dieser Schwierigkeit ist es wenig verwunderlich, daß traditionell kaum ein wissenschaftstheoretisch relevanter Unterschied zwischen Beschreibungs- und Handlungswissen gemacht wurde und daß etwa dem Gegensatz von erfahrungsabhängigem und apriorischem Wissen weit größere Beachtung geschenkt wird. Solange es für Wissenschaftstheoretiker üblich bleibt (und es ist im Gefolge empiristischer Wissenschaftsverständnisse üblich geworden), das Betrachten einer blühenden Rose und eines schwingenden Pendels gleichermaßen als Erfahrungsquellen zu nehmen, wird sich die Erfahrung des passiven Beobachters (als Urhebers von Beschreibungswissen) und die Erfahrung des aktiven Technikers (als Urhebers von Handlungswissen) nicht mit den üblichen terminologischen Mitteln unterscheiden lassen. Es scheint so bei der Trennung zu bleiben, daß dort, wo Wissen als sprachlich gefaßtes Wissen in Rede steht, Diskussionen von Theoretikern und ihren Beschreibungswahrheitskriterien dominiert werden, wie umgekehrt in der Praxis die Pragmatiker ihre Handlungswirksamkeitskriterien nicht in den Stand eines sprachlich formulierten Wissens zu bringen interessiert sind, solange nur Effizienz nicht bezweifelt wird. Wahres Wissen und wirksames Handeln bleiben wenigstens insoweit disparate Bereiche, als zwar weniger die handlungsleitende Funktion von Wissen bestritten wird, aber die wahrheitsstiftende Funktion des Handelns unberücksichtigt bleibt.

Hier soll für Alltagswissen allein als Unterscheidungskriterium der Wissensformen, die zu wahren Beschreibungen und wirksamen Handlungen führen, das (nicht symmetrische) Kriterium gelten, daß Handlungswissen durch Handlungserfolg von Nichtwissen zu unterscheiden ist. Dabei heiße eine Handlung erfolgreich, wenn sie auf den jeweils gesetzten Zweck hin aus einer Wahl (und einem Einsatz) von Mitteln besteht, die die Zielsituation herbeiführen, kurz, wenn die Handlung ihren Zweck erreicht.

Eher suggestiv als philosophiehistorisch beziehungsreich soll statt von Beschreibungs- und Handlungswissen von *kontemplativem* und *instrumentellem Wissen* gesprochen werden, wobei beide Wissensformen sprachliche Repräsentation beinhalten. Diese Bezeichnungen sollen darauf hinweisen, daß kontemplatives Wissen allein durch Betrachtung, d. h. insbesondere ohne einen handelnden Eingriff in die betrachtete Situation, zustande kommt bzw. kontrolliert wird, während instrumentelles Wissen nur im aktuellen Handeln, im tatsächlichen, verändernden Eingriff in eine Situation gewonnen bzw. überprüft werden kann. Kontemplatives Wissen ist also Wissen über Sachverhalte, die nicht im Zusammenhang mit Erwerb dieses Wissens herbeigeführt worden sind. Instrumentelles Wissen dagegen betrifft herbeigeführte Sachverhalte und die dazu eingesetzten Mittel, ist also per definitionem ohne künstliche Herbeiführung von Sachverhalten nicht möglich.

Diese Bestimmung des instrumentellen Wissens verträgt sich durchaus mit der Tatsache, daß dieses Wissen, sofern es einmal gewonnen ist, „theoretisch", d. h. sprachlich mit Hilfe von fingierten Handlungen, gelehrt und gelernt werden kann, ohne daß dabei die als erfolgreich geltenden Handlungen tatsächlich vollzogen werden müssen.

Ein Blick auf Diskussionen moderner Wissenschaftsverständnisse, seien sie nun von Fachwissenschaftlern oder von Wissenschaftstheoretikern geführt, zeigt, daß (zumindest die sogenannten Erfahrungs-) Wissenschaften allgemein als Bemühungen um kontemplatives Wissen gelten. Dies läßt sich an einer Vielzahl gängiger Begriffspaare nachweisen, wie etwa den Gegenüberstellungen von Forschung und Anwendung, von Grundlagen- und angewandter Forschung, von Wertfreiheit der Forschung und Wertabhängigkeit der Anwendung, von Wissen um des Wissens willen und Wissen um des Nutzens willen usw. In diesen Gegenüberstellungen trifft dann jeweils der erste Begriff für die „reine" Wissenschaft zu, während die jeweils anderen Begriffe gleichsam ein Abfallprodukt an Handlungs- oder Technikwissen darstellen.

Diese Einschätzung wiederholt sich in wissenschaftshistorischen Thesen von den Motiven großer Forscher, in Definitionsversuchen von Wissenschaftlichkeit und im Konsens von Gelehrten, sich einem selbstrechtfertigenden Unternehmen der Wahrheitssuche verpflichtet zu haben, das sich nach der Meinung der einen einem menschlichen Naturtrieb von Neugier und Forscherdrang verdankt und von den anderen dem Ziel höchster kultureller Selbstverwirklichung zugeschrieben wird.

Auf der Ebene des Alltags dagegen würde, all diesen Wertschätzungen zum Trotz, wohl kaum jemand bestreiten, daß instrumentelles Wissen ein unverzichtbarer Hauptteil lebensermöglichenden Wissens überhaupt ist. Es wird wohl auch nicht bestritten, daß auf der Ebene der Wissenschaften das instrumentelle Wissen (selbst dort, wo es lediglich als Nebenprodukt reiner Wahrheitssuche gilt) historisch einen höchst wirksamen Anteil an wissenschaftsbedingter Veränderung der Welt hat. Ich möchte deshalb versuchen, die Unterscheidung von kontemplativem und instrumentellem Wissen soweit zu verschärfen, daß damit ein Wahrheitskriterium für ein instrumentelles Wissenschafts-, spezieller: Psychologieverständnis formuliert werden kann. Zwar werden sich dabei die oben diskutierten Schwierigkeiten des Verhältnisses von Wahrheit und Wirksamkeit, von Resultaten wissenschaftlichen Betrachtens und wissenschaftlichen Handelns wiederholen und die Unterscheidung von kontemplativer und instrumenteller Wissenschaft um den Preis einer gewissen Künstlichkeit aufrechterhalten werden müssen, aber es wird sich auch ein angebbarer Gewinn an Wahrheitsfähigkeit instrumenteller Theorien gegenüber kontemplativen ausweisen lassen.

Im folgenden soll die parallele Diskussion kontemplativen und instrumentellen Wissens aufgegeben werden, weil sich auf Seiten des kontemplativen Wissenschaftsverständnisses mehrere Probleme überlagern. So wird auch von Anhängern der Meinung, Erfahrungswissenschaften suchten zutreffende Beschreibungen der Welt, nicht bestritten, daß beim Treiben dieser Wissenschaften gehandelt, und zwar nicht nur sprachlich, sondern (z. B. im Experiment) auch manuell gehandelt wird. Aber daß Resultate solcher Handlungen nur von den Zwecken dieses Handelns her, nicht aber kontemplativ wie Naturereignisse verstanden und anerkannt werden können, wird gern übersehen, so etwa in der gesamten Analytischen Wissenschaftstheorie. Hier ist das kontemplative Wissenschaftsverständnis also ein Mißverständnis. Andererseits lassen sich tatsächlich kontemplative Forschungen, wie z. B. Tierverhaltensforschung in natürlicher Umwelt, selbst für einzelne Beobachtungen nach dem Kriterium des Handlungserfolgs beurteilen, so daß sich leicht die Grenzen zu der radikalen These verwischen, es könne am Ende keinerlei kontemplative Erfahrungswissenschaft geben (und die Kontemplation bliebe ganz den Reflexionswissenschaften und der Philosophie vorbehalten). Hierüber sollen an dieser Stelle keine Thesen aufgestellt werden.

Als Grund, sich im folgenden allein an der Präzisierung eines instrumentellen Wissenschaftsverständnisses zu versuchen, mag ein Blick auf die deskriptive wissenschaftstheoretische Diskussion zu den Naturwissenschaften gelten, die um so fragwürdiger werden ließ, woran naturwissenschaftliche Theorien nach besser und schlechter einzuteilen seien, je mehr Scharfsinn auf diese Frage verwendet wurde.

Im instrumentellen Verständnis von Wissenschaft sollen Aussagen allein dann als wahr gelten, wenn sie ein Wissen über bzw. für erfolgreiches Handeln formulieren. Andere Ansprüche, daß sie ein zutreffendes Wissen von der Welt, wie diese „nun einmal ist" (d. h. unabhängig von unseren Handlungen des Wissenschaftstreibens), sind dagegen abzulehnen, weil ihnen ein verstehbares Kriterium für die Unterscheidung von Wissen und Nichtwissen fehlt. Dabei läßt sich in einem zweiten Schritt Wissen über bzw. für erfolgreiches Handeln durchaus dann wieder als „Wissen von der Welt" interpretieren, da ja nicht alle beliebig erdenklichen Handlungen erfolgreich sein werden und somit das Unterscheidungswissen für erfolgreiche und erfolglose Handlungen nicht ad infinitum im Handeln selbst, sondern in unverfügbaren Umständen zu suchen ist.

Um nicht Gefahr zu laufen, instrumentelles wissenschaftliches Wissen so zu charakterisieren, daß davon auch solche Fachwissenschaften tangiert scheinen, bei denen die Unterscheidung kontemplativ/instrumentell sinnlos ist, nämlich bei den (verstehenden) Kulturwissenschaften, soll die gesuchte Verschärfung des instrumentellen Wissenschaftsverständnisses zunächst am Beispiel der Physik vorgenommen werden. Anschließend muß sich weisen, ob und wie weit sich dieses Verständnis auf Psychologie übertragen läßt.

Die Physik als Beispiel einer instrumentellen Wissenschaft

Die Physik hat als positives wie als negatives Vorbild der Psychologie (positiv z. B. im Behaviourismus, negativ z. B. in der Kritischen Psychologie) gleichermaßen das Schicksal des kontemplativen Mißverständnisses erlitten. Historisch mit Kepler bei der Revolutionierung eines „Weltbildes" beginnend, wird sie in der Regel bis heute so verstanden, daß sie Theorien zur Beschreibung naturgesetzlichen Geschehens entwarf und entwirft, in der klassischen Physik für die Größenordnung unserer terrestrischen Sinneswahrnehmung und Geräte, in der relativistischen und Quantenphysik für die Größenordnungen der Gestirne und der Elementarteilchen. Technik, selbst zwar häufig Voraussetzung experimentellen Erfahrungszuwachses, gilt dabei als Anwendung eines in seiner Wahrheit von dieser Anwendung unabhängigen, in Theorien gefaßten Wissens.

Dabei hat die Philosophie der Physik wenigstens dieses mit Sicherheit zutage gefördert, daß niemand mit Sicherheit, Vollständigkeit und Klarheit anzugeben vermag, was die Wahrheit physikalischer Theorien ausmacht, ja, ob und in welchem Sinne sie überhaupt den Anspruch auf zutreffende Beschreibung von naturgesetzlichen Sachverhalten einlösen kann. Demgegenüber läßt sich aber mit Sicherheit (und in diesem Punkt der Sache nach nicht kontrovers) angeben, welches technische Handlungswissen die Physik bereitstellt. Methodologisch ist dabei zu unterscheiden einerseits das instrumentelle Wissen der Meßkunst, das die Voraussetzung der messenden Physik bildet und wissenschaftstheoretisch in der Protophysik expliziert wird, und andererseits das empirische instrumentelle Wissen, d. h. ein mit Hilfe von Meßresultaten formulierbares Technikwissen. Die Favorisierung des instrumentellen gegenüber dem kontemplativen Wissen läuft dann darauf hinaus, die Behauptung aufzugeben, eine Anwendung physikalischen Wissens in der Technik führe wegen dessen gelungener Abbildung von Naturgesetzen zu funktionierenden Maschinen (und sei insofern sekundär instrumentell). Vielmehr ist Physik so zu verstehen, daß experimentierende Naturforscher relativ zu den Zwecken ihrer technischen Verfahren ein instrumentelles Wissen über erfolgreiche technische Handlungen gewinnen.

Der Unterschied „guter" und „schlechter" physikalischer Theorien liegt dann nicht in größerer Nähe oder Ferne zu Naturgesetzen oder in größerer oder geringerer Abbildtreue, sondern allein im technischen Erfolg oder Mißerfolg von Verfahren, gemessen an einem vorher zu formulierenden technischen Zweck. Eine physikalische Theorie ist in diesem Verständnis überhaupt kein System von Behauptungssätzen über die Welt, die Natur, oder kulturunabhängig gültige Gesetze oder Regelmäßigkeiten, sondern ein (aus historischen Gründen in die Form von Behauptungssätzen gekleidetes) System von Anweisungen für den Ingenieur oder den (um auch die außerwissenschaftlich technisch nicht genutzte Physik zu erfassen) Laborphysiker.

Für die weitere Diskussion kommt es also darauf an, daß im instrumentellen Physikverständnis nicht mehr die Beschreibungswahrheit physikalischer Theorien unterstellt wird, wonach Physik darin Fortschritte macht, die Natur und ihre Gesetze immer besser zu beschreiben. Vielmehr soll der Fortschritt physikalischen theoretischen Wissens durch einen Zuwachs an Erfolg bei technischen, theoriengestützten Verfahren gekennzeichnet sein.

Nun kennt die Physik eine so ungeheure Fülle an mythisierender Überhöhungsliteratur, daß die erwartbaren Einwände leicht in großer Zahl vorherzusehen sind. Im Blick auf die noch zu betrachtende Psychologie sei davon nur einer aufgegriffen: Die Unterscheidung erfolgreicher von erfolglosen technischen Handlungen bedürfe, so ließe sich einwenden, der sprachlichen Beschreibung von Ausgangs- und Zielsituationen, von sogenannten Umständen oder Randbedingungen, und von Zwecken, und bliebe darin abhängig von kontemplativen Wahrheitskriterien.

Dieser Einwand hat jedoch mehrere Schwächen: Erstens werden (etwa in der Beschreibung von Experimenten) sowohl die Anfangs- wie die Endzustände in physikalischen Parametern angegeben, die als Resultate von Messungen, d. h. von erfolgreichen Meßhandlungen, mit funktionierenden, d. h. erfolgreich hergestellten, Meßgeräten auftreten. Zweitens sind im Experiment die Anfangsbedingungen erfolgreich künstlich hergestellt, andernfalls ein Experiment gar nicht beginnen könnte. Drittens ist der Endzustand des Experiments vorher als technisches Handlungsresultat sprachlich explizit zu formulieren, sonst wäre ein gelungener von einem mißlungenen Ausgang des Experiments nicht unterscheidbar, d. h., das Experiment würde keinerlei Information liefern, wie immer es verläuft. Viertens und letztens kann, ja muß Handeln von einer vermeintlich kontemplativen Wahrheit der Beschreibung von Situationen, in denen gehandelt werden kann bzw. wird, aus einem einfachen Grund unabhängig bleiben. Denn – ein entsprechendes Handlungsvermögen vorausgesetzt – das einzige Kriterium für das Vorliegen geeigneter „äußerer" Bedingungen einer Handlung ist die Durchführung der Handlung selbst. Andernfalls ergäbe sich auf dem Feld der Terminologie das Paradox, daß trotz geeigneter „äußerer" Bedingungen und entsprechender Handlungsvermögen eine Handlung unmöglich sein könnte. Das instrumentelle Wahrheitskriterium, wonach Aussagen nur daran auf Wahrheit beurteilt werden sollen, ob sie ein Wissen für erfolgreiches Handeln formulieren, ist also unabhängig vom kontemplativen Wahrheitskriterium bei der Beschreibung von Handlungsbedingungen.

Hier soll nicht behauptet werden, daß es sich bei dem instrumentellen Physikverständnis in allen Punkten um eine radikale Neuheit handelt. So ließen sich etwa für die Begriffsbildung in der empirischen Physik bei W. Bridgman und für das Verständnis physikalischer Gesetze bei P. Duhem instrumentelle Züge finden. Dies soll hier jedoch nicht weiter verfolgt werden.

Für die Übertragung des instrumentellen Wissenschaftsverständnisses auf die Psychologie ist der folgende Zusatz wichtiger: Sofern sogenannte physikalische Gesetze nicht logische Folgen aus den Konstruktionsprinzipien von Meßgeräten sind und somit ohnehin keine empirische Geltung beanspruchen, sondern zur Protophysik rechnen, sind sie als allgemeine Konstruktionsprinzipien von Maschinen zu interpretieren.

Die „Allgemeinheit" dieser Gesetze, die seit der Tradition des Logischen Empirismus als universelle Quantifizierung über den Bereich aller potentiellen Naturgegenstände verstanden wurde, besteht in Wahrheit darin, daß es sich dabei um Handlungsregeln und damit um ein Reden über Handlungsschemata dreht. An die Stelle der unverständlichen Behauptung, die Allgemeinheit von physikalischen Gesetzen bestehe in der Unabhängigkeit von Ort und Zeit, wird hier die Allgemeinheit als die immer wieder gleiche, weil geregelte Durchführung von Handlungen verstanden.

Gerade im Hinblick auf die Psychologie ist dann die Frage fruchtbar, wie es denn mit physikalischen Gesetzen über Ereignisse stehe, die nicht vom Menschen technisch in Gang gesetzt oder gehalten werden, wie etwa den Bewegungen der Planeten. Hier genügt es zu sehen, daß sich Physiker mit ihren Theorien dann zufriedengeben, wenn sie die „Beschreibung" der Planetenbewegungen (Angabe der Bahnformen mit Hilfe geometrischer Ausdrücke und der Bahngeschwindigkeiten mit Hilfe kinematischer Ausdrücke) sowie die „Erklärung" der Planetenbewegungen (mathematische Ableitung der Bewegungsgleichungen aus dem Gravitationsgesetz) gerade in solche Sätze gefaßt haben, deren Wörter gezielt handelnd herbeigeführte Eigenschaften von Meßgeräten oder Maschinen bezeichnen. Man spricht dann auch kurz von einem Modell der Planetenbewegungen und darf dies so wörtlich verstehen, daß die Theorie der Planetenbewegungen dann als gelungen gilt, wenn sie eine Maschine zu konstruieren erlaubt, die genau dieselben Phänomene erzeugen würde wie die tatsächlich beobachteten Planetenbewegungen. Auch hier ist also die Wahrheit einer physikalischen Theorie durch das Gelingen technischer Handlungen bestimmt, wenn auch die dabei intendierte Maschine nur dem Zweck der Simulation von Naturereignissen dient.

Psychologie als instrumentelles Wissen

Ohne hiermit irgendeine Behauptung über Bemühungen zu intendieren, die heute institutionell zur Psychologie gerechnet werden und ihren Methoden nach als verstehende oder Reflexionswissenschaften anzusehen sind, soll für andere Teile der heute praktizierten Psychologie behauptet werden, daß ihr ein instrumentelles Verständnis besser entspricht als ein kontemplatives. Wieder soll die Diskussion weniger der Abwehr des kontemplativen Psychologieverständnisses gelten, wonach ungeachtet irgendwelcher („guter" oder „böser") Anwendungen psychologischen Wissens erst einmal erforscht wird, wie die Menschen sind bzw. sich verhalten. Vielmehr soll gefragt werden, ob sich psychologische Forschung nicht daran orientieren ließe, ein psychologisches Handlungswissen für die Vorbeugung und Heilung „psychischer" Defekte und Probleme zu suchen.

Hier sollte vorweg in Erinnerung gerufen werden, daß die moderne erfahrungswissenschaftliche Psychologie, beginnend mit der Psychophysik G. T. Fechners, der Lernpsychologie H. Ebbinghaus' und dann am radikalsten mit dem Behaviourismus, dem Ziel der Verwissenschaftlichung von Psychologie verpflichtet war, daß aber auf diesem Weg keinesfalls eine Befreiung von der brennenden Frage gelungen ist, was denn die Wahrheit einer Psychologie sei, die wenigstens methodologisch nach dem Vorbild der Physik zu beschreiben beansprucht, wie der Mensch im allgemeinen oder besonderen ist. Um das Ziel eines Plädoyers für ein instrumentelles Psychologieverständnis zu verdeutlichen, sei hier überspitzt behauptet, daß die Orientierung an behaviouristischen Methodenidealen der Psychologie Unwissenschaftlichkeit beschert hat, während ihr eine Orientierung am Erfolg von Vorbeugungs- und Heilmaßnahmen ein scharfes Wahrheitskriterium und damit ein entmythisiertes Psychologieverständnis erlauben würde.

Im folgenden soll nun eine Schrittfolge skizziert werden, nach der sich das Vorgehen einer instrumentell verstandenen Psychologie richten könnte. Dabei braucht weder mit den Belastungen eines philosophischen Fundamentalismus nach den letzten Begründungen oder Anfängen gefragt zu werden, noch muß vergessen werden, was die heute tatsächlich praktizierte Psychologie an bekannten prophylaktischen oder therapeutischen Leistungen erbringt. Ausgangsbasis der Überlegungen mag sein, daß wir im Alltag bei Unterstellung einer halbwegs üblichen Eingliederung in die menschliche Gemeinschaft immer schon handeln können, d. h., daß wir für eine ungeheure Fülle von Zwecken, die wir uns im günstigen Falle einer bewußten Lebensführung selbst setzen, geeignete Mittel zu ergreifen wissen. Dieses Handlungsvermögen umfaßt den Bereich von den primitivsten alltäglichen Verrichtungen bis zu komplexen Handlungen im Umgang mit den Errungenschaften von Zivilisation und Kultur.

Zu den Handlungsvermögen des alltäglichen Lebens gehören auch solche, die man unter Rückgriff auf ein gängiges und hier nicht weiter problematisches, weil keine argumentativen Funktionen übernehmendes Vorverständnis *psychologisch* nennen könnte: etwa die Fähigkeiten, Menschen zu beruhigen oder zu trösten, Streit zu schlichten, jemandem Selbstvertrauen einzuflößen, und selbstverständlich auch ein entsprechender Bereich schädlicher Handlungen, wie jemanden zu ängstigen, zu verwirren, zu unterdrücken usw. Das Interesse der folgenden Überlegungen gilt freilich nicht den schädlichen, sondern den nützlichen Handlungen, die darauf abzielen, Störungen zu vermeiden oder zu beheben.

Es fällt sofort ins Auge, daß sich hier ein wohl kaum wertfreies Unterscheidungsproblem von nützlich und schädlich, von Störung und Ungestörtheit stellt. An diese Unterscheidung knüpfen sich, soll Psychologie darauf abgestellt werden, ein Wissen über nützliche Handlungen bereitzustellen, eine Reihe von Legitimationsproblemen. Beispiele einer politischen Psychiatrisierung von Dissidenten drängen sich hier auf. Legitimationsprobleme für die Ziele einer instrumentell verstandenen Psychologie stellen sich in jedem Falle. Sie bestehen aber auch dort, wo sie vermeintlich durch ein kontemplatives Psychologieverständnis den Anwendern psychologischen Grundlagenwissens zugeschoben wurden.

Hier soll nicht geleugnet werden, daß die Legitimationsdiskussionen jeder instrumentell verstandenen Wissenschaft geführt werden muß, aber sie sollen hier nicht Gegenstand weiterer Erörterungen sein. Es mag der Hinweis genügen, daß ja auch jede alltägliche Hilfe für einen Mitmenschen bereits einen Eingriff in dessen autonome Lebensgestaltung darstellt, die sich der Unterstellung verdanken muß, die Zustimmung dessen zu erhalten, dem da geholfen wird. Die folgenden methodologischen Überlegungen lassen sich jedenfalls ohne Beschränkung ihrer allgemeinen Gültigkeit am Beispiel solcher Fälle diskutieren, wo ein Konsens von Helfer und Empfänger der Hilfe darüber besteht, daß eine Störung, eine Notlage, eine schwierige Aufgabe oder ähnliches vorliegt. Die Frage, was als psychischer Defekt zu gelten hat, muß für die konkrete psychologische Forschung, wo sie instrumentell verstanden wird, de facto immer entschieden werden, aber die folgenden methodologischen Überlegungen bleiben von den konkreten Antworten in den Einzelfällen unabhängig.

. Auf der oben ausgezeichneten Ausgangsbasis alltäglicher „psychologischer" Handlungen möge von einem *Handlungsvermögen* die Rede sein, wenn nicht nur in Einzelfällen zufällig die Vorsorge einer Störungsvermeidung oder die Behebung einer Störung gelingt, sondern wenn ein Vermögen vorliegt, dies wiederholt zu tun. Solche Vermögen werden etwa von Seelsorgern oder Lehrern, von Sanitätern und Ärzten, von Polizisten, Kollegen und guten Nachbarn in zwar unterschiedlicher Weise, aber höchst selbstverständlich erwartet.

Von einem *Rezeptewissen* sei dann die Rede, wenn solche Handlungsvermögen sprachlich gefaßt werden können. Der Ausdruck „gefaßt" mag hier andeuten, daß es keine Rolle spielt, ob es sich hierbei um Behauptungen oder Vorschriften handelt. So sind ja im Hinblick auf ihren Erfolg deskriptive und präskriptive Fassungen von Rezepten gleichwertig: Ein Rezept für einen Napfkuchen läßt sich sowohl durch eine Reihe von Imperativen der Form „man nehme ..." angeben als auch in die Beschreibungsform fassen, „wenn 300 Gramm Mehl und ..., dann erhält man einen Napfkuchen". Die Bezeichnung „Rezeptewissen" soll unabhängig von deskriptiver oder präskriptiver sprachlicher Erfassung zum Ausdruck bringen, daß die sprachliche Fassung von Handlungsvermögen den Zweck verfolgt, diese Handlungsvermögen zum Zwecke weiterer Anwendung durch den Belehrten *lehrbar* zu machen. Keine näheren Bestimmungen sind hierbei hinsichtlich Allgemeinheit oder Spezialisierung des Rezeptewissens gemacht.

Diese Wissensform kann sich, wenn man den Entdeckungszusammenhang ins Auge faßt, dem Verfahren von Versuch und Irrtum ebenso verdanken wie einem intuitiven Nachahmen erfolgreicher Vorbilder. Ein gradueller Übergang zu Bemühungen, die dann den Namen *Forschung* verdienen, ergibt sich einerseits durch eine Hochstilisierung der sprachlichen Mittel, mit denen Rezeptewissen formuliert wird, also insbesondere die explizite und zirkelfreie terminologische Bestimmung einzelner

Wörter; andererseits mit einer systematischen Verbesserung von Rezeptewissen in Richtung auf höhere Effizienz, auf die Auswahl von Mitteln mit weniger unerwünschten Nebenwirkungen, auf die Beherrschung einer größeren Anzahl von Störungen usw.

Hier ist die Stelle erreicht, wo eine methodologische Überlegung im engeren Sinne erst einsetzen kann. Wie können die Mittel der Verbesserung von Rezeptewissen aussehen?

Es sollte deutlich geworden sein, daß psychologisches Rezeptewissen die vorbeugenden und heilenden Handlungen von Psychologen betreffen. Hier ist nun ein handlungstheoretischer Unterschied einzuführen: Es gibt einerseits Typen von Handlungen, bei denen eine Handlung sozusagen den Zweck direkt erreicht. Dies gilt für viele technische Herstellungshandlungen. So ist etwa das Resultat der Handlung des Mauerns nach den Regeln der Maurerkunst die Mauer. Ein anderer Typ von Handlungen dagegen schafft lediglich Vorbedingungen oder Anfangszustände von Ereignissen, die selbst nicht mehr handelnd verfügt werden können. Um im Bereich handwerklicher Beispiele zu bleiben, können die Handlungen eines Gärtners nach den Regeln der Gartenbaukunst betrachtet werden: Die Zwecke des Pflanzens und Säens sind nicht die unmittelbar durch den Gärtner herbeigeführten Zustände und Sachverhalte, sondern diejenigen, die sich nach einem entsprechenden Wachstum der Pflanzen einstellen. Hier spielt also zusätzlich zum Handlungsvermögen, bestimmte Sachverhalte direkt herzustellen, das Wissen eine Rolle, wie erwünschte Sachverhalte über Ereignisse, die selbst keine Handlungen sind, durch Erzeugung geeigneter Voraussetzungen erreicht werden können. Dieser zweite Typ von Handlungen ist es, der vorbeugenden oder heilenden Handlungen von Psychologen entspricht.

Damit verschiebt sich die Frage, wie psychologisches Rezeptewissen verbessert werden kann, auf die Frage, wie das Wissen des Psychologen über Ereignisse verbessert werden kann, die – je nach Situation – üblicherweise als „Reaktion" im Falle der Vorbeugung und als Heilungsprozeß im Falle der Heilung bezeichnet werden. Hier soll noch einmal pointiert der Gegensatz von kontemplativem und instrumentellem Wissen aufgenommen werden. Es entspräche dem kontemplativen Psychologieverständnis, eine Verbesserung von Rezeptewissen gleichsam als automatisches Resultat einer Verbesserung theoretischer Erklärungen menschlicher Wirkungsmechanismen anzusehen. Im instrumentellen Verständnis dagegen wird auf jeglichen Anspruch auf irgendeine Abbildtreue zwischen Theorie und „tatsächlichem Wirkungsmechanismus", was immer das sein mag, verzichtet. Die Wahrheit, genauer, das Verbesserungskriterium für eine sprachliche Fassung der durch den Psychologen in Gang gesetzten Ereignisse, richtet sich allein nach der Verbesserung des Rezeptewissens im oben angegebenen Sinne.

Ob es hierfür eine allgemein erfolgversprechende Methodologie geben kann, ist ungeklärt. Es können lediglich einige Andeutungen gemacht werden, welcher Mittel sich solche Bemühungen bedienen könnten. Die hiermit verknüpften Ansprüche sind minimal. Diese Möglichkeit dennoch vorzutragen, verfolgt in erster Linie den Zweck, sich gegen den naheliegenden Vorwurf einer besonderen Naivität zu schützen, die die Grenzen des instrumentellen Psychologieverständnisses übersehen könnte.

Für die Ereignisse, die ein Psychologe in vorsorgender oder heilender Absicht in Gang setzt, sind zum Zwecke der Organisation von Rezeptewissen *Modelle* zu entwerfen. Nun ist leider das Wort Modell, ähnlich dem Wort Theorie, bereits so uferlos und unscharf im Gebrauch, daß wenigstens die hier wichtigen Präzisierungen gegeben werden sollen. Ein instruktives Beispiel bildet der Wortgebrauch von Modell im Falle von Modellen für Bauwerke, wie sie von Architekten gemacht werden. Die Rede von Modellen setzt hier voraus, daß es etwas Abgebildetes, ein Bild und bestimmte Abbildungsprinzipien gibt. Im Falle der Architektenmodelle sind dies also die geplanten oder wirklichen Bauwerke, die verkleinerten Nachbildungen aus Gips oder Pappe und die Regeln einer geometrischen Proportionenlehre. Der Sinn der Modellbildung liegt in ihrer Vereinfachung: Je nach Zweck, für den das Modell erstellt wird, beschränkt sich die Abbildung auf einige wenige Kriterien.

Dort, wo es um weniger „handfeste" als vielmehr selbst sprachlich formulierte Modelle geht, gelten im Prinzip dieselben Kennzeichen für Modellbildungen. Erfolgen kann sie dadurch, daß die wichtigsten Wörter, die für die Beschreibung der vom Psychologen direkt oder über dann ablaufende Ereignisse herbeizuführenden Sachverhalte benötigt werden, gleichsam wie in einem Wörterbuch eine Übersetzung in Wörter zur Formulierung des Modells erhalten.

Eine (erste, versuchsweise) Modellbildung besteht also darin, nach Formulierungsversuchen von psychischen Störungen oder zu vermeidenden Problemsituationen, Formulierungen, die von Konsens mit dem Betroffenen getragen sind, eine Wort-für-Wort-Übersetzung in ein Modell vorzunehmen. Dabei ist darauf zu achten, daß den Sachverhalten psychologisch-praktischer Situationsbeschreibungen Sachverhalte im Modell entsprechen.

Wiederum liegt der Sinn eines solchen Vorgehens in einer Vereinfachung, denn hierbei ist immer unterstellt, daß die Modellkonstruktion auf einem Gebiet erfolgt, wo Zusammenhänge von Aussagen im Modell vollkommen beherrscht sind. Am bekanntesten in diesem Sinne dürfte wohl das Dampfkesselmodell von K. Lorenz für aggressives Verhalten geworden sein. (Hiermit soll nicht behauptet sein, daß Lorenz dadurch eine gelungene Theorie der Aggression vorgelegt hat. Beispielhaft an dieser Modellbildung ist jedoch, daß die Mittel der Modellbildung aus einem Bereich genommen sind, der, für sich genommen und auf den Grad von Genauigkeit, der durch das Modell in Anspruch genommen wird, bezogen, keinerlei technische oder theoretische Probleme birgt.)

Sicher lassen sich gute Gründe angeben, die dagegen sprechen, Maschinenmodelle für Ereignisse zu entwerfen, die in vorbeugenden oder heilenden psychologischen Maßnahmen die entscheidende Rolle spielen. Hiergegen muß jedoch noch einmal betont werden, daß die hier vorgeschlagene Modellkonstruktion keinerlei beschreibenden Charakter beansprucht. Sie dient vielmehr allein als heuristisches Mittel für den Psychologen, über ein orientierungsloses Verfahren von Versuch und Irrtum hinauszugelangen und Hypothesen für naheliegende Variationen von Behandlungsmethoden zu finden, deren Wert sich dann wieder am Handlungserfolg (bei dem ja auch unerwünschte Nebenwirkungen immer mit zu beachten sind) zu erweisen hat.

Damit ist nun die letzte Anforderung an Modellbildung als heuristisches Hilfsmittel für vorbeugende und heilende Maßnahmen genannt: Neben der Vereinfachung, die sich aus der Übersetzung von Situationsbeschreibungen in die Sprache eines Modells ergibt, das seinerseits ein vollständig beherrschtes System von Aussagen darstellt, muß ein Modell kreativ in dem Sinne sein, daß Zusammenhänge von Sachverhalten im Modell neue Vermutungen auf Ereignisfolgen in der psychologischen Praxis und damit neue Behandlungsversuche zulassen.

Diese Skizze, die eine Fülle von Detailproblemen birgt, die hier nicht besprochen werden können, läßt jedoch auch bereits eine deutliche Grenze einer instrumentell verstandenen Psychologie erkennen, deren Wahrheitskriterium allein der Erfolg psychologischer Maßnahmen ist: Selbst dort, wo die oben genannten Voraussetzungen erfüllt sind, die dem vorliegenden Methodenvorschlag zu Grunde liegen – nämlich, daß die Betroffenen psychologischer Maßnahmen hinreichend kompetent sind, die zu vermeidenden oder behebenden Probleme mit einem Psychologen sprachlich in einem für eine Therapie oder Prophylaxe ausreichenden Maße zu artikulieren –, und selbst unter der zentralen Voraussetzung des Konsenses über Behandlungsziele dürfen die Ereignisse, die der Psychologe in Gang setzen kann, und von denen er sich eine Lösung der festgestellten Probleme erhofft, nicht in jedem Falle als Naturereignisse verstanden werden.

Sicher gibt es einen Bereich, in dem insbesondere prophylaktische Maßnahmen ohne eine solche Unterstellung nicht auskommen. So möchte es z. B. für besonders unfallträchtige Straßenkreuzungen eine wahrnehmungspsychologisch erfolgreiche Ursachenforschung geben. In diesem Falle ist der Erfolg der daraufhin getroffenen Maßnahmen mit der Unterstellung erreicht, die Verkehrsteilnehmer würden sich „verhalten, als ob sie Verkehrsmaschinen wären".

An eine sowohl methodologische wie auch moralische Grenze stößt jedoch das Verfahren, wenn die Ereignisse, die der Psychologe therapeutisch in Gang setzt, Zwecksetzungen und Handlungen der Betroffenen mit umfassen. Zu diesem Falle würde eine Modellbildung aus dem Bereich maschineller oder naturwissenschaftlicher Technik die zwar seit dem Behaviourismus immer noch höchst verbreitete, aber ebenso aberwitzige Unterstellung enthalten, die Zwecke individueller Lebensgestaltung auf Naturgesetze bringen zu können. Hier haben an die Stelle funktionaler Modelle Handlungsdeutungen zu treten, und es soll für die hier diskutierte Frage offen bleiben, ob sich ein instrumentelles Psychologieverständnis auf diesem Bereich ausdehnen läßt.

Demgegenüber sei festgehalten, daß sich der Mythos einer das menschliche Verhalten anwendungsneutral erforschenden Psychologie mit dem Gewinn eines verläßlichen Wahrheitskriteriums ersetzen läßt durch eine Auffassung von Psychologie, deren Wahrheit sich am therapeutischen Erfolg zeigt, und deren therapeutische Mißerfolge nicht mehr als der Verantwortung entzogene Folgen von Naturgesetzen menschlichen Verhaltens hingenommen werden müssen. Die Unbequemlichkeit dieses Vorschlages liegt freilich darin, daß die Maßnahmen von Psychologen in Forschung und Praxis und ihre Einteilung nach erfolgreich und erfolglos ins Zentrum wissenschaftlichen Interesses rücken.

7. Ist Information ein Naturgegenstand?

Menschliches Handeln als Ursprung des Informationsbegriffes

Einleitung

Seit Norbert Wieners berühmtem Diktum „Information ist Information, nicht Materie oder Energie" herrscht ein heilloses Durcheinander um den Informationsbegriff. Nahezu uferlos sind aus verschiedenen Fächern und Interessen heraus Interpretationsvorschläge entstanden, die z. B. aus mathematischer, statistischer, nachrichtentechnischer, informationstheoretischer, psychologischer, biologischer und anderer Sicht unterschiedliche Verwendungsweisen des Wortes „Information" in den jeweils eigenen Ansätzen propagieren. Mit allen Risiken eines Pauschalurteils läßt sich behaupten, daß sich dabei als Grundtendenz durchgesetzt hat, auf strenge Definitionen oder Definitionen überhaupt zu verzichten und stattdessen das Fehlen von Definitionen als Plastizität und Anwendungsvielfalt des Informationsbegriffes positiv zu bewerten.

Sprachphilosophisch und erkenntnistheoretisch betrachtet setzt sich damit beim Informationsbegriff fest, was historisch mit der formalistischen Mathematik und ihrem Verzicht auf Definition mathematischer Grundbegriffe wie Menge, Funktion oder Punkt begonnen, über das Fehlen von Definitionen physikalischer Grundbegriffe von Raum, Zeit und Materie in die empirischen Wissenschaften Eingang gefunden hat und schließlich als das Glaubensbekenntnis, eine jede Theorie müsse eine Gruppe undefinierter Grundbegriffe mit sich führen, vorherrschende Wissenschaftstheorie geworden ist. Historisch und dann systematisch nicht unerheblich ist, daß die zur Tugend hochgelobten Definitionsmängel moderner Theorien ihren Ursprung in Ratlosigkeit und definitionstheoretischem Unwissen hatten, mit dem Problem der Grundbegriffe von Theorien zurechtzukommen. Das heißt: Weil man nicht wußte, wie Punkt oder Menge, Länge oder Masse, Intelligenz oder Nutzen explizit definiert werden sollen, wurde das Fehlen solcher Definitionen als Offenheit der gesamten Theorie für empirisch veranlaßte Revisionen interpretiert und so aus der Not eine Tugend gemacht. Hauptursache für diese Entwicklung ist, daß Wissenschaften metatheoretisch oder methodologisch nur noch in Form ihrer Lehrbuchtheorien „analytisch" diskutiert und dabei die sprachliche wie sprachfreie Praxis ihrer Urheber und die dabei jeweils realisierten Intentionen und Zwecke außer Betracht gelassen wurden.

Im folgenden soll aber nicht generell das Fehlen eines explizit bestimmten Informationsbegriffes Anlaß zu Kritik und systematischer Alternative sein, sondern nur die Frage, ob Information ein Naturgegenstand sei. Mit dieser Formulierung soll angedeutet sein, daß der Informationsbegriff in einigen Naturwissenschaften, vor allem in der molekularen Biologie und der Genetik, breite Verwendung findet und von dort aus zum Anlaß genommen wird, naturalistisch eine Rekonstruktion menschlicher Kommunikationsleistungen, bis hin zur Entwicklung einer Künstlichen-Intelligenz-Forschung, sozusagen ausgehend vom Informationsaustausch zwischen Molekülen im menschlichen Körper, zu unternehmen.

Schon die (analytische) Behauptung Wieners, Information sei nicht Stoff oder Energie, setzt sie als ein drittes neben zwei physikalisch-chemische Begriffe und legt damit eine Zuweisung zu Naturwissenschaften nahe. Diese Auffassung hat sich soweit durchgesetzt, daß etwa in ingenieurwissenschaftlichen Lehrbüchern technische Systeme charakterisiert werden als solche, die Prozessen der Umwandlung oder des Transports von Energie, Stoff und Information dienen. Nach dieser Auffassung ist damit eine Vergleichbarkeit von Information, Stoff und Energie im folgenden Sinne erreicht: Naturwissenschaftliche Theorien vermögen zu beschreiben, wie Maschinen funktionieren und was in ihnen abläuft, wenn Stoff, Energie oder Information umgewandelt werden. Kurz, Informationsverarbeitung wird zum Naturvorgang, der, in Maschinen lediglich technisch genützt, auch in nichttechnischen Bereichen dauernd vorkommt. Beispiele hierfür sind die Verwendung des Informationsbegriffs in der experimentellen Psychologie, in der Neurobiologie und Gehirnforschung sowie in der Genetik, wo die Rede von „Erbinformation" und „genetischem Code" längst bis in die Alltagssprache hinein populär wurde.

These der folgenden Überlegungen nun soll es sein, daß die Reihenfolge von Information als Naturvorgang zur Kulturleistung menschlichen Informationsaustausches nur analytisch auf den Kopf gestellt wurde und daß wir kein Verständnis von Information in technischen oder natürlichen Systemen hätten, wenn diesem nicht ein Verständnis eines technikfreien Informationsaustausches im Bereich der menschlichen Kommunikation zugrunde läge. Hält man sich aber an die methodische Ordnung, den Informationsbegriff definitorisch beim menschlichen Handeln anzusetzen, so läßt sich auch eine explizite Definition geben, die erlaubt, im Bereich des Redens von technischen und natürlichen Systemen Schwächen und Nachteile des bisherigen begrifflichen Durcheinanders zu vermeiden.

Information in Naturwissenschaft und Technik

Exemplarisch beginnen wir mit einem biologischen Beispiel für die Verwendung des Informationsbegriffs in den Naturwissenschaften.

In seinem Buch *Der Ursprung biologischer Information,* einem Versuch, die Entstehung des Lebens aus der molekularen Biologie zu begründen, zieht B. O. Küppers einen Vergleich zwischen „genetischer Informationsspeicherung" und Informationsübertragung nach heutigem, molekularbiologischen Kenntnisstand zur menschlichen Schrift und Sprache. „Genetischen Schrifteinheiten" werden dort „analoge Spracheinheiten" gegenübergestellt, und zwar in einem Aufbau von kleinsten Bausteinen zu letzten Komplexen, die auf naturwissenschaftlicher Seite von Nukleotiden bis zum Genotyp, bei den Spracheinheiten von den einzelnen Buchstaben bis zu Gesamttexten und ihren Kommentaren führen. Chemisch und molekularbiologisch definierten Einheiten entsprechen dabei jeweils linguistisch und sprachphilosophisch definierte Einheiten. Speicherung und Übertragung von Information gewinnen dabei ebenso wie menschliche Sprache jeweils und in dieser Reihenfolge einen syntaktischen, einen semantischen und einen pragmatischen Aspekt („Dimensionen", wie Küppers sagt). Die Rede von einer „Molekularsprache" sei „mehr als eine bloße Metapher", sie sei vielmehr eine „durchaus stringente Analogie". So betrachtet könne Information evolutionär entstehen und naturgesetzlich ein Prozeß der Höherentwicklung von syntaktischer über semantische zur „evolutiv optimierten semantischen Information" (und damit offenbar zu pragmatischer Relevanz) durchlaufen werden.

Die Verwendung des Informationsbegriffs zu dieser eindrucksvollen Parallelisierung naturwissenschaftlich beschriebener Zustände und Vorgänge mit dem menschlichen Kulturprodukt der Sprache soll hier zunächst nicht beurteilt, sondern möglichst wohlwollend in einem bestimmten Aspekt wissenschaftstheoretisch rekonstruiert werden. Dieser Aspekt betrifft die in der Molekularbiologie üblich gewordene Verwendung technischer Modelle.

Wenn etwa die Desoxyribonukleinsäure (DNS) als Informationsspeicher und die Selbstreproduktion eines Nukleinsäuremoleküls als Informationsübertragung beschrieben werden, so werden hierfür anschauliche graphische Modelle gegeben, die für einzelne Molekülbausteine nach dem Vorbild unterschiedlicher Steckverbindungen in der Elektrotechnik funktionieren. So, wie Stecker nur in darauf abgestimmte Steckdosen passen, so lagern sich bestimmte Nukleobasen nur an ihre Komplemente an. Man darf also behaupten, das technische Modell für die Aufspaltung oder Anlagerung von Molekülen oder Molekülketten bestehe in der Passung von Körperoberflächen wie bei Gußstück und Gußform, wie bei Stecker und Steckdose.

Nun kennt jeder Laie technische Produkte, in denen auf prinzipiell gleiche Weise Information – hier noch im üblichen Vorverständnis – gespeichert und übertragen wird, nämlich die Schallplatte. Bekanntlich werden Schallplatten in großer Stückzahl aus einer Form gepreßt, die aus der „Einspielung" eines Musikstücks hervorgegangen ist. In beiden, der Preßform und der Schallplatte, ist statisch (d. h. gleichzeitig auf einmal vorhanden) eine Informationsmenge gespeichert, die durch Abspielen zur technischen Reproduktion einer in der Zeit verlaufenden Folge von Schallereignissen führt.

Auf beides können Ansätze wie der von Küppers nicht verzichten: einmal auf die Annahme einer in der Struktur von Naturgegenständen gespeicherten Informationsmenge, zum andern auf die Abrufung oder Abrufbarkeit dieser Informationsmenge durch (in der Zeit ablaufende) Vorgänge. Hier muß noch einmal unterschieden werden zwischen dem Vorgang des Kopierens statischer Informationsmengen, wie der Spaltung und Rekombination eines Moleküls in Analogie zur Trennung von Schallplatte und Preßform bzw. zum Pressen einer neuen Platte, im Unterschied zum „Lesen" der statischen Information, der in der Molekularbiologie als Zufallsbewegung weniger explizit beschrieben werden kann als am Beispiel des Abspielens einer Schallplatte, wo konstante Drehzahl konstitutiv für das erzeugte Schallereignis ist.

Zunächst einmal ist dem Mißverständnis entgegenzutreten, daß die „stringente Analogie", von der Küppers exemplarisch für eine in der Biologie verbreitete Betrachtungsweise spricht, eine Analogie zwischen *Naturgegenständen* und menschlicher Sprache ist. Denn die Analogie kann nur gezogen werden zwischen *beschriebener* Natur und (übrigens selbst wieder sprachlich beschriebener) Sprache. Kurz, die Analogie wird demonstriert zwischen zwei Beschreibungen, die auf der einen Seite zurückgeht auf technische Modelle für Moleküle, Zellen oder Organismen, auf der anderen Seite auf Einteilungen einer deskriptiven und strukturalistischen Linguistik unter deren spezifischen Einteilungsaspekten, von denen zumindest offen ist, ob sie informationstheoretischen Zielen dienen sollen. Von besonderem Interesse für die Frage, ob Information ein Naturgegenstand ist, ist selbstverständlich die Angewiesenheit der naturwissenschaftlichen Seite des Vergleichs auf Sprache und auf begriffliche und labortechnische Mittel der Modellbildung.

Die These, daß Information tatsächlich etwas „Natürliches" und von Naturgesetzen Beherrschtes ist, wird jedoch in der Literatur noch weiter getrieben als in biologischen Ansätzen – obgleich auch dort die Vorstellung vorherrscht, Moleküle, Zellen oder Organismen seien Informationsspeicher, und Lebensvorgänge seien Vorgänge der Informationsübertragung, also gleichsam unabhängig von menschlicher Beschreibung und a fortiori unabhängig davon, daß einem natürlichen Sender von Information ein menschlicher, verstehender Empfänger gegenüberstehen müsse.

Diese *naturalistische Auffassung von Information* findet dort die klarste Ausprägung, wo sie mit dem Entropiebegriff in Verbindung gebracht wird. Diese Versuche haben einen mathematisch-ingenieurwissenschaftlichen Vorlauf in der „mathematischen Theorie der Kommunikation" (so die wörtliche

Übersetzung des englischen Originaltitels) von C. E. Shannon (1949) und einem darauf bezogenen Aufsatz von W. Weaver („Ein aktueller Beitrag zur mathematischen Theorie der Kommunikation"). Dort geht es um eine mathematische Bewältigung des technischen Problems, die Leistungen eines Nachrichtenkanals, z. B. einer Telefonleitung, quantitativ zu erfassen. Der Zusammenhang, in dem Shannon seine Theorie bei den *Bell Telephone Laboratories* entwickelt hat, ist die technische Aufgabe der Optimierung und Störungsbeseitigung technischer Nachrichtenübertragungssysteme. Die Definition eines Informationsmaßes durch Shannon (1948) wird heute – trotz entgegengesetzter Warnungen der Autoren – üblicherweise als Definition eines Informationsbegriffs und als Anfang der Informationstheorie bewertet.

Praktisch unberücksichtigt bleibt aber, wie bei Shannon und Weaver „Kommunikation" verstanden wird, nämlich *primär als menschliche Kommunikation durch Sprache,* durch Handlungen und dann, in einer Erweiterung, durch informationsverarbeitende Maschinen: „Der Begriff der *Kommunikation* wird hier in einem sehr weitläufigen Sinn gebraucht, um alle Vorgänge einzuschließen, durch die gedankliche Vorstellungen einander beeinflussen können. Dies bezieht sich natürlich nicht nur auf Sprache in Wort und Schrift, sondern auch auf Musik, Malerei, Theater und Ballett, eigentlich auf alles menschliche Verhalten. In manchem Zusammenhang erscheint es wünschenswert, eine noch umfassendere Definition des Begriffs Kommunikation zu verwenden, insbesondere wenn man Vorgänge mit einschließen will, durch die eine Maschine (z. B. ein Automat, der ein Flugzeug aufspürt und dessen wahrscheinliche zukünftige Position berechnet) eine andere Maschine beeinflußt (z. B. eine Lenkwaffe, die dieses Flugzeug verfolgt)."

Dabei ergibt sich ein Verständnis von „Information", das, ausgehend vom Ansatz einer statistischen Sprachuntersuchung, eine von den beiden Autoren klar gesehene und deutlich betonte Abkehr von intuitiven alltagssprachlichen Verständnissen von „Informieren" darstellt. „Die Vorstellung von der Information", so W. Weaver, „wie sie in dieser Theorie entwickelt wird, erscheint anfänglich enttäuschend und seltsam – enttäuschend, weil sie nichts mit Bedeutung zu tun hat, seltsam, weil sie sich nicht auf eine einzelne Nachricht bezieht, sondern eher auf die statistische Eigenschaft einer Gesamtheit von Nachrichten, und seltsam auch, weil in den statistischen Ausdrücken die beiden Worte *Information* und *Unsicherheit* die gleiche Bedeutung haben."

Berücksichtigt man schließlich, daß die Quantifizierung der Übertragungskapazität eines Nachrichtenkanals auf der Grundvorstellung beruht, daß ein Maß für die Auswahl eines vorhandenen Zeichenvorrats angegeben wird, so hat die „Informationstheorie" von Shannon und Weaver nichts, aber auch gar nichts mit natürlichen Gegenständen zu tun. Sie betrifft vielmehr nur menschliche Sprache, menschliche Handlungen und menschliche Kunstprodukte wie Automaten und Nachrichtensysteme.

Einer Fußnote bei W. Weaver zufolge soll jedoch Shannons Arbeit auf eine Bemerkung des Physikers L. Boltzmann in einer Arbeit zur statistischen Physik (1864) zurückgehen, wonach „die Entropie sich auf fehlende Information bezieht, und zwar insoweit, als sie die Anzahl von Alternativen betrifft, die für ein physikalisches System noch offen bleiben, nachdem alle makroskopisch beobachtbare, das System betreffende Information aufgezeichnet ist". In dieser Tradition – auch Shannon übernimmt aus der statistischen Physik den Entropiebegriff in seine Theorie, ohne deshalb schon von Naturgegenständen zu reden – wird via mathematischer Statistik der Informationsbegriff zu einem Beschreibungsmittel im Rahmen der Physik. Heute gilt Information als ein mit Materie und Energie gleichrangiges Strukturelement des Universums – so sehr, daß heute schon über sogenannte „Infons", kleinste, masselose Informationsteilchen, die bei Lichtgeschwindigkeit zu Photonen werden sollen, spekuliert wird (T. Stonier; Information and the Internal Structure of the Universe, 1990).

In der für Physiker und analytische Philosophen der Physik nicht ungewöhnlichen realistischen Denkweise wird dabei ein Informationsbegriff favorisiert, der die „Existenz" von Information unabhängig von unserer Fähigkeit annimmt, sie zu entschlüsseln oder zu deuten. Damit hat eine Entwicklungslinie als historischer Prozeß seinen Abschluß gefunden, von Informieren als menschlicher Tätigkeit zur Information als menschenunabhängigem Naturgegenstand voranzuschreiten.

Wird dann über Naturwissenschaft, Technik und Mathematik derart philosophiert, daß man sich auf eine begriffliche Analyse der jeweils jüngsten und modernsten Theorien als Ausgangspunkt bezieht und in sogenannten „Top-down-Argumenten" nach Grundlagen der jeweils neuesten Theorien sucht, ist jede Einsicht in den Zwecke- und Konstitutionszusammenhang ein für allemal verbaut. Die Auffassung, Information sei ein Naturgegenstand und Informationsaustausch ein Naturprozeß, verdankt sich damit dem vorsätzlichen Ignorieren aller Herkunfts- und Entstehungszusammenhänge und einer Umdeutung einer Theorie zu etwas, als das sie weder intendiert noch erzeugt worden ist. Unter Beschränkung auf strukturelle Theorieeigenschaften werden anhand *nicht der Wirklichkeit menschlichen Handelns* oder menschlicher Technik, *sondern der Wirklichkeit allein der Theorie* unter Abblendung ihrer Definitionsgrundlagen neue Entitäten fingiert. Die Verstehbarkeit von Theorien und der durch sie fingierten Entitäten im Sinne einer Nachvollziehbarkeit ihrer Entstehungsgeschichte als Mittel zur Problembewältigung wird so absichtsvoll ausgeschlossen.

Die Unverzichtbarkeit des Handlungsbezuges

Auf den ersten Blick scheint es, als stünden sich damit beim Informationsbegriff genauso wie beim Verständnis der Grundbegriffe etwa physikalischer oder biologischer Theorien zwei philosophische Blickrichtungen wie zwei Glaubensbekenntnisse gegenüber, zwischen denen argumentativ nicht vermittelt werden kann. Die „analytische Blickrichtung" setzt sich zum Ziel, vorhandene und „interessante" Theorien zu analysieren, die „konstruktive" Blickrichtung versucht, vorhandene Theorien unter Bewahrung ihrer erklärenden, prognostischen und technischen Leistung als Mittel einer zweckgerichteten menschlichen

Praxis zu rekonstruieren. Verknüpft mit einem Pluralitätspostulat, man möge Menschen nicht an Geschmacksentscheidungen hindern, werden dann konkurrierende Metatheorien über Theorien von Naturwissenschaften und Mathematik als historisches factum brutum der Wissenschaftsphilosophie genommen.

Die Verhältnisse sind aber weder so symmetrisch, wie sie auf den ersten Blick erscheinen, noch gibt es Gründe für die Resignation, argumentationsfrei diese wissenschaftliche Kontroverse der Mehrheitsentscheidung institutioneller Entwicklungen zu überlassen. Dies soll wenigstens am Beispiel der Frage durchgespielt werden, ob Information ein Natur- oder ein Kulturgegenstand sei.

Bevor ein Argument vorgetragen wird – und wenn es schlüssig ist, genügt *ein* Argument –, die historisch faktische Reihenfolge der Ausbildung von Informationstheorie, beginnend bei menschlichen Handlungen und endend bei Naturvorgängen, nicht analytisch auf den Kopf zu stellen, sondern als methodische Ordnung zu begreifen, muß auf Gründe verwiesen werden, warum in diesem Gebiet die Kontroverse so erhitzt und meistens auch irrational geführt wird.

Der weitere Zusammenhang nach dem Verständnis des Informationsbegriffes wird durch die Frage gebildet, ob durch den Informationsbegriff die Thesen begründbar werden, daß *Automaten denken* können und daß *der Mensch ein Automat* sei. Erbittert stehen sich Naturalisten und Kulturalisten gegenüber, in der Diskussion des Leib-Seele- oder des Körper-Geist-Problems sich gegenseitig ihr „Kannit verstaan" entgegenhaltend. Und die „analytische Philosophie des Geistes" mit dualistischen, epiphänomenalistischen und funktionalistischen – vermeintlichen – Vermittlungsvorschlägen, die untereinander wieder befehdet sind, entbehrt wegen ihrer affirmativen Grundhaltung zu den Naturwissenschaften eines neutralen Standortes für die Schiedsrichterposition. Sie ist selbst naturalistisch. Darauf kann hier ebensowenig eingegangen werden wie auf die mitspielenden emotionalen Komponenten, die sich etwa in materialistischen und in radikal-konstruktivistischen Ansätzen artikulieren.

Die Unentbehrlichkeit eines Rückgangs auf menschliche Handlungen bei der Klärung des Informationsbegriffs soll vielmehr allein begründet werden im Zusammenhang der philosophischen Frage, wie gültige von ungültigen, akzeptable von nichtakzeptablen, wahre von nichtwahren Behauptungen oder Theorien unterschieden werden können.

Unter Vorgabe der terminologischen Klärung, „Natur" und „Kultur" so zu verstehen, daß jedenfalls im Bereich von Naturwissenschaft und Technik strikt unterschieden wird zwischen dem vom Menschen Erzeugten und dem nicht vom Menschen Erzeugten, ist die Frage, ob Information ein Natur- oder ein Kulturgegenstand sei, eine „harte", nicht durch die Antwort „beides" zu befriedigende Frage. Es könnte eingewendet werden, weder diese Frage noch die strikte terminologische Vorgabe müsse man akzeptieren. Die Empfehlung, es zu tun, gründet sich allein auf das Verständnis, daß dies ein unverzichtbares Mittel für ein expliziertes Unterscheidungskriterium gültiger von ungültigen Behauptungen im Bereich der Naturwissenschaft sei. Denn wo nicht gewußt wird, welche Definitionen und Prämissen in eine naturwissenschaftliche Behauptung investiert werden, kann auch nicht gewußt werden, was relativ zu diesen Setzungen und Maßnahmen über die Natur in Erfahrung gebracht werden kann.

Es wird hier also nicht behauptet, es gäbe eine „absolute" oder „kategoriale" oder „substantielle" oder „ontologische" Grundlage für die These, Information sei ein Kulturgegenstand. Es wird aber auch nicht behauptet, auf irgendeiner dieser sogenannten „Grundlagen" seien Entscheidungen für oder gegen das Verständnis von Automaten als denkenden Maschinen oder von Menschen als Automaten zu treffen.

Wenn also z. B. versucht wird, den Informationsbegriff definitorisch so festzulegen, daß er an Beschreibungen zielverfolgender Systeme anknüpft, die durch Maschinen, aber auch Organismen gleichermaßen exemplifiziert werden können, von dem Modell der sprachlich verfaßten Nachricht loszukommen, so wird dabei übersehen, daß erstens die Beschreibung von Organismen als zielverfolgende Maschinen erst einmal zielverfolgende Maschinen als menschliche Kunstprodukte für verfügbar hält, die zweitens ihrerseits Mittel für technisch verfolgte, menschliche Zwecke sind. Für diese wiederum ist es drittens eine Kernfrage, ob die Erfindung, Konstruktion, Erzeugung und Verwendung solcher Maschinen ohne Rückgang auf ein Verständnis der Zielorientiertheit menschlichen Handelns und dem Handlungscharakter menschlicher Kommunikation möglich ist. Oder kurz: Wüßten wir nicht aus menschlicher Kommunikation, was Handlungszwecke sind, gäbe es in der Welt keine zielverfolgenden Maschinen und damit keine Erklärungsmittel von Organismusleistungen durch technische Modelle. Es ist nicht zu sehen, welchen Gegenstand oder welche Frage dann Naturwissenschaften von der molekularen Genetik bis zur Gehirnforschung überhaupt noch verfolgen könnten.

Grundlagen eines konstruktiven Informationsbegriffs

Da informationsverarbeitende Maschinen von handelnden Menschen erfunden, hergestellt und benützt werden und da solche Maschinen und die an ihnen realisierten Vorgänge als technische Modelle in den Naturwissenschaften unverzichtbar sind, muß es sowohl für die Informationstechnik als auch für die Verwendung des Informationsbegriffs in allen Bereichen der Naturwissenschaft einen vor- oder außertechnischen und vor- oder außernaturwissenschaftlichen Informationsbegriff geben.

Definitionstheoretische Expeditionen in den Dschungel der Bildungssprache – und „Information" ist längst ein bildungssprachlicher Ausdruck – sind, das lehrt historische und systematische Erfahrung, von eindrucksvoller Erfolglosigkeit, wenn man sich sogleich auf die Suche nach *Substantiven* begibt. Raum, Zeit, Materie, Ursache-Wirkung, Existenz und eine endlose Liste weiterer Substantiva lassen sich aufzählen, deren Definition in einem Schritt wenig mehr leistet als zusätzliche Verwirrung. Dies liegt an der Tatsache, daß Substantiva – schon der grammatische Terminus suggeriert das Vorhandensein einer „Substanz" – begriffsgeschichtlich erst nach Verben und Adjektiven kommen und nicht nur für handgreifliche Dinge, sondern auch für Abstrakta gebildet werden.

Hierfür ein simples Beispiel: Wer in definitorischer Absicht bei den Fragen ansetzt, was „Bewegung" sei, und ob Bewegung „existiere", hat schon übersehen, daß er sich selbst und Dinge in der Welt bewegen kann. Außerdem wird er in aller Regel das Verbum „bewegen" im Zusammenhang des Erwerbs seiner Bewegungsfähigkeiten zu verwenden gelernt haben. Ist er aber einmal kompetent, Aussagen wie „Ich bewege mich jetzt" oder „Das Wasser bewegt sich (relativ zum Flußbett)" zu verstehen und auf Geltung zu beurteilen, so kann er damit zugleich in einem Übergang auf substantivische Ausdrucksweise verstehen und beurteilen, was es heißt „Ich bin jetzt in Bewegung" bzw. „Das Wasser ist (relativ zum Flußbett) in Bewegung". Durch diese Umformulierung wird aber keineswegs ein neuer Gegenstand oder gar eine neue Substanz „Bewegung" in die Welt gebracht. Ohne auf die sprachphilosophischen Gründe oder auch die methodische Ordnung von Verben und Adjektiven einzugehen, wird deshalb ein *Anfang der Definitionsvorschläge* bei einer durch ein Verbum beschriebenen menschlichen *Handlung* gesetzt, der Handlung des *Informierens*.

Jeder kompetente Sprecher der deutschen Sprache ist in der Lage, eine andere Person zu etwas aufzufordern, sie zu fragen oder ihr gegenüber eine Behauptung aufzustellen, darüber hinaus sogenannte performative Sprechhandlungen auszuführen, wie z. B. ein Versprechen zu geben, jemanden zu grüßen, ihm zu kondolieren oder ihn zu etwas zu ernennen. Solche Sprechhandlungen werden hier kurz *Kommunikationshandlungen* genannt.

Daß es sich dabei um *Handlungen* dreht, kann auch jeder Laie sofort nach den definitorischen Bedingungen für das Vorliegen einer Handlung ersehen:

– zu Handlungen kann man auffordern;
– Handlungen kann man unterlassen;
– Handlungen können gelingen und mißlingen.

Sind die oben genannten Exemplare, genauer: exemplarischen Typen von Kommunikationshandlungen *als Fähigkeit und in ihren Bezeichnungen* eingeübt, so läßt sich jetzt erläutern, was es heißt: „A informiert B, daß s" (lies: Person A informiert Person B, daß Sachverhalt s). Sachverhalte werden durch sprachliche Sätze dargestellt, Sätze, die hier eine Aufforderung, eine Frage, eine Behauptung oder einen performativen Sprechakt bilden.

Person A heiße *Sprecher,* Person B *Hörer.* Der Anfang bei den genannten Exemplaren von Kommunikationshandlungen stellt sicher, daß wir uns hier auf den Normalfall von Kommunikation beziehen, in dem z. B. Sprecher und Hörer dieselbe Sprache sprechen, normalsinnig, also nicht etwa taubstumm sind, die Kommunikation nicht bei schmerzhaftem Lärm, Volltrunkenheit der Beteiligten, oder anderen möglichen, unter die Rubrik der „Was wäre aber, wenn"-Fragen subsumierbaren Störungen stattfindet.

Informieren ist eine Handlung.

Schon in der Alltagspraxis spielen für Informationshandlungen drei Invarianzen eine besondere Rolle, die *Sprecherinvarianz,* die *Hörerinvarianz* und die *Darstellungsinvarianz.*

Zu Recht erwartet man z. B. auf Fragen nach Rechtsvorschriften von Amtspersonen eine sprecherinvariante Auskunft. Das heißt, die erbetene Auskunft soll nicht von Sprecher zu Sprecher variieren. Hätten wir bereits das Wort „Information" zur Verfügung, könnten wir Sprecherinvarianz dadurch charakterisieren, daß die übermittelte Information gleichbleibt, wenn ein Sprecher durch einen anderen ersetzt wird. Da aber dieser Vorgriff auf das noch zu definierende Wort aus methodischen Gründen nicht erlaubt ist, sei *Sprecherinvarianz* folgendermaßen bestimmt: Das Gelingen der Handlung „A informiert B, daß s" soll nicht von der Ersetzung des Sprechers A durch einen Sprecher A' abhängen.

Auch die *Hörerinvarianz* spielt für Informationshandlungen praktisch eine wichtige Rolle: Zu Recht erwartet man z. B. von rechtlichen Auskünften durch Amtspersonen auch, daß diese nach dem Grundsatz „gleiches Recht für alle" *jedem Hörer gleich* gegeben werden. Das Gelingen oder Mißlingen der Informationshandlung soll also nicht davon abhängen, wer Adressat ist.

Schließlich läßt sich *Darstellungsinvarianz* postulieren, die zunächst anschaulich bedeutet, daß es für das Gelingen oder

Mißlingen der Kommunikationshandlung nicht z. B. auf die Wortwahl ankommen darf. Wenn etwa der Hotelgast den Kellner informiert, er wolle zum Frühstück eine Grapefruit, so hängt das Gelingen oder Mißlingen dieser Kommunikationshandlung wohl kaum davon ab, ob er ihn stattdessen informiert, er wolle eine Pampelmuse. Die Synonymität der Worte Grapefruit und Pampelmuse sichert die Gleichheit des Inhalts der Sätze, mit denen der Sprecher den Hörer informiert. Darstellungsinvarianz kann sich auch bezüglich verschiedener Nationalsprachen oder auch bezüglich verschiedener Mittel wie gesprochener oder geschriebener Sprache als Ziel ergeben – und nimmt zu einer umfassenden Bestimmung aller Variationsmöglichkeiten, von denen das Gelingen oder Mißlingen einer Kommunikationshandlung unabhängig sein soll, ganze Disziplinen wie Logik, Sprachphilosophie oder Handlungstheorie in Anspruch. Dies kann hier nicht ausgeführt werden, so daß nur exemplarische (und von Fall zu Fall zu erweiternde) Fälle zur terminologischen Bestimmung herangezogen werden.

Jeder Leser kann sofort aus praktischer Lebenserfahrung heraus Beispiele erfinden, in denen eine oder mehrere Invarianzforderungen tatsächlich verletzt sind und mit gutem Grund verletzt bleiben. So ist nach aller Lebenserfahrung der Satz „Ich liebe dich" weder sprecher-, noch hörer- noch darstellungsinvariant.

Für alle drei Invarianzen gilt, daß ihr Vorliegen im Einzelfalle äußerst schwierig entscheidbar sein kann. Alltagssprachlich würden wir dies etwa so zum Ausdruck bringen: „Haben zwei Sprecher tatsächlich dasselbe gemeint?" „Haben zwei Hörer tatsächlich dasselbe verstanden?" „Haben zwei Behauptungen (Aufforderungen, Fragen usw.) tatsächlich dieselbe Bedeutung oder denselben Inhalt?" Diese Fragen können aber ihrerseits als sinnvolle Fragen nur in bestimmten Situationen verstanden werden, weil hinreichend viele Beispiele gelingender Informationshandlungen stattgefunden haben und eingeübt sind – sonst wäre es sinnlos, in Einzelfällen Zweifel zu hegen. Sie könnten sich auf nichts richten, wovon eine Abweichung befürchtet wird.

Unter Verwendung des sogenannten „Abstraktionsverfahrens", eines in der (logischen) Abstraktionstheorie ausgearbeiteten Verfahrens der terminologischen Bestimmung von Wörtern für abstrakte Gegenstände wie Zahlen, Begriffe, Sachverhalte usw., wird nun vorgeschlagen, das Wort *Information* so zu verstehen, daß es anzeigt, daß *wenigstens eine der drei Invarianzen behauptet oder postuliert wird*. Das heißt, von Information ist dort die Rede, wo über Informationshandlungen entweder hörerinvariant oder sprecherinvariant oder darstellungsinvariant gesprochen wird – unter Verwendung eines „einschließenden oder", d. h., es können auch zwei oder alle drei Invarianzen gemeint oder gewollt sein. In allgemeinster Form ist also *Information* ein *abstrakter Gegenstand,* der dadurch definitorisch erzeugt wird, daß *aktuelle Informationshandlungen unter Absehung von Sprecher, Hörer und Darstellungsweise* interessieren.

Oben waren „Kommunikationshandlungen" exemplarisch für Sprechhandlungen wie Auffordern, Fragen, Behaupten usw. verwendet worden – und sind den bisherigen Erläuterungen entsprechend synonym den Informationshandlungen. Andererseits kennen wir schon alltäglich nichtsprachliche (genauer: nicht wortsprachliche) Kommunikation, z. B. Gesten. Deshalb werden ab jetzt „Kommunikationshandlungen" terminologisch als Oberbegriff unter Einschluß aller nicht wortsprachlichen Fälle zu den bloß wortsprachlichen „Informationshandlungen" verwendet.

Nun werden bekanntlich „Informationshandlungen" nicht nur von Angesicht zu Angesicht zwischen Sprecher und Hörer ausgeführt. Wir bedienen uns vielmehr technischer Hilfsmittel zur Überbrückung von räumlicher und zeitlicher Distanz, vor allem selbstverständlich der Schrift. Den Vorteilen von Bestand und Genauigkeit schriftlicher Information stehen Nachteile wie Verlust situativer Zusatzinformation durch Körpersprache und Mimik gegenüber. Die *Schrift* verdient hier deshalb Erwähnung, weil sie erlaubt, das Wort „Zeichen" terminologisch zu bestimmen – freilich nur, soweit es für die Zwecke dieses Aufsatzes erforderlich ist, und nicht mit dem Anspruch eines Konkurrenzunternehmens zu Ansätzen der Semiotik.

Wieder wird unterstellt, daß die Adressaten der hier vorgetragenen Definitionen selbstverständlich bereits selbst schreiben und lesen können. Sie können damit selbst Buchstaben auf Papier erzeugen und als bestimmte Buchstaben erkennen („lesen"). Buchstaben als dingliche Gegenstände (als trockene Tinte auf Papier), die man etwa *Marken* nennen könnte, werden zu *Zeichen* dadurch, daß die Handlung des *Zeigens* (A zeigt B, daß s) durch sie übermittelt werden soll. Das Zeigen selbst soll so verstanden sein, wie ein Wegweiser einen Weg zeigt: ein Pfeil mit einem Ortsnamen. Von einem Menschen (mit Ortskenntnis) produziert und aufgestellt, zeigt der Wegweiser dem Wanderer, daß in Richtung des Pfeils der Ort O liegt. „Daß in Richtung des Pfeils der Ort O liegt", ist der „vom Wegweiser gezeigte" Sachverhalt, stellvertretend für die Zeigehandlung des Ortskundigen. Entsprechend zeigt ein geschriebener Buchstabe dem Leser einen Laut an, den der Schreiber beim direkten Gespräch (als ob er einen hypothetischen Brief verlesen würde) ausgesprochen hätte.

Zeichen sind also allemal menschliche Kunstprodukte, deren Aufgabe konventionell zwischen Schreiber und Leser (die z. B. beim Tagebuchschreiben auch identisch sein können) *gleich vereinbart* sind. Sie sind als „Marken" gleichsam die dinglichen Reste von Zeigehandlungen und haben auch nur als solche eine Bedeutung. („Bedeuten" und „zeigen" werden hier also in einem allerersten Schritt und vorläufig synonym verwendet und betreffen einen bestimmten Typ von Handlungen.)

Der Übergang von gesprochener zur geschriebenen Sprache legt, unterstützt durch die Praxis des Briefeschreibens (Korrespondenz als Teilgebiet der Kommunikation) den Übergang von Sprecher und Hörer zu *Sender* und *Empfänger* nahe. Die Rede von Sender und Empfänger etwa im Funkverkehr sind davon abgeleitet – in einer selbst meist übersehenen Beschränkung, denn das „Sender" genannte elektronische Gerät etwa eines Amateurfunkers *erzeugt* ja keine Nachricht oder Information. Ebensowenig „empfängt" sie der Kurzwellenempfänger des anderen Kommunikationsteilnehmers, im Sinne verständigen Hörens.

Um die Schrittfolge von menschlichen Kommunikationshandlungen zu technischen Systemen und deren Verwendung als Modell für die Beschreibung natürlicher Systeme wenigstens als Skizze vollständig zu erlauben, seien noch die Wörter „Daten" und „Kodierung" festgelegt.

Bezugnehmend auf die lateinische Herkunft von „Daten" als dem Gegebenen (suggestiver und technisch besser: als dem einer Maschine Eingegebenen) ist eine Situation erforderlich, in der technischen Hilfsmitteln etwas gegeben, vor- oder eingegeben werden kann. Gleich, ob es sich um Informations*speicherung* oder *Übertragung*, d. h. um Informationshandlungen dreht, die mit technischen Hilfsmitteln *zeitlichen* oder *räumlichen* Abstand zwischen Sender und Empfänger überbrücken, mögen alle *Zustandsveränderungen* dieser technischen Hilfsmittel durch Informationshandlungen Eingaben oder *Daten* heißen. Beispiele sind die Reihenfolge der Tastendrucke bei Schreibmaschine oder Fernschreibgerät, Membranschwingungen eines Mikrophons oder sonst durch Körperbewegungen des (hier ja immer als Mensch zu verstehenden) Senders hervorgerufene Änderungen an einem Gerät. Es sollte nicht übersehen werden, daß diese Änderungen primär immer über *räumliche* Zustandsänderungen des Geräts laufen, in den meisten Fällen manuell, in manchen Fällen durch Artikulation und damit Erzeugung von Schallwellen verursacht.

Datenverarbeitende Maschinen sind also Maschinen, deren konstruktiv festgelegte mögliche Zustände durch einen Sender beim Kommunizieren mit einem Empfänger (in entscheidender Reihenfolge) verändert werden. Daten sind nichts anderes als solche Zustände und kommen nicht anders in die Welt als durch die Wirkungen von Informationshandlungen.

Die Körperbewegungen zielgerichteter Handlungen eines menschlichen Senders führen also zu Daten, die als Zustandsänderungen an Maschinen beschrieben werden können. Maschinen allerdings werden – je nach Zusammenhang – in verschiedenen Sprachen und zu verschiedenen Zwecken „beschrieben", vom Konstrukteur oder Erbauer nicht selten anders als vom Benützer, von diesem nicht selten anders als vom Verkäufer. Wer etwa eine einfache Rechenaufgabe in seinen Taschencomputer eingibt, ohne zu wissen, wie dieses Gerät eigentlich funktioniert, wird mit einer Beschreibung wenig anfangen können, die der Konstrukteur oder Hersteller des Computers von der geordneten Reihe der Tastendrucke für die inneren, elektronischen Zustände des Systems Taschenrechner gibt.

Wir haben Beschreibungsäquivalenzen, die exemplarisch die Verwendung des Wortes „kodieren" erläutern sollen. Ein Mensch *kodiert* eine Information, indem er sie von ihrer wortsprachlichen Form in eine andere, „informationsgleiche" überführt. Als hinreichende Bedingung für die in dieser Erläuterung verwendete *Informationsgleichheit* genügt die Forderung, daß es zu jeder Kodierung eine Dekodierung als Handlung geben muß, die zur ursprünglich kodierten Information, und zwar *darstellungsgleich,* zurückführt.

Wenn auch unüblich, so ist es doch im Rahmen dieser definitorischen Vorschläge konsequent, bereits die geschriebene Wortsprache als kodierte Lautsprache anzusehen und die Vorgänge des Schreibens und Lesens als die Handlungen des Kodierens und Dekodierens.

Die vorliegenden Vorschläge, die Termini „Information", „Sender", „Empfänger", „Daten" und „Kodierung" handlungstheoretisch zu bestimmen, erheben nicht den Anspruch, für eine Informationstheorie auszureichen. Sie können aber zeigen, wie ausgehend von menschlicher Kommunikation eine Sprache gewonnen werden kann, für die ein Bedürfnis genau dort entsteht, wo menschliche Kommunikation sich ausdifferenzierender technischer Hilfsmittel bedient. Man könnte also von „natürlicher" Kommunikationsform im Gegensatz zu einer „technischen" sprechen, wo allerdings „natürlich" nur heißt: ohne technische Hilfsmittel; denn die Entwicklung der Sprache durch die Kulturgeschichte hindurch ist selbstverständlich ihrerseits eine Kulturleistung, d. h. soll hier so, nämlich als Mittel für menschliche Zwecke, verstanden werden. Die (menschliche) Kommunikation liefert dann das Modell zur Beschreibung und Erklärung nichtmenschlicher, also „natürlicher" Vorgänge.

Dazu bedarf es allerdings noch einer letzten Erweiterung unseres Vokabulars. Bisher wurde nur der Bereich jeweils *einer* Informationshandlung betrachtet, so daß als technische Hilfsmittel dafür auch nur die Speicherung und Übertragung von Information in den Blick kam. Maschinen dagegen, die – vorläufig gesprochen – „neue" Informationen „produzieren", können dabei nicht erfaßt werden. Dazu muß der betrachtete Beispielbereich menschlicher Kommunikation dahingehend erweitert werden, daß wir menschliche *Handlungen, die zwischen zwei Informationshandlungen* liegen, mit in Betracht ziehen. Beispiel etwa: eine Person A fragt B nach dem Weg, und B gibt dann eine Antwort an A. Als Minimalbedingung, die dieses Beispiel zeigen soll, ist einerseits die Zweizahl der Informationshandlungen, andererseits der Rollentausch bei beiden beteiligten Personen anzusehen, wonach A zunächst Sender, dann Empfänger, B zunächst Empfänger, dann Sender wird. In diesem Beispiel heiße die Person B *informationsverarbeitend.* Person B verarbeitet die Information, die sie in Form der Frage des Fremden erhält, aufgrund ihrer Ortskenntnis zu einer Wegbeschreibung. Sie erfüllt damit einen Zweck, den Person A in ihrer Frage verfolgt. Die auskunftgebende Person B ist also ein Mittel für den in der Informationshandlung der Person A verfolgten Zweck, eine für sie neue und im Rahmen seiner Zwecke wichtige, d. h. ihre weiteren Handlungen orientierende oder verändernde Information zu erhalten.

Diese Beschreibung eines solchen Minimaldialogs wäre unnötig kompliziert, ja abstrus und überflüssig, würde sie nicht benötigt für Fälle, wo die Leistungen der auskunftgebenden Person B durch eine Maschine ersetzt werden sollen. In diesem Zusammenhang nämlich muß durchaus geklärt werden, worin denn die Leistung von B überhaupt besteht, um sie durch eine Maschine „simulieren" zu können.

Das verbreitete Beispiel solcher „informationsverarbeitenden" Maschinen, wie jetzt in Analogie zum handelnden Auskunftgeber B gesagt wird, ist heute der Taschenrechner, und zwar in allen Verwendungsweisen, also als Rechner, Datenbank, Fremdsprachenwörterbuch usw. Ja, diese Bestimmung ist so allgemein, daß sie alle informationsverarbeitenden Maschinen schlechthin, alle sogenannten „Automaten", abdeckt.

Damit sind aber auch alle Möglichkeiten technischer Modelle

für Speicherung, Übertragung und Verarbeitung von Information aufgezählt, die überhaupt in den Naturwissenschaften zur Beschreibung nichttechnischer Zustände und Vorgänge verwendet werden können. Ob ein Himmelskörper im Kosmos, ein Lebewesen im Biotop, ein Neuron im Zellverband oder ein Molekül in der Lösung als Informationsspeicher oder als Sender oder Empfänger von Information beschrieben wird, und ob Kausalerklärungen für Veränderungen solcher „Systeme" mit informationstheoretischer Terminologie gesucht sind: Es werden als Modelle immer technische Systeme verwendet, deren Existenz und Leistung und damit Beschreibung erst aus dem Entstehungszusammenhang des technischen Hilfsmittels für menschliche Kommunikation zu gewinnen sind.

Philosophische Schlußbemerkungen

Handlungs- und wissenschaftstheoretisch sorgfältige Rekonstruktionen geläufiger fachwissenschaftlicher Terminologien lösen nicht selten bei den Fachwissenschaftlern selbst die Frage aus, was denn, abgesehen vom philosophischen Luxus eines „besseren" Verständnisses, damit gewonnen sei. Oder ganz „pragmatisch": was sich denn dadurch an den Fachwissenschaften und ihren Theorien ändere. Diese Frage tritt in unterschiedlich überlegter Form auf. Ist sie so kurzschlüssig gemeint, wie in den sechziger Jahren gerne die Frage nach der gesellschaftlichen Relevanz von Wissenschaft aufgeworfen wurde, derart, daß nun an jedem Einzelschritt, an jeder Definition und jedem Theorem der Nutzen für die Gesamtgesellschaft nachgewiesen werden können sollte, so ist die Frage wenig ernstzunehmen. Umgekehrt soll auch nicht der „zweckfreien" im Sinne von „völlig konsequenzlosen" philosophischen Verständnisbemühung einer Fachwissenschaft, ihrer Grundbegriffe und Methoden das Wort geredet werden. Eine Analyse und Rekonstruktion von Fachwissenschaften ohne Rückwirkungen auf deren Theorie und Praxis bleibt in der Tat Luxus.

Im Zusammenhang des naturalistischen Verständnisses von Information ist allerdings eine methodisch-konstruktive Revision mit sehr handfesten Konsequenzen für die meisten Bereiche verknüpft, die sich des Informationsbegriffs bedienen. Hier sollen nur einige angesprochen werden.

Schon in der kurzen Bezugnahme auf das Buch von Küppers wurde oben von der „syntaktischen, semantischen und pragmatischen Dimension" des Informationsbegriffs gesprochen. Als wäre es ein ehernes und ewiges Gesetz, tauchen diese drei Wörter immer in genau dieser Reihenfolge auf und belegen damit das „Top-down"-Wissenschaftsverständnis der analytisch-empiristischen Wissenschaftstheorie seit den Anfängen des Wiener Kreises. Zunächst wurden dort die Naturwissenschaften im Verfahren der sogenannten „Logischen Analyse" untersucht, d. h., es wurde eine Umschreibung vorhandener Theorien mit den Mitteln der im wesentlichen dafür entwickelten Logik vorgenommen. Theorien erschienen dabei als syntaktische Gebilde von Aussagen oder Aussageformen, und Wissenschaftlichkeit als Theoriefähigkeit war in erster Linie eine logisch-syntaktische Qualität. Auf sie bezogen wurden induktivistische (R. Carnap, H. Reichenbach) und deduktivistische (K. R. Popper) Geltungstheorien entwickelt.

Es wurde schon früh deutlich, etwa in der berühmten „Protokollsatz-Debatte" zwischen O. Neurath und R. Carnap, daß Syntax allein zur Charakterisierung der Wissenschaftlichkeit etwa physikalischer Lehrsätze nicht ausreiche, sondern die Semantik, also die Festlegung von Wortbedeutungen, geklärt werden müsse. In der Bedeutungslehre trafen dann Analytische Wissenschaftstheorie und Analytische Sprachphilosophie zusammen. Sie bilden bis heute ein weites Feld sprachphilosophischer Betätigung.

Gleichsam in einem weiteren Rückzugsgefecht, in dem die Verbindung von Syntax und Semantik ebenfalls noch nicht als hinreichend erkannt wurde, z. B. für ein umfassendes Verständnis prognostischer, erklärender und technischer Leistungen der Physik, wurde schließlich als drittes die „Pragmatik" hinzugenommen, also der Sprung von der Sprache in die Praxis.

Daß auch diese Erweiterung nicht hinreichend war, zeigt die Verschiebung des wissenschaftstheoretischen Interesses in Richtung Geschichtlichkeit und sozialer Einbettung von Wissenschaft, wie sie in den Theorien von T. S. Kuhn und P. Feyerabend und vielen anderen vorgenommen wurde. Nichtsdestotrotz hat sich die Reihenfolge und Dreizahl von Syntax, Semantik und Pragmatik erhalten. Dabei geht es keineswegs um eine bloß stilistische Reihenfolge der Aufzählung dreier Wörter, sondern um ein nach wie vor verfolgtes Forschungsprogramm. Diesem scheint heute sogar noch eine quasi naturgesetzliche Notwendigkeit zuzuwachsen, weil – was aber unerkannterweise nur historisch kontingent so gekommen ist – die Entwicklung der Computertechnik und der Informationstheorie mit „syntaktischen Maschinen" begonnen hat. Ob es um die Darstellung klassisch logischer Beziehungen durch die Boolsche Algebra geht oder die Shannonsche Informationstheorie, ob um die ersten programmgesteuerten Rechner von K. Zuse und ihre mechanischen Vorgänger, oder ob es sich um modernste Bücher über die Frage handelt, ob syntaktische Maschinen zu semantischen aufgerüstet werden könnten: Der Informationsbegriff ist an der theoretischen Beherrschung der Logik und der technischen Beherrschung der Syntax durch eine Schaltalgebra aufgehängt.

Nur weil solche Maschinen ja unabweisbar immer von Menschen erfunden, hergestellt und benützt werden und es mithin unter keinen wie immer denkbaren Bedingungen solche künstlich technischen Systeme *menschenunabhängig* geben kann, läßt sich risikolos behaupten, daß der menschliche Konstrukteur oder Benützer dieser Maschinen immer – etwas salopp formuliert – die Semantik liefert.

Im Extrembeispiel: Ein eingeschalteter Taschenrechner liege im menschenleeren Büro auf dem Schreibtisch, und eine Maus löst im Darüberlaufen einen Rechenvorgang aus. Hat dann der Rechner gerechnet, und ist die Anzeige am Display ein Rechenergebnis? Solange nicht ein Mensch den Zusammenhang von Tastdrucken und Display-Anzeige zur Kenntnis nimmt oder sprachlich beschreibt, sicher so wenig wie das Zuschnappen der Mausefalle. Daß es in der Welt keine Taschenrechner gäbe, wenn nicht von Menschen gebaut und benützt, die immer schon reden und rechnen, Aktivitäten, an deren Resultaten sich nachträglich Syntax und Semantik unterscheiden lassen, ist sicher unbestreitbar.

Die Reihenfolge menschlicher Praxis, in der u. a. im Kontext gemeinschaftlicher Handlungen geredet wird, Zwecke gesetzt und Mittel ergriffen werden und darunter dann ein Reden über ein Reden sinnvoll stattfindet, in dem Bedeutungs- und Strukturfragen von Theorien diskutiert werden, ist in der Reihenfolge Syntax, Semantik, Pragmatik mit der Konsequenz auf den Kopf gestellt, daß die Pragmatik von syntaktischen Maschinen nicht mehr erreicht wird. Um es drastisch zu formulieren: Es ist ein unsinniges Programm, „pragmatische Maschinen" auch nur erfinden zu wollen. Es kann per definitionem keine semantischen oder pragmatischen, d. h. keine bedeutungserkennenden oder zielverfolgenden Maschinen geben.

Daran ändert auch nichts eine in der Praxis durchaus legitime Metaphorik, wonach wir etwa von „zielverfolgenden" Lenkwaffen sprechen. Der Steuerungs- und Regelungsmechanismus ist selbstverständlich nur das Hilfsmittel, mit dem der auf den Startknopf drückende Mensch das Ziel erreicht, ein irgendwie ins Auge gefaßtes Flugzeug abzuschießen. Nicht die Maschine verfolgt Ziele, sondern der sie verwendende Mensch.

Dabei ist es keine Definitionswillkür und kein Dogmatismus, wenn behauptet wird, es könne per definitionem keine semantischen oder pragmatischen Maschinen geben. Denn selbst wer die Option offenhalten möchte, den Menschen als Automaten zu sehen oder den Automaten das Denken nicht abzusprechen, muß dies redend, also mit Menschen kommunizierend zum Besten geben. Und er muß, im Verfolg seiner Wünsche, technisch handeln. Sollte er es aus irgendwelchen Gründen ablehnen, darüber auch noch einmal nachdenken und reden zu wollen, so ist dies eine Entscheidung, die ausschließt, sich selbst als denkenden Automaten zu rekonstruieren – es ist der Luxus der konsequenzlosen Beobachterperspektive.

III. Konstruktion und Erfahrung.
Zur Methode instrumenteller Naturerkenntnis

1. Beobachtung als Handlung

Wollte man unter den gängigen methodologischen Begriffen denjenigen auswählen, der am wenigsten verzichtbar ist für die Erklärung der Möglichkeit von Erfahrungswissen, so müßte die Wahl wohl auf den Begriff der Beobachtung fallen. Für die Naturwissenschaften insbesondere dürfte sich nur schwer eine Beschreibung, eine Analyse, eine Rekonstruktion oder sonst ein wissenschaftstheoretischer Annäherungsversuch finden, in denen es nicht an hervorgehobener Stelle um Beobachtungen ginge. Dabei scheinen Beobachtungen nicht nur die erkenntnistheoretische Nahtstelle zwischen der Außenwelt und dem erkennenden Subjekt zu markieren, sie bilden auch den Aufhängepunkt pathetisch-empiristischer Bekenntnisse zu Aufgeschlossenheit und Unvoreingenommenheit der modernen Erfahrungswissenschaften, ja zu selbstgewissen Bekenntnissen, sich als moderner Erfahrungswissenschaftler jederzeit durch neue Beobachtungen belehren zu lassen, d. h. die Welt so zu sehen, wie sie nun einmal wirklich ist, anstatt sie so zu beschreiben, wie man sie gerne hätte. In der Wertschätzung der Beobachtung als Mittel der Erkenntnis manifestiert sich damit zugleich die Beflissenheit der Naturwissenschaften, sich abzugrenzen gegen Dogmatismus, Ideologie, Apriorismus und andere, der Wissenschaftsfeindlichkeit geziehene Formen von Vorurteilen. Beobachtungen scheinen also zugleich den rationalen wie den emotionalen Angelpunkt moderner Verständnisse der Erfahrungswissenschaft abzugeben.

Ob es an dieser Überforderung eines einzelnen Teilschrittes im komplexen Vorgang erfahrungswissenschaftlicher Forschung liegt, daß man vergeblich nach genauen Begriffsbestimmungen, nach methodologischen Analysen und wissenschaftstheoretischer Reflexion der Beobachtung sucht, mag dahingestellt bleiben. Jedenfalls verbirgt sich hinter dem Begriff der Beobachtung eine Vielzahl bisher wenig untersuchter Probleme.

Mein Beitrag soll in dieser Situation der Frage gelten, wie der Tatsache Rechnung zu tragen ist, daß das Beobachten in den Erfahrungswissenschaften Teil eines rational organisierten Handelns ist, bei dem erst die Unterscheidung von gelingenden und mißlingenden Handlungen ein Kriterium für die Geltung von Aussagen liefert.

Einleitend werde ich dazu – auf kurze Beispiele beschränkt – zu zeigen versuchen, daß ein nicht zu beanstandender Beobachtungsbegriff der Alltagssprache durch Stilisierung in modernen, empiristischen Verständnissen der Naturwissenschaften Defekte erlitten hat. Diese sollen im systematischen Hauptteil meines Beitrags durch eine methodische Rekonstruktion des Beobachtungsbegriffs mit den Mitteln der Handlungstheorie wieder behoben werden.

Der alltagssprachliche Gebrauch des Wortes Beobachtung führt noch die Bedeutungen der etymologischen Bestandteile des Wortes mit sich. Das Präfix „be-" steht allgemein für die Angabe einer räumlichen Richtung oder drückt, so „Der Große Duden", „das Versehen mit einer Sache oder das Zuwenden einer Fähigkeit" aus, wie etwa an den Verben bekleiden, beflügeln, beaufsichtigen gesehen werden kann. Es verstärkt so den in „Obacht geben" und im Substantiv „Acht" (das für Aufmerksamkeit, Beachtung, Fürsorge steht) zum Ausdruck kommenden Aspekt einer zielgerichteten und andauernden Aufmerksamkeit. Nach deutscher Alltagssprache werden Beobachtungen *gemacht* oder *angestellt*, sie unterlaufen nicht; sie stoßen dem Beobachter nicht einfach zu. Man kann jemanden auffordern, etwas zu beobachten, oder auch, eine Beobachtung abzubrechen. Man kann Beobachtungen unterlassen. Der alltagssprachliche Gebrauch des Wortes Beobachtung enthält also Charakteristika, die auch für die Erläuterung des Wortes „handeln" geeignet sind. Beobachtungen im alltagssprachlichen Sinne sind Handlungen.

Im Vorgriff läßt sich behaupten, der alltagssprachliche Sinn des Wortes Beobachtung gibt zu keinerlei definitorischen oder empirischen Beanstandungen Anlaß – diese finden erst Angriffspunkte, nachdem der alltägliche Beobachtungsbegriff eine Stilisierung durch die Erfahrungswissenschaften gefunden hat, die nun historisch einmal eine empiristisch orientierte war. Ich wende mich deshalb jetzt der Physik und der Analytischen Wissenschaftstheorie zu.

Etwas simplifizierend, aber durchaus etwa in Vorworten von Physiklehrbüchern zu finden, wird der graduelle Gewinn von Objektivität durch eine historisch wie systematisch zu verstehende Verschärfung von Beobachtungsverfahren gesehen. Am Anfang die zufällige, dann die regelmäßige qualitative Naturbeobachtung, meist exemplifiziert an astronomischen Beispielen, dann die quantitative oder messende Beobachtung, schließlich die Messung der im Experiment zu reiner Selbstdarstellung provozierten Natur.

Diese Auffassung enthält auf jeder Stufe typische, nämlich typisch empiristische Verkürzungen. Auf der untersten Ebene zufälliger oder regelmäßiger Naturbeobachtung ohne Instrumente wird nicht deren Bezug zu den Lebensbedürfnissen einer Bauern- und Jägerzivilisation derart reflektiert, daß die Strukturierung dieser Beobachtungen durch die Zwecke ganz bestimmter technischer Naturbeherrschung gesehen würde – oder auch die Anbindung an die Aufklärung von Naturmythen. Ich gehe darauf nicht näher ein, weil Beobachtungen dieser Art heute – mit Ausnahme einiger Teile der Biologie – praktisch keine Rolle mehr spielen.

Bei der Geräteverwendung wird die empiristische Verkürzung besonders deutlich: Geräte sind Artefakte, die auf einen bestimmten Verwendungszweck hin erfunden, hergestellt und benützt werden. Sie sind *nur* über Zwecke definiert, und diese waren in der Regel nicht an das Bedürfnis der Naturerkenntnis geknüpft, sondern entstammen einer Praxis der Organisation des täglichen Lebens und den Bedürfnissen des Handwerks: Längen-, Flächen- und Hohlmaße, Zeitmesser und Waagen waren für Handel und Wandel, für die Gerichtspraxis und Militärorganisation erfunden worden, und sie können diese Herkunft bis heute nicht verleugnen: Ihre Funktionskriterien sind nicht durch Naturgesetze, sondern durch Normen bestimmt.

Den Übergang von der klassischen zur modernen Physik unseres Jahrhunderts findet man gelegentlich so gekennzeichnet, daß sich die Physik – im Rahmen empirischer Forschung immer mehr in Konflikt mit den Grundannahmen Newtons geratend – auf ihre Grundlagen besinnt und dabei die Rolle des Beobachters entdeckt. Die Gleichzeitigkeit räumlich entfernter Ereignisse wird auf ihren empirischen Sinn hin beurteilt und durch Einstein operationalisiert: Wie kann ein Beobachter über Signale zu einem Urteil über die zeitliche Ordnung räumlich entfernter Ereignisse kommen? Wie mittlerweile zum Bestand auch popularisierter Physikverständnisse gehört, führt die konsequente Verfolgung dieser Frage bekanntlich zur Relativierung der Gleichzeitigkeit auf einen Beobachter, d. h. in bestimmten Fällen kommen gegeneinander bewegte Beobachter zu verschiedenen Urteilen über die zeitliche Folge ein und desselben Paares von Ereignissen.

In die Physik sind diese Überlegungen aber weniger als methodologisch-begriffliche Grundlegungen eingegangen, an die sich die empirische Physik zu halten habe, sondern als Analyseergebnisse bereits anerkannter Theorien, insbesondere einer Lorentz-invarianten Elektrodynamik. Dort spielt der Aspekt, daß ein Beobachter ein handelnder Mensch ist, überhaupt keine Rolle. Er kann vielmehr zunächst ersetzt werden durch jeden Automaten, der aus einem Meßgerät und einem Aufzeichnungsgerät besteht, und dann sogar durch jeden Naturvorgang. So wird etwa ohne Bedenken über die relativistischen Effekte auf die Lebenszeit schnell bewegter Elementarteilchen geschlossen. Das heißt, die Entdeckung der Relativierung von Aussagen auf einen Beobachter ist schnellstens auf eine *empirische Beschreibung eines Beobachters allein in physikalischen Parametern* reduziert bzw. als Naturvorgang mißverstanden worden. Die schon von Einstein gesuchten, auch für Nichtnaturwissenschaftler geschriebenen Veranschaulichungen des Zeitbegriffs der speziellen Relativitätstheorie sind hierfür ein eindrucksvoller Beleg: Sie sind nicht Grundlegung, sondern nachgereichte Erläuterung, sie werden nicht als erkenntnistheoretische Richtschnur für die empirische Physik erstellt, sondern als Plausibilitätszusätze, deren Geltung sich allemal der Geltung der physikalischen Theorie selbst verdankt. Erkenntnistheoretisch sind sie wertlos.

Auch der vielleicht für die Physik noch wichtigere Umbruch von der deterministischen zur Quantenphysik kann als Berücksichtigung des Beobachters in der experimentellen Forschung interpretiert werden. Man war darauf aufmerksam geworden, daß jede Beobachtung einen Eingriff in das beobachtete System darstellt und damit dieses gerade nicht in unbeeinflußtem Zustand zeigt. Dies gilt zwar auch schon innerhalb der klassischen Physik; etwa bei der Messung der Temperatur eines Körpers mit einem Thermometer. Das Neue der mikrophysikalischen Beobachtungen im Unterschied zu den klassischen ist dann, daß die technischen Maßnahmen zur Ausschaltung der Störwirkungen durch die Beobachtung selbst an Grenzen – die Physiker behaupten: an prinzipielle Grenzen – stoßen. Auch in diese Diskussion möchte ich nicht näher eintreten – worauf es im Zusammenhang mit dem Verständnis des Beobachters durch die Physik selbst ankommt, ist, daß auch dessen Charakterisierung sich keiner anderer Mittel bedient als letztlich der von physikalischen Größen, wie sie messend beherrscht werden. Der Einfluß des Beobachters wird nur als physikalisch messend quantifizierter und übrigens dann wieder empirischer angesehen.

Man könnte die relativistische wie die mikrophysikalische Einbeziehung des Beobachters in die Physik auch so charakterisieren: Die Physik hebt sich zwar auf ein höheres methodologisches Niveau, von dem aus sie neben dem Objektbereich einer einzelnen Beobachtung auch den Beobachter selbst berücksichtigt, aber sie tut dies sofort wieder mit der Naivität des empiristisch-naturalistisch voreingenommenen Beobachters. Es kommen weder die Abhängigkeiten jeder empirischen Physik von den Absichten, genauer von den technischen Zwecksetzungen der Experimentatoren in den Blick, noch die Tatsache, daß ja jeder Beobachter erst einmal vieles herzustellen hat, bevor die erste Beobachtung stattfinden kann, und daß damit schon über eine Reihe von Aussagen entschieden ist, bevor auch nur die erste messende oder experimentelle Erfahrung stattfindet.

Zusammenfassend muß man dem verbreiteten, an die Physik unseres Jahrhunderts anschließenden Wissenschaftsverständnis den Vorwurf machen, daß es das Niveau selbst der in der Alltagssprache vorfindlichen Differenzierungen des Beobachtungsbegriffs nicht erreicht hat, sondern durch unbegründete philosophische Reduktionismusprogramme zur empiristischen Einäugigkeit gelangt ist.

In begrifflich schärferer Form findet sich die empiristische Reduktion des Beobachtungsbegriffes aus gängigen Naturwissenschaftsverständnissen in der Analytischen Wissenschaftstheorie. Bekanntlich wurde im frühen Wiener Kreis, etwa von Rudolf Carnap in seinem Buch „Der logische Aufbau der Welt", das Programm vertreten, die Termini physikalischer Theorien definitorisch auf Wörter der Beobachtungssprache zurückzuführen. Es dürfte freilich auch bekannt sein, daß diesen strikten Reduktionismus heute niemand mehr vertritt und daß Carnap sogar selbst wichtige Argumente geliefert hat, von diesem Reduktionsprogramm Abstand zu nehmen. Betrachtet man aber die Hauptargumente, die in der Analytischen Wissenschaftstheorie gegen dieses sogenannte Zweistufenkonzept der Wissenschaftssprache vorgebracht werden, nämlich, daß es keine theoriefreie Beobachtungssprache gibt und daß die definitorische Rückführung dann sogenannter „theoretischer Terme" auf eine Beobachtungssprache faktisch nicht gelungen ist (wofür später Gründe nachgereicht wurden), so ist doch am alten Konzept und an den Gründen seiner heutigen Ablehnung auffällig, daß bei beiden der Handlungscharakter empirischer Forschung nicht berücksichtigt ist.

Angenommen, man wolle die Terme einer physikalischen Theorie auf solche Ausdrücke zurückführen (in welchem Verfahren nun auch immer, durch explizite Definition oder vielleicht heute nur noch durch partielle Interpretation), die ihrerseits an bestimmten Meßverfahren definiert sind. Man denke etwa an die physikalischen Grundgrößen der Länge, der Dauer und der Masse. Dort ist dann in schöner Regelmäßigkeit übersehen, daß – bildlich gesprochen – der Bedeutungsüberschuß der in den Naturwissenschaften tatsächlich verwendeten Wörter über die zu ihrer operativen Definition im Logischen Empirismus vorgeschlagenen Verfahren in einer normativen Komponente liegt. Dies läßt sich am klarsten durch ein Beispiel veranschaulichen. Wenn etwa „Zeit" bzw. „Dauer" dadurch definiert werden sollen, daß Zeit bzw. Dauern mit Uhren gemessen werden, und Uhren Geräte zur Darstellung periodischer Vorgänge sind, so ist darin übersehen, daß niemals Behauptungen oder Aussagen allein, und gar empirischen Charakters, Uhren auszuzeichnen erlauben. Gerade das war aber von Schlick, Carnap, Hempel und anderen behauptet worden.

Nun kann man aber weder durch die Unterstellung, andere Uhren seien verfügbar, noch durch einen Hinweis auf die Geltung sogenannter Naturgesetze eine Uhr von einer Nichtuhr methodisch primär, d. h. zu Definitionszwecken, unterscheiden. Jede defekte, aufgrund eines technischen Defektes stehende Uhr gehorcht selbstverständlich, wenn ich diese Metapher übernähmen darf, ebenso „Naturgesetzen" wie eine korrekt funktionierende. Die „korrekte Funktion" der Uhr wird vielmehr durch die Zwecke ihrer Konstruktion und Verwendung definiert. Ein Zweck wäre etwa, das Verhältnis von Dauern von Ereignissen feststellen zu können invariant bezüglich des Zeitpunktes der Feststellung und der individuellen Wahl einer Uhr. Uhren – ich spreche hier immer nur von Uhren am selben Ort – müssen untereinander eine bestimmte Äquivalenzklasse bilden, und dies war ihr Zweck seit der Erfindung von Geräten, an denen künstlich gleichförmige Abläufe erzeugt werden.

Wenn also das Konzept der strikten Unterscheidung einer Beobachtungssprache und einer Theoriesprache heute mit dem Argument zurückgewiesen wird, daß jede Beobachtungssprache bereits theoriegeladen sei, Theorien ihrerseits aber als empirisch angesehen werden, so ist damit übersehen, daß es zumindest eine weitere Sprachebene bzw. einen weiteren Typus von Termini in der Physik geben müßte: diejenigen nämlich, deren Definition normativ oder präskriptiv anhand der technischen Zwecke spezieller Geräteverwendungen zu erfolgen hat. Solche Termini haben weder den Status exemplarisch bestimmbarer und damit direkt an Beobachtungen anzuschließender Prädikatoren, noch den Status von Termini empirischer Theorien im Rahmen hypothetischer Modellbildungen. Sie bilden vielmehr ideative Ziele der Geräteherstellung und Verbesserung, also etwa der Starrheit von Meßstäben, der Gleichförmigkeit des Uhrenzeigerganges, der stofflichen Homogenität von Körpern, aus denen Gewichtssätze hergestellt werden usw.

Ich fasse zusammen: Während die Wendungen unserer Alltagssprache noch zu erkennen geben, daß Beobachtungen den Charakter von zweckrationalen Handlungen haben, ist in der modernen empiristischen Tradition der Aspekt der Zweckorientierung des Beobachters in den Hintergrund getreten. Deshalb möchte ich nun in einem neuen Anlauf versuchen, diesen Fehler zu korrigieren.

Das handlungstheoretische Vokabular

Der methodischen Rekonstruktion eines wissenschaftlichen Beobachtungsbegriffs liegen einige handlungstheoretische Unterscheidungen zugrunde, die im folgenden erläutert werden sollen.

Für den Grundterminus „Handlung" werde ich keine explizite Definition vorlegen. Einige Beispiele und Gegenbeispiele, dazu einige terminologische Eingrenzungen und schließlich die Benennung der hauptsächlichen Unterscheidungsabsicht reichen vielmehr für die nachfolgende Erörterung aus. Beispiele für Handlungen sind – nun schon auf das Thema Beobachtung zugeschnitten: ein Gerät konstruieren, bauen, verwenden; etwas behaupten, eine Frage stellen oder beantworten. Gegenbeispiele sind: stolpern, erschrecken (als intransitives Verb), überrascht werden. Handlungen seien dadurch ausgezeichnet, daß man zu ihnen auffordern kann, womit sowohl der Fall der Aufforderung einer anderen Person wie der Selbstaufforderung abgedeckt sein soll. Die Schwierigkeiten einer in der Alltagssprache näher liegenden, aber psychologisierenden Bestimmung, Handlungen seien vorsätzlich oder absichtsvoll, werden hier also dadurch umgangen, daß Handlungen als Antworten auf Aufforderungen charakterisiert werden und die Intentionalität von Handlungen erfaßt wird durch die Unterstellung, sie geschehen auf Selbstaufforderung hin – in Analogie zur Fremdaufforderung, womit die problematische Rede von Intentionalität auf den unproblematischen Terminus des Aufforderungssatzes definitorisch zurückgespielt ist.

Die wichtigste Unterscheidungsintention, die diese terminologische Bestimmung von Handlung trägt, ist eine Abgrenzung gegen „Widerfahrnisse" (ich nehme hier terminologische Anleihen bei der philosophischen Anthropologie W. Kamlahs). Widerfahrnisse sind Ereignisse, die Personen zustoßen. Sie sind dadurch gekennzeichnet, daß man nicht sinnvoll zu Widerfahrnissen auffordern kann. Man kann lediglich zu Handlungen auffordern, die bestimmte Widerfahrnisse wahrscheinlicher oder unwahrscheinlicher machen. Im Beispiel: Mit einem Schneeball nach einer Person zu werfen, ist eine Handlung; vom Schneeball getroffen zu werden, ein Widerfahrnis. Den Wurf zu unterlassen, allgemein: eine Handlung zu unterlassen, ist selbst eine Handlung, zu der aufgefordert werden kann; das Vermeiden eines Widerfahrnisses kann ebenfalls nur handelnd versucht werden, etwa durch die Aufforderung an eine Person, das Schneeballwerfen zu unterlassen.

Die Unterscheidung von Handlung und Widerfahrnis zielt auf einen weiteren Unterschied ab: Bei Handlungen ist es sinnvoll, von Gelingen und Mißlingen zu sprechen, bei Widerfahrnissen dagegen nicht. Gelingen und Mißlingen einer Handlung seien definiert durch Erreichen bzw. Verfehlen ihres Zwecks. Damit diese Definition, die mir nachher erlauben wird, gelingende von mißlingende (synonym: erfolgreiche von erfolglosen) Beobachtungen zu unterscheiden, ihrerseits sinnvoll wird, sind allerdings zwei zusätzliche Bedingungen zu nennen.

Erstens sollen hier ausschließlich Handlungen eines Typs betrachtet werden, bei denen sinnvoll von einem Zweck gesprochen werden kann. Ich möchte sie zweckrationale Handlungen oder, kürzer, Zweckhandlungen nennen – im Unterschied zu

Selbstzweckhandlungen, die um ihrer selbst willen ausgeführt werden. Prototypen von Selbstzweckhandlungen, die im folgenden also aus der Betrachtung ausgeschlossen bleiben, sind etwa Skifahren (wo nicht für Geld oder um Medaillen) oder Musizieren (wo nicht für Geld oder zur Unterhaltung von Zuhörern). Prototypen von Zweckhandlungen dagegen sind poietische oder Herstellungshandlungen, also jedes Verfertigen eines Gerätes oder, allgemeiner, eines Artefaktes. Lediglich von der Verfertigung von Kunstwerken möchte ich hier absehen.

Der Bereich der für die Bestimmung von „Beobachtung" interessierenden Zweckhandlungen erlaubt jetzt eine Fassung der Art, daß jede Handlung einen durch eine Aussage dargestellten Sachverhalt in einen anderen überführt, der seinerseits durch eine Aussage dargestellt wird. Dieser letztere Sachverhalt heiße der Zweck der Handlung, synonym auch: ihr Ziel.

Als zweite Bedingung ist zu beachten, daß die Rede vom Gelingen oder Mißlingen einer Handlung im Sinne des Erreichens oder Verfehlens ihres Zwecks unterschieden werden muß von der korrekten Durchführung der Handlung selbst: Ein Sportschütze etwa mag perfekt auf das Zentrum einer Zielscheibe gezielt und das Gewehr perfekt ruhig gehalten haben, was ich hier als korrekte Durchführung der Handlung des Schießens bezeichne, aber er wird keinen Erfolg haben, d. h. das Treffen der Zielscheibe im Zentrum wird ihm mißlingen, wenn Kimme und Korn des Gewehrs falsch eingestellt sind.

Die Unterscheidung zwischen Handlungsvollzug und Handlungsresultat bzw. zwischen korrekt/unkorrekt einerseits und Erfolg/Mißerfolg andererseits zielt selbstverständlich darauf ab, unterscheiden zu können zwischen den beim Handelnden selbst liegenden Ursachen für Erfolg und Mißerfolg der Handlung (nämlich in Folge besserer oder schlechterer Beherrschung des Handlungsschemas) und den außerhalb von ihm liegenden, seiner handelnden Verfügung entzogenen, kurz, ihm widerfahrenden Ursachen für Erfolg und Mißerfolg der Handlung. Das Schützenbeispiel soll als Beleg dafür dienen, daß Zweckhandlungen auch einen Widerfahrnischarakter haben insofern, als das Erreichen oder Verfehlen ihres Zwecks nicht allein von der korrekten Beherrschung des Handlungsschemas abhängt. Dieser Widerfahrnischarakter von Zweckhandlungen ist es schließlich, der Erfahrungswissenschaften möglich macht: Erfahrungen sind allgemein Widerfahrnisse im komplexen Gefüge von Zweckhandlungen, die insgesamt die Forschung bilden. Doch ich greife vor.

Beobachtung als Handlung

Ich unterstelle als unkontrovers, daß man jemanden dazu auffordern kann, eine Beobachtung anzustellen oder auch zu unterlassen. Es scheint mir also mit anderen Worten als unkontrovers, Beobachtungen generell als Handlungen im Sinne der oben gegebenen terminologischen Bestimmung aufzufassen. Schwierig wird dagegen die Übertragung der anderen Termini auf die Beobachtung, also die Klärung der Fragen: Was ist ein korrekter Vollzug einer Beobachtung? Was ist eine erfolgreiche oder gelingende Beobachtung im Unterschied zu einer erfolglosen oder mißlingenden? Was ist der Zweck einer Beobachtungshandlung? Worin liegt genau ihr Handlungscharakter, also derjenige Teil einer Beobachtung, zu dem man auffordern kann, und worin besteht ihr Widerfahrnischarakter, also derjenige Teil, der den eigentlich empirischen Gehalt des Beobachtungsresultats ausmacht?

Diese Fragen lassen sich nun nicht allgemein und abstrakt beantworten, weil eine genauere Analyse der Erfahrungswissenschaften zeigt, daß hier recht verschiedene Typen von Beobachtungen für die Kontrolle wissenschaftlicher Aussagen herangezogen werden. Erlauben sie mir deshalb, die obigen Fragen anhand einer Reihe von etwas respektlos fingierten Beispielen zu beantworten, die als aufsteigende Reihe zunehmender Verschärfung von Beobachtungsverfahren angeordnet sind.

1. K. Lorenz sitzt am Ufer eines Teiches und beobachtet ein Stockentenpaar.

2. I. Kant beobachtet den gestirnten Himmel über sich.

3. Papst Urban VIII. beobachtet mit Galileis Fernrohr die Jupitermonde.

4. G. Galilei beobachtet eine Kugel auf der schiefen Ebene.

5. C. v. Linde beobachtet die Luftverflüssigung.

Diese Beispiele stehen 1. für eine *qualitative* Beobachtung *ohne Geräte* (Konrad Lorenz und die Enten), 2. für eine *qualitative* Beobachtung *mit* einem Gerät *apriorisch* bestimmter Eigenschaften (Kant und die Sterne), 3. für eine *qualitative* Beobachtung *mit* einem Gerät *empirisch* bestimmter Eigenschaften (Papst Urban und die Jupitermonde), 4. für eine *quantitative* Beobachtung *mit* einem Gerät *apriorisch* bestimmter Eigenschaften (Galilei und die schiefe Ebene) und schließlich 5. für eine *quantitative* Beobachtung *mit* einem Gerät *empirisch* bestimmter Eigenschaften (Linde und das Thermometer). Die letzten beiden sind, nebenbei gesagt, Beobachtungen im Rahmen eines Experiments.

Nun die Diskussion der Beispiele im einzelnen:

K. Lorenz am Teich interessiert sich *im ersten Beispiel* für „die verbreitetste weibliche Werbehandlung, . . . das sogenannte Hetzen, das sich bei allen Anatinen . . . in grundsätzlich gleicher und sicher homologer Form vorfindet". Lorenz sieht und beschreibt: „Die Ente wendet sich dem Gatten – oder dem umworbenen Zukünftigen – zu, schwimmt hinter ihm her und droht gleichzeitig über die Schulter weg nach einem anderen artgleichen Männchen hin." Der Leser erfährt, wie das Drohen und näherhin das Hetzen durch Körperhaltung und Schnabelgebärden definiert sind, und schließlich das Beobachtungsresultat, daß „eine Stockente auch dann über die Schulter hin hetzt, wenn sich in der sich daraus ergebenden Richtung kein Nebenbuhler befindet", ja, wenn überhaupt keine dritte Stockente anwesend ist. Das Hetzen ist nur noch Werben des Weibchens und so zu einer „reinen, taxienfreien Instinktbewegung" geworden. Hier fällt nun mehreres auf:

1. Wo ein Laie vielleicht gesagt hätte, das Entenweibchen wendet den Kopf nach hinten und schnattert, sagt der Ethologe als Vertreter einer Zunft, der man besondere Beobachtungskünste nachsagt, das Weibchen drohe bzw. hetze. Er bedient sich also einer speziellen Fachterminologie, ohne die das Beobachtungsresultat nicht als Aussage formuliert werden könnte. *Die*

Beobachtung ist durch das sprachlich normierte Unterschei-
dungssystem des Fachmannes bereits vorstrukturiert.

2. Der Ethologe beobachtet sogar etwas, was er seiner eigenen Terminologie nach eigentlich nicht sollte beobachten können, nämlich ein Drohen. Das Drohen war ja zunächst definiert
als eine Verhaltensweise, die sich gegen einen Artgenossen richtet – und ein solcher ist im vorliegenden Fall nicht vorhanden.
Hier wird also über die Anwendung einer terminologisch fixier-
ten Unterscheidung hinaus die beobachtete Situation *gedeutet* –
und dennoch ist diese Beobachtung elementar in dem Sinne, als
hier ja nicht durch irgendwelche theoretischen Überlegungen
veranlaßt etwa künstliche Bedingungen erzeugt worden wären,
unter denen sich Stockenten anders verhalten als in freier Natur
und unbeobachtet.

Ich knüpfe daran folgende Analyse: Das Handlungsschema
der Beobachtung in einer Disziplin wie der Ethologie verlangt
allgemein etwa das Fehlen eines Eingriffs durch den Beobachter
in die beobachtete Situation. *Korrekte Durchführung* von Beobachtungen wäre demnach dann gegeben, wenn das zu Beobach-
tende durch die Beobachtung nicht gestört wird. Das Gelingen
der Beobachtung im Sinne des Erreichens ihres Zweckes aber
betrifft die Vorgabe von terminologischen Unterscheidungen
und der damit gebildeten Frage – im Beispiel etwa der Frage, ob
die Verhaltensweise des Hetzens auch bei Abwesenheit eines Ri-
valen auftritt. Wo eine Frage durch den Beobachter derart explizit und in seiner Beziehung auf die beobachtete Situation derart
geklärt vorgegeben ist, daß die Beobachtung im Sinne einer Ja-
Nein-Entscheidung das Vorliegen eines vorformulierten Sach-
verhaltes zu beurteilen erlaubt, ist die *Beobachtung per definitionem gelungen.*

Hier mache ich Gebrauch von der logischen Klärung des Begriffs „Sachverhalt": Sachverhalte werden durch Aussagen dargestellt, entsprechend wirkliche Sachverhalte durch wahre Aussagen. Deshalb kann erst das Vorliegen einer Aussage als
Vorgabe für die anhaltende Aufmerksamkeit des Beobachters
eine Ja-Nein-Entscheidung durch eine Beobachtung herbeiführen.

Im *zweiten Beispiel* beobachtet Kant den gestirnten Himmel über sich. Angenommen, es komme ihm auf folgende Aussage an: „Kastor und Pollux im Sternbild der Zwillinge liegen auf einer Geraden, die durch den hellsten Stern im Sternbild des Perseus führt." Unter welchen Bedingungen würde man den Vollzug dieser Beobachtung als korrekt, die Beobachtung als gelungen und das Beobachtungsresultat als gültig bezeichnen?

Die Aussage enthält einerseits drei Eigennamen bzw. Kennzeichnungen für einzelne Sterne sowie andererseits die Formulierung „liegen auf einer Geraden". Wollte man für diese letztere methodologisch, d. h. durch Angabe eines wiederholbaren Verfahrens, sicherstellen, daß auch jeder andere Beobachter diese Aussage überprüfen kann, so müßte dies etwa durch Verwendung einer Visierlatte oder eines Lineals mit einer geraden Kante geschehen, die so in einigem Abstand vor die Augen zu halten ist, daß die geradlinige Verbindung der drei Sterne durch die Visierkante gebildet ist. Angenommen, verschiedene Beobachter würden darin übereinstimmen, daß die drei genannten Sterne mit einer bestimmten Visierlatte koinzidieren, ginge eine mögliche Kontroverse nur noch um die Geradheit der Kante des Lineals. Diese könnte operativ etwa so entschieden werden, daß die Kante dann als gerade gilt, wenn es zu ihr die Kante eines zweiten Lineals gibt, so daß die Kanten beider Lineale bei Berührung aneinander verschoben und umeinander gedreht werden können, ohne daß sie ihre Berührung verlieren. Oder, wenn man sich einen Dialog zwischen kompetenten Beobachtern vorstellt: Die Kontrolle der verwendeten Visiergeräte würde mit Hilfe der operativen Begründung der Geometrie als Wissenschaft der räumlichen Formen in der Protophysik erfolgen.

Wieder ist der Zweck der Beobachtung, an dessen Erreichen oder Verfehlen sich das Gelingen oder Mißlingen der Beobachtung mißt, die Herstellung eines Sachverhalts zur Überprüfung der Wahrheit einer Aussage. In dieser ist jedoch ein Ausdruck erhalten, der *definitorisch an eine künstlich erzeugte Geräteeigenschaft gebunden* ist. Bei der Verwendung von Geräten schon für qualitative Beobachtungen der geschilderten Art umfaßt die vorausgehende Handlung neben definitorischen Festlegungen auch poietisches, d. h. handwerklich herstellendes Handeln. Die Beobachtung darf als gelungen gelten, wenn die Benützung einer Visierlatte die aufgestellte Behauptung zu stützen erlaubt. Ersichtlich ist damit auch dem Widerfahrnischarakter der Beobachtungshandlung Rechnung getragen: Daß die drei genannten Sterne auf einer Geraden liegen, wird selbstverständlich durch die Verwendung der geraden Visierlatte als Sachverhalt nicht *erzwungen*. Kastor, Pollux und Sirius etwa liegen niemals gleichzeitig auf einer geraden Visierkante. Aber der Sachverhalt wird doch in einem nichttrivialen Sinne durch die Verwendung der Visierlatte allererst *erzeugt*: Sie legt ja schließlich fest, daß die Behauptung über die Lagebeziehung der Sterne die *scheinbare* Lage für einen irdischen Beobachter meint und nicht etwa den Sachverhalt, die drei Sterne lägen *wirklich* auf einer Geraden in dem Sinne, man könnte in einem dreidimensionalen Modell des Fixsternhimmels ein Lineal durch die Repräsentanten der drei Sterne legen.

Hier sollte man sich nicht dadurch irritieren lassen, daß selbstverständlich der nächsthöhere Zweck einer Beobachtungshandlung, nämlich über die Geltung einer Aussage zu entscheiden, auch im Falle der mißlingenden Beobachtung erreicht ist. Das aber ist trivial, daß Beobachtungen angestellt werden, um Aussagen zu prüfen – mir geht es hier um die Frage, ob diese Prüfung angemessen als *Herstellung eines Sachverhalts durch einen Beobachter* verstanden werden kann.

Im *dritten Beispiel* sehen wir Papst Urban VIII. mit Galileis Fernrohr die Jupitermonde betrachten. Es kommt hier nicht darauf an, um welche Aussage es geht, die durch diese Beobachtung geprüft werden soll. Mir geht es vielmehr darum, daß das Gelingen der Beobachtung wieder wie bei der Visierlatte von der gelungenen Herstellung und Verwendung eines Beobachtungsgeräts abhängt. Allerdings mit dem Unterschied, daß es hier nicht allein operative Normen sind, die die Abbildungseigenschaften eines Linsensystems festlegen, obgleich sie zur Beschreibung der sphärischen Oberflächenformen von Linsen unverzichtbar bleiben. Es kommen vielmehr *empirische Gründe für das Funktionieren* des Linsensystems hinzu. Das Gelingen einer Beobachtung mit einem optischen Apparat setzt als Vorgabe also das aufgrund empirischen Wissens gelingende optische Abbilden voraus. Ein (seinerseits nur normatives) Kriterium für das korrekte Funktionieren eines Fernrohres ließe sich etwa so fassen: Wenn man durch ein Fernrohr einen Gegenstandsbereich genauso sieht, wie man ihn ohne Fernrohr sieht, wenn man entsprechend nahe an diesen Gegenstandsbereich herangeht, so bildet das Fernrohr korrekt ab.

Dieses Beispiel, das in den sonstigen Bestimmungsstücken den vorangehenden gleich ist, dient mir dazu zu zeigen, daß selbst *empirisches* Wissen über die (selbst immer als technisches Ziel der Geräteerzeugung und -verwendung normativ vorzugebende) Funktion keinen Einwand gegen die Auffassung ergibt, daß gelingende Beobachtungen in den Erfahrungswissenschaften nur anhand vorzugebender, und zwar definitorisch wie praktisch-operativ vorzugebender Sachverhalte möglich sind.

Hier ist die Stelle, die Wörter normativ bzw. Norm zu erläutern. Ich nenne eine Aufforderung eine Norm (im Unterschied zu einer Handlungsanweisung, die zu einer bestimmten Einzelhandlung auffordert), wenn zur Herbeiführung eines Sachverhalts aufgefordert wird, ohne daß angegeben wird, durch welche Handlungen. Die Funktion des Fernrohrs wurde also durch die Norm definiert, ein ferneres Gesichtsfeld so zu erzeugen, wie man es aus der Nähe ohne Fernrohr sieht. Und ein Zusammenwirken von apriorischem Wissen (zur geometrischen Beschreibung des Linsensystems) und von empirischem Wissen der geometrischen Optik erlaubt die Realisierung dieser Norm. Wie man wohl sieht, spielt hier wieder die Charakterisierung von Handlungen als etwas, wozu man auffordern kann, eine Rolle: *Die eine Beobachtung ermöglichenden Geräteeigenschaften sind Handlungsresultate.*

Im *vierten Beispiel* sehen wir nun Galilei seine Versuche an der Fallrinne durchführen und zu der Aussage kommen: Die Kugel rollt mit konstanter Beschleunigung die schiefe Ebene herab. Ich übergehe hier die Zwischenschritte, die erforderlich sind, damit man diese Aussage überhaupt gewinnen kann. Sie verlangt ja genauer eine Meßreihe der Laufzeiten für verschiedene Strecken. Es handelt sich also recht besehen bei dieser Aussage über die konstante Beschleunigung nicht um eine Beobachtungsaussage, sondern um eine aus solchen erschlossene.

Mir geht es in diesem Beispiel um etwas anderes: Bekanntlich hat Galilei die einzelnen Fallzeiten zunächst durch Zählung seines Pulses gemessen, später mit einer primitiven Wasseruhr, die aus einem Wassergefäß großen Durchmessers mit einer kleinen Auslauföffnung bestand. Für die Dauer der Kugelbewegung auf einer bestimmten Strecke hat Galilei diese Öffnung mit dem Finger freigegeben und anschließend durch Wägung der ausgelaufenen Wassermengen das Verhältnis von Zeitdauern ermittelt. Wir haben es hier erstmals mit quantitativen Beobachtungen zu tun, für die zu den Vorgaben gegenüber den vorherigen Beispielen Normen für die Funktion eines Meßgeräts hinzukommen müssen, hier: für die Funktion einer Uhr (und selbstverständlich bei den Fallversuchen auch die eines Meterstabes und hier sogar einer Waage).

Mir scheint dieser bei näherem Besehen doch selbstverständliche Tatbestand im gesamten heutigen Verständnis der Naturwissenschaften nicht recht berücksichtigt zu sein. Selbst die simpelste Beobachtung wie die, daß ein Ereignis A doppelt solange gedauert habe wie ein Ereignis B, bedarf zu ihrer Verifizierung durch Beobachtung einer Uhr. Was eine Uhr ist, kann aber nicht selbst wieder durch eine quantitative Beobachtung mit Hilfe einer Uhr festgestellt werden. Uhren wie andere Meßgeräte physikalischer Grundgrößen sind vielmehr durch Funktionsnormen (die bei Uhren die Gleichförmigkeit einer Zeigerbewegung technisch herzustellen und zu definieren erlauben) als Bedingung der Möglichkeit quantitativer Beobachtungen allererst zu erzeugen. In der Protophysik liegt eine ausgearbeitete Theorie dazu vor, so daß ich hier nicht näher darauf einzugehen brauche.

Für mein Thema ist jedoch von Bedeutung, daß quantitative Beobachtungen als Handlungen nur gelingen oder mißlingen und nur damit ein Widerfahrniswissen über den vermessen Gegenstand liefern können, wenn der Beobachtungszweck vorgegeben ist, technisch einen Sachverhalt herzustellen, der durch

eine Aussage mit Hilfe der an Meßgeräten definierten Maßgrößen beschrieben wird.

Hier möchte nun der Einwand auftauchen, daß man vielleicht
noch beim Drohen des Entenweibchens von der Vorgabe einer
Ja-Nein-Frage ausgehen könne, nicht jedoch bei den quantitativen Beobachtungen, von denen man ja gerade die *Feststellung
unbekannter Maßverhältnisse* erwartet. Selbstredend ist hier die
sprachliche und technisch-praktische Vorgabe nicht so gemeint,
daß gleichsam ratend oder hypothetisch eine bestimmte Maß-
zahl als Meßresultat vorzugeben ist, damit eine quantitative Beobachtung gelingt. Geht man aber davon aus, daß Meßresultate
als Zeigerstellungen im weitesten Sinne gewonnen werden, so
bedarf es dazu ja der Herstellung einer Skala. Die eigentliche Beobachtung, um deren Handlungscharakter es dann geht, ist die
Ablesung der Zeigerstellung. Der Zeiger kann nun mit einem
Skalenstrich zusammenfallen oder nicht, und wenn nicht, mit
einem bestimmten Intervall zwischen zwei Zeigerstrichen oder
nicht, das heißt mit einem anderen Intervall. Man sieht sogleich,
daß sich auch quantitative Beobachtungen in Form von Zeigerstellungen allein aufgrund von Vorgaben, hier nun zusätzlich
einer Skala, als Ja-Nein-Entscheidungen auffassen lassen.

Bevor ich allgemeine, für alle Beobachtungen in Erfahrungswissenschaften geltende Schlüsse ziehe, sei noch das *fünfte Beispiel* betrachtet. In ihm geht es nur darum, daß in einem Experiment ein Thermometer verwendet wird. Dieses unterscheidet
sich von der Uhr im vorigen Beispiel dadurch, daß *in die operative Definition der Maßgröße Temperatur ein empirisches Wissen
eingeht.* Man muß nämlich erstens wissen, daß es Materialien
mit verschieden starker Ausdehnung bei Erwärmung gibt, um
sinnvoller Weise einen Quecksilberfaden an den Skalenstrichen
eines das Quecksilber umgebenen Glasröhrchens zu „messen";
und man muß zweitens empirisch wissen, daß etwa während des
ganzen Vorganges, das Schmelzwasser eines Eisblocks bis zum
Sieden zu erwärmen, sich das Quecksilber immer weiter aus-
dehnt und nicht zwischendurch einmal wieder zusammenzieht –
keine Selbstverständlichkeit, wenn man an die Anomalie des
Wassers denkt.

Andererseits macht die Thermometerkonstruktion, d.h. das Anbringen äquidistanter Teilstriche, selbstverständlich auch Gebrauch von der apriorischen Geometrie, so daß nunmehr im letzten meiner Beispiele die quantitative Beobachtung mit Geräten erreicht ist, für deren Funktion sowohl apriorische wie auch empirische Faktoren zu berücksichtigen sind. Das Gelingen von Beobachtungen mit Thermometern und analog zu fassenden Meßgeräten besteht also in der Herstellung von Sachverhalten als Zwecken einer Beobachtungshandlung, die eine Ja-Nein-Entscheidung als Widerfahrnis an diesem Herstellungsprozeß erlauben.

Am Ende dieser Beispielreihe mag wegen meiner Eingangsbemerkungen über die Einbeziehung des Beobachters in relativistische und Mikrophysik der Hinweis angebracht sein, daß damit *alle* Fälle naturwissenschaftlicher Beobachtung abgedeckt sind. Die zugegeben komplexeren Verhältnisse in der Mikrophysik und in der Kosmologie bringen bezüglich der Beobachtung keine neuen Situationen: Das qualitative und quantitative Beobachten mit Instrumenten, deren Funktion teils apriorisch, teils empirisch bestimmt ist, deckt völlig auch den Bereich der Erfahrungsgewinnung in diesen Teilen der Physik unseres Jahrhunderts.

Eine andere Situation entsteht erst dort, wo die Naturwissenschaften verlassen sind und etwa mit Menschen experimentiert wird, wie in der *Psychologie*. In Experimenten der Wahrnehmungspsychologie etwa tritt zu den Vorgaben des Beobachters von der Art, wie ich sie in meinen fünf Beispielen diskutiert habe, eine neue von *gänzlich anderer Art* hinzu: Der Versuchsleiter, also der Beobachter, instruiert die Versuchsperson. Ein Experiment ist nur dann informativ für den Beobachter, wenn die Versuchsperson „mitspielt", d.h. wenn sie instruktionsgemäß handelt. Hier zählt plötzlich zu den Vorgaben einer gelingenden Beobachtung etwas für den Beobachter selbst nicht handelnd Verfügbares, nämlich die Handlung einer Versuchsperson, die ihrerseits für den Versuchsleiter bloß ein Widerfahrnis ist, aber eben gerade nicht das, das er beobachtet oder empirisch erforschen möchte, sondern eines, das er *als erfolgreiche Handlung einer anderen Person voraussetzen muß.*

Dieser Hinweis auf wahrnehmungspsychologische Experimente mag vielleicht genügen, um anzuzeigen, daß meine Ergebnisse nur für die Naturwissenschaften gelten, bei Übertragung auf empirische Sozialwissenschaften aber zusätzlicher Differenzierungen bedürfen.

Schluß

Dem systematischen Hauptteil meines Beitrags war die Diagnose vorausgegangen, daß das in der Alltagssprache noch deutlich zu erkennende Verständnis der Beobachtung als Handlung erst durch die empiristischen Stilisierungen im Gefolge der Naturwissenschaften einen Defekt erfahren hat. Ich hoffe, daß dieser Defekt jetzt deutlicher zu sehen ist und daß sich seine Korrektur jetzt allgemein formulieren läßt.

De facto treten Beobachtungen in den Naturwissenschaften immer auf im Kontext eines zweckrational organisierten Handlungszusammenhanges. Kein Naturforscher macht völlig beliebig irgendetwas und hofft dann auf irgendeine Überraschung, die dann als Entdeckung zu gelten hätte – ja, im Konsens der Forscher ist ein solches Vorgehen wohl das Zeichen minderwertiger Selbstbeschäftigung eher als zielstrebiger Forschung. Jede Beobachtung, und auch dies scheint mir nirgends kontrovers, findet immer vor dem Hintergrund bereits gefaßter Meinungen und offener Fragen statt. Auch hier bedürfte es noch keiner wissenschaftstheoretischen Reflexionen, um diese Selbstverständlichkeiten eigens hervorzuheben.

Kontrovers wird die Beurteilung der Beobachtungen erst dort, wo Thesen das Selbstverständnis von Naturwissenschaftlern explizieren und diese realistische, empiristische und naturalistische Annahmen erkennen lassen. Das Bild von der Beobachtung als Fenster zur Welt, durch das ungezielt, ehrfürchtig staunend, der ahnungslos entdeckende, der allein auf Wahrheit und Kontrollierbarkeit ausgerichtete Forscher hindurchblickt, jeder praktischen Anwendbarkeit seiner Resultate skeptisch gegenüberstehend – dieses Bild ist ein Ammenmärchen mit allen Widersprüchen, die sich nur Märchen erlauben können, und mit aller Ferne zur historischen, wirklichen Welt, die ein Märchen ausmachen.

Um die in meinem Beitrag entwickelte Gegenauffassung möglichst klar hervortreten zu lassen, resümiere ich sie abschließend allgemein und unter Verwendung möglichst starker, genereller Behauptungen.

Jede Beobachtung in den Naturwissenschaften ist eine Zweckhandlung. Der Zweck einer Beobachtung ist immer die Beantwortung einer Ja-Nein-Frage. Die Ja-Nein-Frage bedient sich immer der Herstellung eines Sachverhalts durch Formulierung einer Aussage. Diese Formulierung bedient sich immer einer wissenschaftlichen Fachsprache, wenigstens in einem einzigen seiner Wörter. Bei Verwendung von Geräten in Beobachtungen tritt immer wenigstens ein terminus technicus auf, der normativ eine Gerätefunktion festlegt. Diese Festlegung kann praktisch auf verschiedene Weisen eingelöst, d. h. technisch-handwerklich an einem Gerät realisiert sein: entweder durch Befolgung von Herstellungsanweisungen allein, was dann das Definiens apriorischer Funktionsnormen ist, oder durch eine Berücksichtigung empirischen Wissens.

Jedes empirische Wissen von der Welt wird als Widerfahrniswissen gewonnen, wo die wissensstiftenden Widerfahrnisse solche an Zweckhandlungen sind. Die *Unvoreingenommenheit* des empirischen Forschers besteht also *niemals in einer Freiheit von Vormeinungen,* sondern immer in der Fassung möglichst präziser Vormeinungen, allerdings mit der Bereitschaft, diese in der Beobachtung in Frage zu stellen. Pointiert: Die Naturwissenschaften finden immer nur das durch Beobachtung, was sie suchen, aber nichts darüber hinaus. Insbesondere finden sie durch Beobachtungen niemals, wonach sie suchen könnten oder suchen sollten. Naturwissenschaft selbst ist kein Widerfahrnis, sondern besitzt als Kultur Handlungscharakter, ist letztlich vorsätzliches Handeln. Sie befindet sich gerade dann, wenn man das Lernen aus der Beobachtung und die Unvoreingenommenheit des Naturforschers ernstnimmt, in der Situation des Schneeballwerfers: Wer wirft, handelt. Diese Handlung kann auch unterlassen werden. Wenn aber geworfen wird, wird getroffen oder gefehlt. Beide Fälle können in ihren Konsequenzen vorher überlegt werden. Selbstverständlich herrscht auch hierin keine Irrtumsfreiheit, können Fehler auftreten und Lernen stattfinden. Aber daß der empirische Charakter der auf Beobachtungen beruhenden Naturwissenschaften diese in Konflikt zur Verantwortbarkeit ihrer Resultate setzte, beruht auf einem bloßen Irrtum.

2. Operationalismus und Empirizität

Philosophen haben sich mit großer Vorliebe der erkenntnistheoretischen Frage gewidmet, was wir wissen können. Bezogen auf Natur und Naturwissenschaft ist diese Frage spätestens seit I. Kant darauf zugespitzt worden, nach dem Charakter von Erfahrungserkenntnis im Unterschied zu vor- oder nichtempirischer Erkenntnis zu fragen. Ungezählte Male ist dabei Kant mit der Vorrede zur zweiten Auflage der Kritik der reinen Vernunft zitiert worden: „Die Vernunft muß zu ihren Prinzipien, nach denen allein übereinkommende Erscheinungen für Gesetze gelten können, in einer Hand, und mit dem Experiment, das sie nach jenen ausdachte, in der anderen, an die Natur gehen, zwar um von ihr belehrt zu werden, aber nicht in der Qualität eines Schülers, der sich alles vorsagen läßt, was der Lehrer will, sondern eines bestallten Richters, der die Zeugen nötigt, auf die Fragen zu antworten, die er ihnen vorlegt."

Über der breiten Zustimmung, die dieses Diktum immer noch erfährt, darf nicht vergessen werden, daß die Durchführung des erkenntnistheoretischen Programms Kants mit seinen Unterscheidungen von apriorisch/aposteriorisch einerseits und analytisch/synthetisch andererseits die Philosophie nachhaltig – und man muß fürchten: zu Recht – in Verruf gebracht hat. Insbesondere der These vom synthetisch apriorischen Charakter der Geometrie Euklids konnte Kant kein Begründungsverfahren für Axiome und damit keinerlei Entscheidungshilfe zugunsten oder zuungunsten des Euklidischen Parallelenpostulats an die Seite stellen. Damit muß dieser Teil der Kantischen Philosophie als

Ursache für den Autoritätsverlust der Philosophen gegenüber den modernen Naturwissenschaften gesehen werden.

Auch ohne die naturphilosophischen Entgleisungen G. W. F. Hegels zu kennen, hat es damit, vor allem im Gefolge der Arbeiten von C. F. Gauß und B. Riemann zur nichteuklidischen Geometrie, für Naturwissenschaftler nahegelegen, sich um die erkenntnistheoretischen Grundlagen ihrer Fächer selbst zu sorgen. E. Mach schreibt im Vorwort zu „Erkenntnis und Irrtum": „Ohne im geringsten Philosoph zu sein oder auch nur heißen zu wollen, hat der Naturforscher ein starkes Bedürfnis, die Vorgänge zu durchschauen, durch welche er seine Kenntnisse erwirbt und erweitert. Der nächstliegende Weg hierzu ist, das Wachstum der Erkenntnis im eigenen Gebiet und in den ihm leichter zugänglichen Nachbargebieten aufmerksam zu betrachten, und vor allem die einzelnen den Forscher leitenden Motive zu erspähen. Diese müssen ja ihm, welcher den Problemen so nahegestanden, die Spannung vor der Lösung und die Entlastung nach derselben so oft miterlebt hat, leichter als einem anderen sichtbar sein."

H. Poincaré, E. Mach und P. Duhem sind die Philosophen, die mit ihrer mathematischen und physikalischen Kompetenz das Wechselspiel von Konvention und Erfahrung bei der Begriffs- und Hypothesenbildung sowie deren experimenteller Kontrolle einer Aufklärung näher gebracht haben. Ein neuer Sinn war dadurch der erkenntnistheoretischen Frage gegeben worden, welcher begrifflicher, vor allem logisch-mathematischer, aber auch welcher technisch-handwerklicher Vorgaben die Naturwissenschaft bedarf, um wissenschaftliche Erfahrung gewinnen zu können.

Nachdem dann die sprachliche Verfaßtheit auch der Naturwissenschaften in ihren Konsequenzen voll in den Blick gekommen war, haben die Philosophen des Wiener Kreises mit ihrer „logischen Analyse" vor allem der Physik sowohl logisch-syntaktische als auch semantische Strukturen naturwissenschaftlicher Theorien aufgeklärt, andererseits aber auch so erfolgreich auf das falsche Gleis analytisch-deskriptiver Beschränkungen gesetzt, daß die Philosophie der Naturwissenschaften letztlich

zum bloßen Historismus und, konsequent im „anything goes"
von P. Feyerabend, zum Rationalitätsverbot schlechthin ver-
kommen ist. Wem im so propagierten Meinungspluralismus
vom persönlichen Geschmack her die Feyerabendsche Koket-
terie des Spaßvogels nicht liegt, kann sich an der Auflösung
der Unterscheidungen analytisch-synthetisch sowie empirisch/
apriorisch durch W. v. O. Quine orientieren. Gegenüber den exakten Wissenschaften ist dieser Art Philosophie freilich nicht
einmal mehr der Marquardsche Rest einer „Inkompetenz-Kom-
pensations-Kompetenz" geblieben.

Für diesen Aufsatz ziehe ich daraus die Konsequenz, mich um
die empiristisch-analytische Wissenschaftsphilosophie nicht
mehr sonderlich zu kümmern und mich stattdessen an eine historische Tatsache zu halten, die unbeeindruckt und unerschüt-
tert geblieben ist von allen Modemeinungen über Kuhnschen
Paradigmenwechsel zwischen inkommensurablen Konkurren-
ten um die richtige Naturerkenntnis: Seit den Anfängen der
Hochkulturen in Mesopotamien und Ägypten bis zum heutigen
Tag hat es einen *stetig anwachsenden, kumulativen Erkenntniszuwachs* gegeben, nämlich im Bereich der Technik und speziell
im Bereich ihrer Anwendung für die Naturerkenntnis selbst,
also im Bereich der Beobachtungs-, Meß- und Experimentiertechnik.

Es mag zwar durchaus sein, daß im kulturellen Wandel von
Zwecken die eine oder andere handwerkliche Kunst verschwunden und in Vergessenheit geraten ist, aber die Zahl und die Genauigkeit der Parameter, die naturwissenschaftlicher Beobachtung zugänglich sind, sowie die Zahl und der Umfang der
technisch verfügbar gemachten Kräfte sind stetig angewachsen.
Die Naturwissenschaftler haben, allen spitzfindigen logischen
Analysen zum Trotz, vor allem *ein technisch-praktisches Fundament,* das seinerseits eine eigene Geschichte der Wechselwirkungen zwischen Zwecken und Mitteln durchläuft und äußerst
stabil ist gegenüber Irritationen durch schwache Theorien.

Irgendwie, in erster Linie aber höchst ungenau, ist dies auch
so gut wie jedermann bewußt. Einen Beleg hierfür sehe ich in der
Attraktivität, die der *Operationalismus* ausübt, obgleich selbst-

verständlich auch hier keine größere begriffliche Klarheit erwartet werden darf als im allgemeinen Durcheinander von Terminologien und Meinungen. Die Allerweltswörter „Operationalismus" und „operationale Definition", die es an Verbreitung und Unbestimmtheit mit Wörtern wie „Theorie" oder „Empirie" aufnehmen können, transportieren aber immerhin noch die Hoffnung auf Abgrenzung des erfahrungswissenschaftlich Kontrollierbaren vom Unzuverlässigen, Dunklen, Metaphysischen, Dogmatischen, Ideologischen, oder wie sonst die diskreditierten Alternativen heißen mögen.

Leider muß man zugeben, daß der Urheber des *Operationalismus nach vorherrschendem Verständnis,* nämlich P. W. Bridgman, selbst die Hauptschuld für die vorherrschenden Unklarheiten trägt. Sein „analytischer Operationalismus" (vgl. den lesenswerten Artikel „Operationalismus" von G. Wolters in der von J. Mittelstraß herausgegebenen „Enzyklopädie Philosophie und Wissenschaftstheorie") ist durch Ausweitung auf mentale Operationen soweit aufgeweicht worden, daß letztlich jede wissenschaftliche Tätigkeit operational, jede Wissenschaftsphilosophie operationalistisch ist. Der Konkurrent Bridgmans in Sachen Operationalismus, nämlich Hugo Dingler, ist dagegen mit seiner Philosophie bis heute zu unbekannt geblieben, um hier klärend wirken zu können. Und die in Psychologie und Sozialwissenschaften von den Naturwissenschaften entlehnten und adaptierten Sprechweisen von „operationalen Definitionen" tun das ihre, um für Unklarheit zu sorgen. Bleibt nach vorherrschender Meinung auf dem Habenkonto des Operationalismus wohl nur noch das häufig zu hörende Argument, er habe seine Tragweite und Nützlichkeit historisch, nämlich beim Übergang von der klassischen zur relativistischen Physik, eindrucksvoll unter Beweis gestellt.

Betrachten wir deshalb, um Genaueres über den Operationalismus zu erfahren, dieses vermutlich prominenteste Beispiel, nämlich die *Ersetzung der absoluten Zeit Newtons durch die operationale Gleichzeitigkeitsdefinition Einsteins.* Unterstellt, man verfüge über Längen- und Zeitmessung mit starren Stäben und Uhren im Labor. Dann wirft schon klassisch der Begriff der

Geschwindigkeit als Quotient von Weg zu Weg bei größeren Entfernungen das Problem auf, daß man entweder zwei Uhren am Anfang und am Ende eines Weges synchronisieren oder aber eine Uhr mit dem bewegten Körper mitführen muß. Hier hat die Theorie Newtons anerkanntermaßen ein operationales Defizit. An Stelle einer Erläuterung nämlich, wie örtlich getrennte, aber zueinander ruhende Uhren zu synchronisieren seien, tritt dort gleichsam die mittelalterliche Vorstellung eines allgegenwärtigen Gottes, der das gesamte Universum gleichzeitig überblickt wie ein Mensch den kleinen Bereich seines momentanen Wahrnehmungsfeldes. Auch die klassische Alternative, nämlich der Vorschlag Galileis, ungestörte Uhren z. B. auf Schiffen mitzuführen, hatte ein operationales Defizit: Wie sollte der ungestörte Gang der Schiffsuhr, der stillschweigend als Gleichgang mit der Uhr des Heimathafens angenommen wurde, während der Fahrt kontrolliert werden?

Die historisch richtige Behauptung, daß damit in der klassischen Physik „Zeit" nicht als universell meßbare Größe bestimmt war, hat in den Lehrbüchern der speziellen Relativitätstheorie zu der systematisch falschen Behauptung geführt, daß er klassisch auch nicht definierbar sei. Stattdessen bietet man die meines Wissens von Einstein selbst stammende, von H. Reichenbach einer sorgfältigeren Analyse unterzogene „operationale" Gleichzeitigkeitsdefinition an, wonach zwei räumlich entfernte, punktförmige Ergebnisse gleichzeitig heißen, wenn ein in der Mitte zwischen den Orten dieser Ereignisse stehender Beobachter von diesen Lichtsignale gleichzeitig empfängt. Die Absicht dieser Definition ist klar: Durch Signalübertragung soll die Gleichzeitigkeit an ein und demselben Ort zurückgeführt werden, und zwar durch explizite Angabe eines Verfahrens, wie man es anzustellen habe, d. h., welche Operationen man auszuführen habe, um diese Zurückführung zu leisten.

Betrachten wir diese Definition genauer: Gleichzeitig am selben Ort ist eine Äquivalenzrelation, d. h. insbesondere symmetrisch und transitiv. Gemäß der genannten operationalen Definition gilt dies für räumlich entfernte Ereignisse nur dann, wenn diese gleich weit vom Beobachter im Mittelpunkt liegen. Für drei Ereignisse, die verschieden weit vom Beobachter entfernt sind, ist die Definition nicht anwendbar; es sei denn, man postiere drei Beobachter jeweils in der Mitte zwischen zweien dieser drei Ereignisse, und diese korrespondieren anschließend über ihre Beobachtungen. Darauf werde ich sogleich noch einmal zurückkommen.

Leider läßt sich die operationale Gleichzeitigkeitsdefinition Einsteins nicht auf den Fall verschieden weit entfernter Ereignisse ausweiten durch den Vorschlag, aus dem Zeitintervall des Eintreffens der Signale und der Signalgeschwindigkeit zu errechnen, ob die beobachteten Ereignisse gleichzeitig waren. Denn dazu bedürfte es der Messung der Geschwindigkeit des Signals, die ihrerseits die operationale Lösung des Gleichzeitigkeitsproblems bereits voraussetzt. Bleibt also nur die Variante der Einführung mehrerer Beobachter.

Man denke nun aber an den Kontext der relativistischen Revision der klassischen Physik: Solange klassische Mechanik *auf dem Labortisch* betrieben wird, werden ihre operationalen Defizite weder sichtbar noch störend. Was aber, so das Argument der modernen Physik, *in der Astronomie?* Die Menge der Lichtsignale, die wir vom gestirnten Nachthimmel empfangen, sind eine Momentaufnahme von Ereignissen aus verschiedensten Zeiten. Kosmologie war das Motiv für die Einführung des operationalen Gleichzeitigkeitsbegriffs. Andererseits müßten, wie wir gesehen haben, entweder alle Himmelskörper auf einer Kugelschale um die Erde als um den Mittelpunkt versammelt sein, oder wir müßten für je zwei verschieden weit von der Erde entfernte Himmelskörper jeweils einen neuen Beobachter im All so plazieren, daß er zu diesen beiden einen gleichen Abstand hat – das ist nicht nur nicht operational, es ist absurd.

Wenn auch Einstein später behauptete, er sei durch Vorschläge Bridgmans angeregt worden, so würde ein moderner Verteidiger der speziellen Relativitätstheorie sofort betonen, so radikal sei es mit dem Operationalismus nun auch wieder nicht gemeint gewesen. Es ginge nur darum, der physikalischen Theorie soviel operationalen Unterbau zu geben, daß sie tatsächlich zu Beobachtungsdaten in Beziehung gesetzt werden kann. Von dieser Theorie – hier der speziellen Relativitätstheorie – bliebe allerdings nichts übrig, wenn hier nicht der zweite Aspekt der Gleichzeitigkeitsdefinition Einsteins in den Blick käme: nämlich die unterschiedliche Beurteilung der Gleichzeitigkeit zweier bestimmter Ereignisse durch zwei gegeneinander bewegte Beobachter, sofern wiederum Lichtsignale verwendet werden.

Bekanntlich transformieren sich die an den Uhren der beiden Beobachter abgelesenen Zeiten nach folgender Gleichung:

$$t' = t \cdot \frac{1}{\sqrt{1 - \dfrac{v^2}{c^2}}}$$

an der hier nur von Interesse ist, daß darin eine Relativgeschwindigkeit v der Beobachter gegeneinander auftaucht. Welchen operationalen Sinn aber sollte diese haben, wenn doch entweder die Messung von Geschwindigkeiten erst mit räumlich entfernten, synchronisierten Uhren möglich wird, das Gangverhältnis zweier zueinander bewegter Uhren aber erst als Funktion ihrer Relativgeschwindigkeit bestimmt werden soll? Kurz, diese Relativgeschwindigkeit hat überhaupt keinen operationalen Sinn, schlimmer noch: Hier kann auch keine Operationalisierung nachgereicht werden, weil die obige Formel, als Definition gelesen, zirkulär ist.

Die angeblich großartige Überwindung des „metaphysischen Ungetüms", wie Ernst Mach die absoluten Begriffe Newtons genannt hat, durch den Vorschlag der Physik unseres Jahrhunderts, diese auf das wirklich Beobachtbare zu beschränken, ist *in Wahrheit nicht operational*. Das dabei angewandte Kriterium ist schlicht: Wo nicht gesagt werden kann, was zu tun ist, um eine physikalische Größe zu messen, fehlt auch die geeignete operationale Definition. Das Resümee ist betrüblich: Nicht nur Bridgman, auch Einstein hat das seine getan, die rationale Chance des Operationalismus zu verspielen, nämlich eine Naturwissenschaft auf das tatsächlich Beobachtbare, und das heißt: auf das tatsächlich technisch Machbare zurückzuführen.

Ich greife deshalb noch einmal zurück auf E. Mach, der den Begriff der absoluten Zeit Newtons in einer Weise kritisiert hat, die man als Hinweis auf ein operationales Defizit verstehen kann. In seiner „Mechanik – historisch kritisch dargestellt" schreibt er: „Wir nennen eine Bewegung gleichförmig, in welcher gleiche Wegzuwüchse gleichen Wegzuwüchsen einer Vergleichsbewegung (der Drehung der Erde) entsprechen. Eine Bewegung kann gleichförmig sein in Bezug auf eine andere. Die Frage, ob eine Bewegung an sich gleichförmig sei, hat gar keinen Sinn." Selbstverständlich wäre die absolute, gleichförmig verfließende Zeit Newtons operational definiert, wenn wir ein Rezept zur Herbeiführung der gleichförmigen Bewegung eines Uhrenzeigers hätten, die wohlgemerkt gleichförmig an sich wäre, nicht nur gleichförmig in Bezug auf eine andere, wie Mach sich ausdrückt; die also nicht nur ein konstantes Geschwindigkeitsverhältnis zu einer ausgezeichneten Standardbewegung hätte.

Mach läßt in seiner Newton-Kritik eine Auffassung erkennen, die auch die Physik und die gesamte empiristische Wissenschaftstheorie bis zum heutigen Tage vertritt: daß nämlich *Zeitmessung* (wie letztlich die Messung aller anderen physikalischen Parameter auch) eine Frage *der geeigneten Wahl eines Standards,* hier der Erdrotation als eines Bewegungsstandards sei. Die elaboriertesten Vorschläge dazu, was eine solche Wahl leiten könnte, stammen von Poincaré und von Carnap. Nach Poincaré sei diejenige Bewegung zum Zeitmeßstandard zu wählen, die zur einfachsten Theorie führe, also zum Beispiel die Inertialbewegung für die klassische Mechanik. Und Carnap ergänzt, glücklicherweise wisse man aus Erfahrung, daß es in der Natur gerade eine große Klasse von zueinander konstanten Vorgängen gäbe, die sich zur Zeitmessung eigneten.

Beide Vorschläge sind leider völlig unzureichend; der Poincarésche, weil er die jeweils anerkannte Theorie als die einfachste schlicht voraussetzt und damit über kein Auswahlkriterium wirklich verfügt; und der Carnapsche, weil die konstanten Gangverhältnisse geeigneter Zeitmeßstandards nicht in der Natur vorkommen, sondern technisch mühsam aufrechterhalten werden müssen, die Natur selbst dagegen beliebig viele Klassen von zueinander konstanten Vorgängen aufweist. Paradoxerweise fehlt dem Konventionalisten Poincaré gerade eine geeignete Konvention für die Einfachheit einer Theorie, und der Empirist Carnap stützt sich auf einen nachweisbar empirisch falschen Satz.

So hat uns das prominenteste Beispiel einer *angeblich operationalistisch motivierten Überwindung der operational lückenhaften klassischen Physik durch die relativistische zu dem Resultat geführt,* daß in eben diesem Beispiel *das operationale Defizit fortbesteht.* Ich werde deshalb in einem zweiten Teil zunächst skizzieren, wie an dem genannten Beispiel dieses Defizit behebbar ist, und in welchem Sinne dann allgemein Operationalität als methodische Prämisse für Empirizität gesehen werden kann.

Operationalität als methodische Prämisse für Empirizität

Folgende drei Beispielsätze haben dieselbe logische Form: (1) Diese Bewegung ist gleichförmig. (2) Dieses Brett ist schwarz. (3) Dieses Brett ist eben. Aus einem Vergleich von (2) und (3) soll nun ein Schluß auf den Satz (1) gewonnen werden.

In der Alltagssprache ist bei allen drei Prädikatoren „gleichförmig", „schwarz" und „eben" sowohl ihr Erwerb an Beispielen und Gegenbeispielen als auch ihr einstelliger Gebrauch völlig unproblematisch. Werden jedoch, wie in den Erfahrungswissenschaften, höhere Ansprüche an die Überprüfbarkeit von Aussagen etwa *durch wiederholbare Verfahren* erhoben, so weisen (2) und (3) einen prinzipiellen Unterschied auf: (2) kann allenfalls durch einen *Vergleich mit einem Prototyp* eines schwarzen Körpers einem Überprüfungsverfahren unterworfen werden (z. B. schwarz wie Ebenholz), während (3) *prototypenfrei* prüfbar ist. Man beziehe sich dabei auf die Definition, daß ein Oberflächenstück eines Körpers dann eben heiße, wenn zwei Abdrücke (etwa aus Gips) unter sich verschiebbar aufeinander passen. Im ersten Falle wäre also das alltagssprachliche Wort „schwarz" ersetzt durch den zweistelligen Prädikator „so schwarz wie ein Standardkörper S" mit einem Eigennamen S für einen bestimmten, einzelnen Körper, während im zweiten Falle ein dreistelliger Prädikator „eben" Bezug nähme auf zwei Kontrollkörper K1 und K2, die aber im folgenden Sinne beliebig sein dürfen: Es kommt nicht darauf an, zwei bestimmte, mit Eigennamen bezeichnete Kontrollkörper heranzuziehen, sondern das fragliche Brett erweist sich als *eben bezüglich beliebiger Abdrücke.*

Die These Machs und des modernen Empirismus liefe also darauf hinaus, „gleichförmig" so zu behandeln wie „schwarz". Freilich kann dies weder ein Friedensangebot an die herkömmliche Meinung sein, noch wird hierin ein Operationalitätsgebot erfüllt. Die Physik hat sich nämlich, abweichend von ihrer eigenen Selbstdarstellung, historisch faktisch anders entschieden, systematisch gesehen von dem Moment an, wo sie die Erddrehung nicht mehr definitorisch als Zeitmeßstandard anerkannt, sondern andere Uhren für „besser" als die Erddrehung und andere Vorgänge für gleichförmiger gehalten hat. Sie hat dies allerdings *nicht mit Hinweis auf eine explizite operationale Definition* getan, ja, hat sich um das Definitionsproblem überhaupt nicht gekümmert, sondern verweist – logisch zirkulär – auf *empirische Gesetze,* die technisch bei der Uhrenverbesserung berücksichtigt würden.

Kehren wir noch einmal zum Beispiel der Ebene zurück. Aus unserem technischen Alltagsleben ist uns vertraut, daß z.B. sinnvollerweise die Kochplatten elektrischer Herde und die Böden von Kochtöpfen eben sind. Für den optimalen Wärmeübergang wird optimale Passung von Topf und Herdplatte gewünscht, und außerdem sollen möglichst alle Töpfe auf alle Herde passen. Wir unterstellen aber nicht, daß sich die Hersteller von Töpfen bei den Herstellern von Herdplatten erst Abdrücke besorgen oder sich an einer Art Urebene, vergleichbar mit dem Pariser Urmeter, orientieren. Vielmehr kann *Ebenheit direkt durch Verfahren, d.h. operational,* definiert werden, und zwar so, daß eine voneinander unabhängige Wiederholung desselben Verfahrens dieselben Resultate ergibt – im gerade genannten Sinne: Ebene Oberflächen aus verschiedenen Herstellungsprozessen passen (verschiebbar) aufeinander. „Eben" ist mit anderen Worten prototypenfrei operational definierbar durch Angabe eines Herstellungsverfahrens, das eindeutig in dem Sinne ist, daß jede Durchführung des Verfahrens im explizit bestimmten Sinne gleiche Resultate ergibt.

Dieses berühmte, von Hugo Dingler im Anschluß an seine Erfahrungen mit der Aschaffenburger Richtplattenindustrie formulierte „Dreiplattenverfahren" besteht in der Anweisung, drei Körper wechselweise und paarweise solange aufeinander abzuschleifen, bis sie paarweise passen. Führt man dieses Verfahren nur mit zwei Körpern durch, erhält man sphärische Flächen, die selbstverständlich nicht eindeutig bestimmt sind: Verschiedene Durchführungen desselben Verfahrens können zu verschiedenen Krümmungsradien führen. Ein wie auch immer geartetes vorempirisches Wissen über die Passung zweier aus verschiedenen Herstellungsprozessen stammender Körper kann es hier also nicht geben.

Mein Vorschlag läuft nun darauf hinaus, *gleichförmig* nicht wie „schwarz", sondern *wie eben* zu behandeln: Es ist ein Verfahren anzugeben, das stark genug ist, bei unabhängiger Durchführung – analog dem Schleifen ebener Platten – gleiche Resultate erwarten zu lassen, was in diesem Falle heißt, daß Uhren aus verschiedener Produktion zueinander konstantes Gangverhältnis zeigen. Wie dies im einzelnen zu geschehen hat, läßt sich in meinem Buch „Die Protophysik der Zeit" nachlesen. Kurz gesagt geht es darum, mit geometrischen Mitteln allein Vergleiche gleichzeitiger Bewegungen technisch beherrschbar zu machen. So kann mit geometrischen Mitteln allein konstantes Geschwindigkeitsverhältnis operational definiert werden.

Betrachtet man nun Geräte, die sich selbst überlassen ablaufen, und verlangt, daß ihre Abläufe so wiederholbar sind, daß sie dabei jeweils konstantes Geschwindigkeitsverhältnis aufweisen, und zwar selbst dann, wenn sie zeitlich gegeneinander verschoben gestartet werden, so haben wir damit ein Paar von Uhren realisiert. Diese operationale Definition ist bewiesenermaßen eindeutig, d. h. alle Gerätepaare, die je für sich die operationale Definition erfüllen, zeigen auch untereinander konstantes Gangverhältnis. Es ist deshalb im selben Sinne, wie wir unab-

hängig vom Herstellungszusammenhang von einer Körperoberfläche sagen dürfen, sie sei eben „an sich", d. h. ohne explizite
Nennung von Paßstücken, auch bei Bewegungen sinnvoll zu
sagen, sie sei *gleichförmig „an sich", d. h. ohne explizite Nennung einer Vergleichsbewegung* oder eines Standards.

Das operationale Defizit der klassischen wie der relativistischen Physik bezüglich der Zeitmessung ist damit behoben. Ich
kann deshalb abschließend zu einer allgemeinen Kennzeichnung
operationaler Definitionen übergehen. Schematische oder sym-
bolische Operationen, wie sie zur Begründung von Logik, Arithmetik und Informationstheorie herangezogen werden müssen,
lasse ich hier unberücksichtigt. Für quantitative Experimentalwissenschaften sind als „Operationen" primär sprachfreie poietische Handlungen, also handwerklich-technische Verfahren
der Herstellung von Geräten, in Betracht zu ziehen. Was nämlich immer sonst naturwissenschaftliches Wissen sein mag:
Seine empirische Kontrolle wird erst an Artefakten möglich.

Wie schon die Etymologie der Wörter *Gerät, Instrument* und
Apparat andeutet, sind solche Artefakte *für einen bestimmten
Zweck eingerichtet.* Dieser Zweck, m. a. W. die angestrebte
Funktion eines Geräts, leitet die Herstellungshandlungen von
Konstrukteuren und Erbauern ebenso wie die Verwendung von
Geräten durch den Benutzer, dessen Kompetenz ja darin be-
steht, die ungestörte Gerätefunktion bei der Benutzung auf-
rechtzuerhalten.

Ersichtlich wäre es unsinnig anzunehmen, man könne den
technischen Zweck eines Instruments *empirisch* ermitteln. Denn
abgesehen von dem unendlichen Rekurs, den der Vorschlag der
Überprüfung einer Gerätefunktion mit anderen Geräten impli-
zieren würde, sind selbstverständlich auch gestörte Geräte geeignete Repräsentanten für die Geltung sogenannter Naturgesetze. Wenn eine Uhr stehen bleibt, eine Waage im Drehpunkt
klemmt oder sonst ein Meßinstrument nicht funktioniert wie erhofft, ist dadurch *kein Naturgesetz außer Kraft gesetzt,* sondern
lediglich *eine menschliche Zwecksetzung verfehlt.* Daraus folgt
aber, daß *Gerätefunktionen normativ* zu bestimmen sind. Solchen Normen – ein besonders wichtiges Beispiel wäre etwa, daß

die Maßgleichheit transitiv zu sein hat – leiten die Herstellung und Verwendung von Meßgeräten.

Eine weitere Konsequenz, die wie die erste in der empiristischen Fixierung der modernen Wissenschaftstheorie weithin übersehen worden ist, ergibt sich aus der Trivialität, daß Geräte erst einmal planvoll hergestellt werden müssen, bevor sie für die empirische Forschung zur Verfügung stehen: Es liegt in der Natur der Sache, daß *Herstellungshandlungen nicht in beliebiger Reihenfolge* vorgenommen werden können. Die eindrucksvollste Erläuterung dieser Tatsache scheint mir immer wieder das von H. Dingler stammende Beispiel, daß man bei der Herstellung einer bemalten Holzstatue erst schnitzen und dann malen muß. Wer nun nicht nur die Empirizität der Naturwissenschaften betonen, sondern sogar im Gebiet der Erkenntnistheorie empiristisch argumentieren, also allgemein die Möglichkeit empirischer Naturerkenntnis selbst wieder empirisch zeigen möchte, könnte hier versucht sein, auch die *„richtige" Reihenfolge* von Handlungen *in naturgesetzlich bedingten Sachzwängen* zu suchen.

Das Dinglersche Beispiel spricht allerdings dagegen. Nichts, schon gar kein Naturgesetz hindert daran, einen Holzklotz erst zu bemalen und dann daraus eine Figur zu schnitzen. Nur wird eben das *Resultat* keine bemalte Holzfigur sein. Die „richtige" Reihenfolge von Handlungen ist also *durch den Herstellungszweck* – hier synonym mit Herstellungsziel –, *nicht aber durch Erfahrungen* festgelegt.

Leider sind die sehr langen und komplexen Handlungsfolgen, wie sie schon z. B. für die Herstellung der Instrumente zur empirischen Überprüfung der Physik Newtons erforderlich sind, so unübersichtlich und historisch auch größtenteils unter anderen Zwecksetzungen bereits verfügbar gewesen, bevor die *Principia* formuliert wurden, daß schon durch Newton selbst – nämlich in seinen Definitionen der Grundbegriffe und in den Bewegungsgesetzen – Sprech- und Betrachtungsweisen eingeführt wurden, die zwar einerseits nichts anderes als Gerätefunktionen betreffen, andererseits aber abweichen von der Reihenfolge der Schritte, die durchlaufen werden muß, um tatsächlich zur Messung von Länge, Dauer, Masse, Kraft usw. zu gelangen. Bis heute leben unzählige wissenschaftstheoretische Debatten von dieser Verletzung der methodischen Ordnung, die in einer Beschreibung abweichend von der tatsächlich erforderlichen und erfolgreichen Reihenfolge von Herstellungshandlungen zum Ausdruck kommt.

Selbstverständlich läßt sich sogar am simplen Beispiel der bemalten Holzfigur behaupten, man müsse zuerst malen und dann schnitzen, d. h., es läßt sich über Reihenfolgen von Handlungen etwas Falsches behaupten. Während aber in solch einfachen Fällen niemand derlei falsche Beschreibungen akzeptieren würde, sind unsere Lehrbücher der Physik voll von falschen Beschreibungen der Verfahren, die die jeweiligen physikalischen Parameter tatsächlich meßbar machen. Versteht man unter einem *Prinzip der methodischen Ordnung* die *Norm, keine Beschreibungen oder,* da auch definitorische Festlegungen durch Operationen möglich sein sollen, *keine Vorschriften zu formulieren, die abweichen von der Reihenfolge von nichtsprachlichen Herstellungshandlungen, die ihrerseits durch das Herstellungsziel definiert* ist, so kann nun zur Unterscheidung vom „analytischen Operationalismus" Bridgmans jetzt von einem „methodischen Operationalismus" gesprochen werden. Er anerkennt das Prinzip der methodischen Ordnung und verdankt sich in dieser Form weitgehend Hugo Dingler, wenn auch nicht überraschen kann, daß die Weiterentwicklung philosophischer Teildisziplinen wie Logik, Sprachphilosophie und Wissenschaftstheorie heute vielfach andere Wege als die von Dingler vorgeschlagenen empfiehlt.

Die Pointe des *methodischen Operationalismus* liegt in der *Einsicht,* daß empirische Forschung in den Naturwissenschaften auf den Gebrauch von Geräten angewiesen ist und daß Gerätefunktionen sogar historisch faktisch immer normativ und in methodischer Ordnung herbeigeführt und aufrecht erhalten werden – ich betone, in der Einsicht, nicht etwa in dem Programm, d. h. nicht etwa in irgendeiner Maxime oder Norm, die Naturwissenschaften und ihre Geschichte in einer bestimmten Weise zu interpretieren.

Keine mit dem Anspruch auf Wissenschaftlichkeit verknüpfte Erfahrung ist prämissen- und zweckfrei, wird in sprachlos staunender Naivität, im planlosen, passiven Betrachten der Natur gewonnen. Erst wiederholbare Handlungssequenzen und die daran gebundenen definitorischen Normierungen fachwissenschaftlichen Sprechens, d. h. erst *die operationalen Definitionen, machen naturwissenschaftliche Empirie möglich.*

Das planvoll technische Handeln und seine sprachliche Normierung in operationalen Definitionen sind das synthetische Apriori wissenschaftlicher Empirie und rufen, um auf die Frage Kants zurückzukommen, die Natur in den Zeugenstand.

3. *Technik in der Naturwissenschaft und Naturwissenschaft in der Technik*

Das gängige Verständnis bestimmt die Beziehung von Naturwissenschaft und Technik dadurch, daß naturwissenschaftliches Wissen in der Technik seine Anwendung findet. Da zumindest heutige Technik tatsächlich ohne Stützung durch naturwissenschaftliche Theorien nicht mehr auskommt, wird Technik kurz als „angewandte Naturwissenschaft" gesehen. Technik ist gleichsam das praktische Abfallprodukt der Naturwissenschaften. In diesem Sinne hat Technik ihre Selbständigkeit gegenüber der Naturwissenschaft verloren.

Umgekehrt gilt allgemein die Naturwissenschaft durchaus als eine selbständige Bemühung, die von ihrer Zwecksetzung her nicht etwa auf Technikermöglichung begrenzt wäre. Ob kulturhistorisch oder kulturpolitisch betrachtet: Den Naturwissenschaften werden auch andere Aufgaben als nur die Ermöglichung von Technik zugewiesen, nämlich etwa die aufklärerische Überwindung von Naturmythen, die Befriedigung eines auf die Natur gerichteten Neugier- oder Wissensdranges oder die Erstellung von „Weltbildern" oder auch „Menschenbildern", die durch Methoden einer messenden und experimentierenden Erfahrungswissenschaft abgesichert sind.

Wieder dem gängigen Verständnis nach herrscht der Eindruck vor, daß Naturwissenschaften etwas Selbständiges, jedenfalls im Verhältnis zur Technik Selbständiges sind, während die Technik gerade in ihrer modernsten und erfolgreichsten Form aufs engste von den Naturwissenschaften abhängt, ja gleichsam nur deren nachgeordnete Umsetzung auf praktische Alltagsbedürfnisse einer Zivilisationsgesellschaft hin ist. Dieser Eindruck läßt sich unter manchen Aspekten verstärken, was hier nur durch eine kurze Erwähnung von dreien dieser Aspekte geschehen soll.

1. Keine Hochschule der Ingenieurwissenschaften kommt ohne naturwissenschaftliche Grundlagenvorlesungen aus, wohingegen die naturwissenschaftlichen Fakultäten durchaus ohne Technikwissenschaften auskommen: In unserem Ausbildungssystem ist also die Selbständigkeit der Naturwissenschaften und die Unselbständigkeit der Technologie institutionell klar dokumentiert.

2. Zwar sind die augenfälligsten Veränderungen der Welt durch Technik vermittelt – man denke an das moderne Verkehrswesen, die Haushaltstechnik, Kommunikationstechnik, Medizin, Waffentechnik –, d. h. alle eindrucksvollen Welt- und Lebensveränderungen verdanken sich Kunstprodukten und sind in diesem Sinne durch Technik hervorgebracht. Aber in der gängigen Sichtweise wird die Veränderung der Welt im Laufe der Kulturgeschichte wieder vor allem den Naturwissenschaften angelastet oder gedankt, jedenfalls zugerechnet: Diese seien es primär, die als neues Wissen unser Leben verändern; dies zwar zu einem wichtigen Teil über ihre technischen Anwendungen, aber eben auch zu einem wichtigen Teil außerhalb dieser, nämlich durch Erstellung neuer Weltsichten oder Weltverständnisse, etwa in der Kosmologie, der Kosmogonie, der Evolutionstheorie der Organismen, der Neurophysiologie usw. Und während die Naturwissenschaften schon mehrfach mit einem Umsturz eines Weltbildes aufwarten konnten, werden sogenannte technische Revolutionen in erster Linie als soziale Revolutionen wahrgenommen, etwa als soziale Folge des Buchdrucks, der Webmaschinen, der Dampfmaschine, der Lokomotive, des Verbrennungsmotors oder der Computer.

3. Um schließlich zu einem philosophischen Unterscheidungskriterium zu kommen: Häufig wird die Selbständigkeit der Naturwissenschaft gegenüber der Unselbständigkeit der Technik darin gesehen, daß Naturwissenschaften eigene, spezifische Geltungs- und Wahrheitskriterien haben, während die Technik, die ja als „Technologie" immerhin theoriefähig ist und durch die sprachliche Form ihrer Theorien die Frage nach Wahrheitskriterien ebenso sinnvoll erlaubt wie jede andere Wissenschaft, keine eigenen Wahrheitskriterien zu benötigen scheint. Am augenfälligsten zeigt sich diese Tatsache darin, daß es eine traditionsreiche, wohletablierte Philosophie der Naturwissenschaften gibt, während sich die Philosophie der Technik immer noch schwer tut, überhaupt ihren Gegenstand und ihre Aufgaben zu finden, geschweige denn eine allgemeine Anerkennung ihrer Theorien zu erfahren.

In einer etwas groben Zusammenfassung des vorherrschenden Verständnisses darf man sagen: Naturwissenschaft gilt heutzutage als selbständige, akademische, auf einer langen und ehrwürdigen Tradition aufruhende Erkenntnisbemühung, die über bloßen Nutzenerwägungen steht, während die heutige Technik – trotz unbestrittener umweltverändernder Bedeutung – der Appendix der Naturwissenschaften bleibt. Naturwissenschaften treiben Grundlagenforschung, Technik ist nur die Anwendung naturwissenschaftlichen Wissens. „Naturwissenschaft in der Technik", der erste Teil des Themas dieses Aufsatzes, bezeichnet aber nicht nur das vorherrschende Verständnis vom Verhältnis der beiden, dieses Verständnis erschöpft sich leider auch darin.

Umgekehrt steht „Technik in der Naturwissenschaft" gleichsam für das weiße Feld auf der Landkarte des systematischen Verständnisses. Zwar ist jedem Fachmann und auch den meisten Laien bekannt, daß die modernen Naturwissenschaften ihren hohen experimentellen Stand der darin eingesetzten Technik verdanken; wer sich in der Wissenschaftsgeschichte besser auskennt oder gar selbst eine Naturwissenschaft betreibt, wird darüber hinaus wichtige Beispiele für die Abhängigkeit naturwissenschaftlichen Erkenntnisfortschritts von den Fortschritten der Beobachtungs-, Meß- und Experimentiertechnik kennen; aber damit begnügt sich in der Regel die gängige Meinung zum Thema „Technik in der Naturwissenschaft". Keine Konsequenzen scheint diese historisch-faktische Abhängigkeit für ein methodisches Verständnis der Naturwissenschaft und der Technik zu gewinnen. Die angenommene Priorität der Naturwissenschaft vor der Technik bleibt unbezweifelt.

Unschwer läßt sich feststellen, daß damit eine soziale Interpretation der Technik vorherrscht; sozial insofern, als sie vor allem die institutionellen Formen gegenwärtiger Naturwissenschaft und Technik berücksichtigt, methodologische oder philosophische Aspekte jedoch weitgehend vernachlässigt.

Im folgenden sollen deshalb eine konstruktiv-philosophische Kritik vorgetragen und Aspekte der „Technik in der Naturwissenschaft" betrachtet werden, woraus sich Argumente für ein anderes Verständnis von Naturwissenschaft in ihrem Verhältnis zur Technik ergeben werden.

Dem geläufigen Verständnis nach gilt für das Verhältnis von naturwissenschaftlichem und technischem Wissen, daß ersteres ein Wissen in Form zutreffender Beschreibungen der Welt ist – jedenfalls soweit für diese, ihren Methoden entsprechend, die Naturwissenschaften und nicht die Kulturwissenschaften zuständig sind. Bei allen wissenschaftstheoretischen Differenzen im Detail gelten den meisten Wissenschaftsphilosophen naturwissenschaftliche Theorien als Aussagensysteme mit Behauptungscharakter. Deren Geltung kann geradezu dadurch definiert werden, daß sie neutral gegenüber menschlichen Interessen sind, wie sie sich in technischen Anwendungen von naturwissenschaftlichem Wissen manifestieren. Unter dem hier interessierenden Aspekt gilt dies sogar, wie sich im folgenden zeigen wird, für die verschiedenen konventionalistischen Positionen (H. Poincaré, P. Duhem) sowie für den Non-statement-view der „strukturalistischen Wissenschaftstheorie".

Technisches Wissen dagegen gilt allgemein als instrumentell, gilt als Mittelwissen oder als Know-how. Know-how ist schon per definitionem an Zwecke gebunden, und zwar an solche, die sich mit technischen, und d. h. dann vor allem mit maschinellen

Mitteln, erreichen lassen. Kurz, Naturwissenschaften würden die (naturgesetzlich bestimmte) Welt beschreiben, wie sie nun einmal ist, während die Technik aus einem Mittelwissen für bestimmte Zwecke sowie aus diesen Mitteln in Form von Maschinen und der Praxis ihrer Konstruktion, Herstellung und Verwendung besteht (und so wird das Wort Technik ja zweideutig auch gebraucht).

Diesem Verständnis, um nicht zu sagen: dieser Irrmeinung entgegengerichtet werde ich jetzt die *These* erläutern, daß *Naturwissenschaften letztlich nichts anderes als technisches Knowhow* sind und daß mit Blick auf meine einleitenden Bemerkungen über den Primat der Naturwissenschaft, recht besehen, das Umgekehrte gilt: Läßt man sich ernsthaft auf die Frage ein, was Naturwissenschaft und Technik historisch und philosophisch-systematisch als bedeutend auszeichnet, d. h. also, worin ihre jeweiligen Leistungen gesehen werden, dann gilt ein Primat der Technik vor der Naturwissenschaft, und zwar in allen vorher genannten Aspekten einschließlich der sogenannten sozialen Interpretationen.

Mein Vergleich von naturwissenschaftlichem und technischem Wissen soll sich auf solche Wissensbestände beschränken, die sich sprachlich, also in Sätzen, wiedergeben lassen. Nach dem üblichen Verständnis besagen dann *naturwissenschaftliche Sätze, wie etwas ist, und technikwissenschaftliche, wie etwas geht.* Ich möchte deshalb das erstere ein Weltbeschreibungswissen, kurz: ein *Weltwissen,* und das zweite *Know-how* nennen.

Oberflächlich betrachtet scheint die Annahme nahezuliegen, daß beide Wissensformen dieselben Wahrheitskriterien haben müssen, da ja, je nach Geschmack und Absicht, jede Wissensform unter die andere subsumiert werden kann: Einmal können zutreffende Beschreibungen auch das technisch erfolgreiche Handeln umfassen, und zum andern kann das Know-how auch die Fähigkeit umfassen, zutreffende Beschreibungen zu formulieren. Im ersten Falle wäre das Know-how ein Teil des Weltwissens, im zweiten Falle das Weltwissen ein Teil des Know-hows. Beide Fehler sind historisch schon gemacht worden, der erste vom modernen Empirismus (dem sich das hier kritisierte Technikverständnis verdankt), der zweite vom amerikanischen Pragmatismus (der sich im Verständnis der Naturwissenschaften und der Technik nicht wirklich durchsetzen konnte).

Die Unterscheidung zwischen Weltwissen und Know-how läßt sich jedoch leicht aufrechterhalten, und zwar durch zwei Argumente: Erstens läßt sich nur das *Know-how* – und zwar ohne Informationsverlust – *in beschreibender und vorschreibender,* m. a. W. in behauptender und befehlender *Rede* formulieren (man denke etwa an eine Gebrauchsanweisung), während *Weltwissen allein in behauptender Rede* verfaßt werden kann. Zweitens sind Sätze, die ein *Know-how* wiedergeben, immer *in endlich vielen Schritten* und abschließend *auf ihre Wahrheit hin zu beurteilen:* indem man nämlich argumentierend, d. h. über logische Ableitungen, auf die Möglichkeit elementarer Handlungen zurückgeht. Diese kann dann praktisch, d. h. durch Ausführen, *abschließend* als möglich erwiesen werden. *Begründungsdialoge für Weltwissen* dagegen sind prinzipiell gegenüber der Nachfrage, woraus sich die betreffenden Aussagen ableiteten, *unabschließbar,* was ja bekanntlich zu wissenschaftstheoretischen Lösungsversuchen wie dem Konventionalismus, dem Formalismus, dem Axiomatizismus, dem Logischen Empirismus, dem Kritischen Rationalismus und anderen Begründungsphilosophien geführt hat.

Das Begründungsproblem im Sinne der Begründung erster Sätze ist also nur für Know-how, nicht aber für Weltwissen gelöst: Die ersten Sätze eines Know-hows sind Behauptungen (oder Vorschriften) über elementare bzw. von elementaren Handlungen. Ihre Möglichkeit wird erwiesen, und der Sachverhalt, den ihre Verwirklichung ausmacht, erzeugt durch Ausführung eben dieser Handlung.

Für das Verhältnis von Naturwissenschaften und Technik folgt daraus: Wenn man beharrlich nach Gründen für Behauptungen fragt, in denen ein Wissen dargestellt wird, läßt sich die Auffassung vom Primat der Naturwissenschaft nicht aufrechterhalten. Es läßt sich nicht aufrechterhalten, daß man erst aus den Naturwissenschaften wissen müßte, wie die Welt ist, um in ihr erfolgreich technisch handeln zu können; vielmehr muß man erst in ihr technisch erfolgreich handeln können, um zu wissen, wie sich die Welt im Rahmen naturwissenschaftlicher Methoden zeigt.

Hier hält das übliche empiristische Veständnis sofort einen Einwand parat: Für den Erfolg der zu naturwissenschaftlichem Know-how führenden Handlungen, kurz, für den Erfolg naturwissenschaftlicher Forschung ist die Geltung von Naturgesetzen Voraussetzung. Dieser Einwand läuft auf die These hinaus, daß man die Welt kennen müsse, um in ihr erfolgreich handeln zu können bzw. Know-how zu gewinnen oder zu haben. Unter Laien wie unter Fachleuten tritt dieser Einwand etwa in folgender Form auf: Einmal wird der unseriöse Einwand erhoben, daß das Bestehen des Körpers eines Naturwissenschaftlers oder eines Philosophen aus Atomen oder aber das Funktionieren seines Organismus nach physiologischen und letztlich physikalischen Gesetzen die Voraussetzungen ihrer Fähigkeiten sind, Wissen hervorzubringen. Diese Einwände nenne ich unseriös, weil derartige sogenannte Voraussetzungen für keinen einzigen naturwissenschaftlichen Satz eine Entscheidung liefern, ob er wahr oder falsch ist.

Mit erkenntnistheoretischem Anspruch vorgetragen bleiben damit noch zwei Behauptungen moderner Naturwissenschafts- und Technikverständnisse übrig: Die Einsteinsche Relativitätstheorie und die moderne Evolutionsbiologie hätten philosophisch unser Weltbild dadurch revolutioniert, daß sie die naturwissenschaftlichen Bedingungen der Möglichkeit von Wissen neu oder erstmals formuliert hätten. So würden etwa die relativistischen Theorien von Raum und Zeit darüber entscheiden, welche Handlungen des Messens oder, allgemein, der Erfahrungsgewinnung möglich seien und welche nicht; und so würde die evolutionär entstandene Anpassung des menschlichen Organismus an die Umwelt, in der er sich handelnd und erkennend zurechtfinden muß, das Gelingen seiner Handlungen und die Wahrheit seiner Behauptungen bewirken. Diese naturwissenschaftlichen Erkenntnistheorien sind nicht nur Bestandteil von Hobby- oder Altersphilosophien von Naturwissenschaftlern, sondern spielen nach ihrem eigenen Verständnis für naturwissenschaftliche Theorien selbst eine bedeutende Rolle, nämlich z. B. für die Klärung des Verhältnisses von klassischer und relativistischer Physik einerseits und für die Geltungskriterien moderner Evolutionstheorien andererseits.

Diese Sorte naturwissenschaftlicher Erkenntnistheorien (jetzt auf die kurze Formel gebracht: man muß *aus den Naturwissenschaften* wissen, wie die Welt ist, um in ihr handeln zu können, und insbesondere, um in ihr die Handlung des Naturforschers ausführen zu können) macht jedoch einen Fehler: Es werden Handlungen mit Aussagen über Handlungen verwechselt. Für die Durchführbarkeit einer Handlung ist das Behaupten und begründen einer Aussage über die Möglichkeit eben dieser Handlung nicht erforderlich, sehr zum Glück für uns alle, denn wie sähe unsere Welt und unser Leben wohl aus, wenn wir vor jeder Handlung erst einen theoretischen Beweis ihrer Möglichkeit erbringen müßten? Nur die Durchführung einer Handlung selbst entscheidet in letzter Instanz, ob sie möglich ist oder nicht. Es sind ja auch nur die tatsächlichen Durchführungen von Handlungen, die beim Handelnden ein Know-how erzeugen können, und nicht etwa irgendwelche theoretischen Beweise ihrer Möglichkeit.

Der *Primat der Technik vor der Naturwissenschaft,* der ersichtlich eine spezielle Form des Primats der Praxis vor der Theorie und des Primats der Handlung vor der Rede über Handlungen ist, soll nun durch einen näheren Blick auf die Methoden erläutert werden, denen Naturwissenschaften ihr als anerkannt und anerkennenswert zu unterstellendes Wissen verdanken: Naturwissenschaftliche Aussagen sind empirisch, und sie sind zum größten Teil quantitativ, d. h. sie beruhen auf Beobachtungen, Messungen und Experimenten. Ich beginne meine Betrachtung bei den Messungen.

Messungen bestehen in der Anwendung von Meßgeräten, und Meßgeräte sind künstlich, oder, mit dem griechischen Lehnwort bezeichnet, technisch hervorgebrachte Gegenstände. Schon die Wörter „Gerät", „Instrument" und „Apparat" besagen etymologisch, daß diese für einen bestimmten Zweck eingerichtet sind. Leider hat hier eine empiristische Wissenschaftstheorie den Blick auf ein paar einfache Wahrheiten verstellt: Wie immer wir *nachträglich,* d.h. unter Anwendung eines Meßgeräts mit Hilfe empirischer Aussagen aus den Naturwissenschaften die Funktion von Meßgeräten beschreiben können, so sind doch solche Beschreibungen niemals hinreichend für die *Definition* oder die Charakterisierung eines Meßgerätes. Denn auch alle defekten und damit zur Messung ungeeigneten Geräte „gehorchen Naturgesetzen". Bleibt eine Uhr stehen, ist eine Waage im Drehpunkt verklemmt, allgemein, ist ein Meßgerät defekt, so ist dadurch kein sogenanntes Naturgesetz außer Kraft gesetzt, sondern lediglich eine menschliche Zwecksetzung verfehlt. Erst *Normen,* also bestimmte Formen von Vorschriften, *definieren Meßgeräte.*

Meßgeräte wie etwa Hohlmaße, Waagen oder Uhren, die historisch lange vor Entstehung einer messenden Naturwissenschaft gebräuchlich waren, sind z.B. dadurch definiert, daß die Gleichheit von Volumina, Gewichten und Zeitdauern symmetrisch und transitiv ist – eine Forderung, die sich bei diesen historischen Beispielen direkt aus Gerechtigkeitspostulaten gewinnen läßt und für die modernen Naturwissenschaften zu methodologischen Maximen transformiert wurde: Die in der Definition aller metrischen Begriffe enthaltene Größengleichheit ist logisch betrachtet eine Äquivalenzrelation.

Der Gewinnung eines Meßresultats geht also die Technik der Konstruktion, Erzeugung und Kontrolle der korrekten, d.h. ihren spezifischen Zweck erfüllenden Funktion des Meßgeräts voraus. Ohne gelingende Technik, die Zwecke der Messung (also z.B. einheiteninvariante Verhältnisse von Längen, Zeitdauern und Massen festzustellen) in einem Meßgerät zu realisieren, gibt es kein einziges Meßergebnis und damit auch kein einziges Datum einer quantitativen Naturwissenschaft.

In einem gewissen Sinne verhält es sich ebenso mit jeder *Beobachtung,* die für die modernen Naturwissenschaften eine Rolle spielen. Diese Einschränkung zielt darauf ab, daß heute in den Naturwissenschaften praktisch keine Beobachtungen von Bedeutung sind, die nicht auf dem Gebrauch von Instrumenten

beruhen. Auch hier geht der Gewinnung eines verläßlichen Er-
gebnisses die Erzeugung eines funktionierenden Beobachtungs-
instruments voraus. Bevor etwa brauchbare astronomische Beobachtungen mit Fernrohren angestellt werden können, muß
die Technik des Linsenschleifens und der Zusammensetzung
von Linsensystemen technisch gelungen sein. Vorgabe für diese
technischen Leistungen ist ein wissenschaftsfrei formulierbarer
Zweck: Man baue ein Fernrohr, welches als normatives Funkti-
onskriterium erfüllt, eine Abbildung eines fernen Gesichtsfeldes
so zu erzeugen, als ob man näher an dieses Gesichtsfeld herange-
gangen wäre. Dieses Beispiel läßt also den Schluß zu, daß unter
erkenntnistheoretischem Aspekt das Verhältnis von Technik
und Naturwissenschaft durch eine Schrittfolge gekennzeichnet
werden kann: 1. Festlegung eines vortheoretisch formulierbaren
Zwecks (z. B. etwas größer, genauer, näher zu sehen); 2. technische Erreichung dieses Zwecks durch Erfindung und Erzeugung
eines Geräts (z. B. einer Lupe, eines Fernrohrs); 3. Anwendung
dieses außerwissenschaftlich sinnvollen Instruments zur Datengewinnung in den Naturwissenschaften.

Der Unterschied zwischen Beobachtung und Messung liegt
darin, daß die vorgängige Festlegung des *Zwecks eines Meßgeräts* allgemeine *methodologische* Normen enthält, etwa die
der Einheiteninvarianz aller Maßgrößen, die ihrerseits mit dem
Charakter der Wissenschaften, intersubjektiv kontrollierbare
Resultate zu suchen, normativ begründet werden. In der Festlegung des *Zwecks von Beobachtungsgeräten* dagegen gehen
auch bereits *empirische* Wissensbestände ein, selbstverständlich
solche, die nicht erst mit Hilfe des dann zu erfindenden Geräts
gewonnen werden können.

Beobachtung und Messung gelten gleichsam als notwendige,
aber auch selbstverständliche, ja theoretisch weniger wichtige
Hilfsmittel der Wissensgewinnung in den Naturwissenschaften
– jedenfalls darf man diesen Eindruck gewinnen, wenn man die
Vernachlässigung der Theorie der Beobachtung und Messung
durch die empiristische Wissenschaftstheorie bedenkt.

Kern aller naturwissenschaftlichen Methoden aber ist das
Experiment. Nun ist es jedem Experimentator, ja jedem Laien

selbstverständlich und klar, daß einem Experiment der Aufbau einer Experimentiervorrichtung vorhergehen muß. Diese Tatsache ist so trivial, daß ihre Tragweite generell nicht ausreichend berücksichtigt wurde. Selbstverständlich muß der Experimentator schon etwas wissen, wenn er ein Experiment erfindet und aufbaut. Damit er aber überhaupt aus dem Experiment eine Information gewinnen kann, muß er außerdem etwas wollen, genauer, er muß einen Effekt, einen bestimmten Ablauf oder einen bestimmten Zustand *realisieren wollen,* weil er nur aus dem *Erreichen oder Verfehlen dieses selbst vorgegebenen Ziels* eines Experimentes eine *Information* über die technische Möglichkeit dessen Erreichung gewinnen kann. Ein Experiment unterscheidet sich deshalb nur unwesentlich von der Erfindung, der Konstruktion und dem Bau einer Maschine. Der Unterschied zwischen dem Experimentieren und der „gewöhnlichen" technischen Konstruktion und Produktion von Geräten liegt nur in einem marginalen Unterschied des Kontextes von Interessen: Beim Experimentator steht das Interesse im Vordergrund zu erkennen, ob die neue Maschine funktioniert, während beim Ingenieur das Interesse im Vordergrund steht, die Maschine verfügbar zu machen. Marginal bleibt dieser Unterschied, weil die technische Verfügbarkeit gerade das Kriterium für die Form der Erkenntnis im Experiment ist.

„Naturgesetze" sind demnach nur Aussagen über funktionierende Maschinen, ja, sie können ohne Umformulierung auch als Konstruktionsanweisungen für Maschinen gelesen werden. Wer behauptet, daß in der Technik Naturwissenschaft angewendet wird, und damit meint, daß in Maschinen Naturgesetze realisiert würden, ist entweder ein metaphysischer Obskurantist, der vor aller gelingenden Technik und damit vor aller empirischen Forschung metaphysischen Ungetümen, den „Naturgesetzen", ein weiteres metaphysisches Ungetüm, nämlich menschenunabhängige Existenz, zuschreibt, oder er muß meinen, daß Naturwissenschaft und Technik letztlich dasselbe sind: Die Wissenschaftler haben einen Stil gefunden, anders als die Ingenieure über dieselbe Sache, nämlich über die funktionierenden Maschinen, zu reden.

Der Aspekt der „Anwendung" naturwissenschaftlichen Wissens in der Technik reduziert sich, kritisch betrachtet, dann auf das historische Faktum, daß nicht jede neue Maschine in allen Teilen von Grund auf neu erfunden wird, sondern daß es ökonomisch ist, sich bei der Konstruktion neuer Maschinen immer schon auf möglichst alles verfügbare Technikwissen zu stützen.

Hier ist der naheliegende Einwand zu betrachten, daß Naturwissenschaften nicht auf *Labor*wissenschaft beschränkt sind. Wie steht es etwa mit der Astronomie? Schließlich sind ja z. B. Planeten und ihre Bewegungen keine Maschinen bzw. künstlich erzeugte Abläufe. Hier wird man vor allem durch die gängige empiristische Philosophie der Naturwissenschaften in die Irre geführt. Welches Wissen steht nämlich, im Gegensatz zu dieser Philosophie, in den Lehrbüchern der Astronomie zum Thema Planeten? Es ist zum einen eine Einführung in die astronomische Beobachtungskunst, also in ein Maschinenwissen über Fernrohre, aber auch über ein technisches Erdmodell, auf dem Richtungen und Abstände von Fernrohren zueinander gemessen werden, und zum anderen wird ein Maschinenmodell der Planetenbewegungen selbst vorgetragen.

Im Rahmen dieses Aufsatzes kann keine ausführliche Begründung dafür gegeben werden, daß alles naturwissenschaftliche Wissen über „natürliche", d. h. nicht vom Menschen künstlich hervorgebrachte Phänomene sich letztlich wieder zusammensetzt aus einem technischen Maschinenwissen über Modelle und einem technischen Maschinenwissen über die Beobachtungsgeräte, mit denen der Simulationscharakter der Modelle empirisch kontrolliert wird.

Die Konsequenz meiner erkenntnistheoretischen Überlegungen für das Verhältnis von Naturwissenschaft und Technik sollte jetzt sichtbar sein: „Technik in der Naturwissenschaft" ist das Mittel, über das die Naturwissenschaften ihr Wissen gewinnen. Technik ist für die moderne Naturwissenschaft konstitutiv. Ihr verdankt sie ihren quantitativen, empirischen und, im Sinne der Reproduzierbarkeit ihrer Resultate, auch ihren wissenschaftlichen, objektiven Charakter. Naturwissenschaften gewinnen kein anderes Wissen als technisches Know-how, was sich – zugegeben – durch bestimmte Lehrbuchstile verbergen läßt und was de facto auch verborgen wird.

Bevor ich abschließend auf soziale Konsequenzen dieser Überlegungen eingehe, ein kurzer Blick auf konkurrierende wissenschaftstheoretische Lehrmeinungen.

Weder in der älteren Analytischen Tradition der Wissenschaftssprachtheorie, z.B. bei *K. Carnap* und *C. G. Hempel,* noch in der neueren, sogenannten *strukturalistischen Wissenschaftstheorie* oder in den neueren Ansätzen der analytischen Philosohpie, wie z.B. bei *W. v. D. Quine* oder *H. Putnam,* wird der technisch-praktische Charakter naturwissenschaftlicher Erfahrungsgewinnung gesehen, geschweige denn angemessen berücksichtigt. Dabei würden sicher auch die Vertreter dieser Richtungen nicht bestreiten, daß lange vor Ausübung wissenschaftlicher Messungen eine Meßkunst in Gang gekommen war, die ihren Zweck für organisatorische, handwerkliche, für Navigations- und andere Aufgaben erfüllte. Über die Meßkunst hinaus war eine noch nicht von Wissenschaft gestützte Technik – modern würden wir sagen – des Hoch- und Tiefbaus, des Schiffs- und Fahrzeugbaus, der Kriegstechnik, der Wind- und Wassermühlen usw. in Gang gekommen.

Diese noch nicht theoriegestützte Technik war allemal weit genug entwickelt, um beim Beginn der neuzeitlichen Wissenschaft dieser Forschungszwecke vorzugeben: So läßt sich für zentrale Teile der neu entstehenden Mechanik im Rückblick behaupten, sie hatte sich der Verbesserung schon bekannter Techniken zu widmen, also etwa der Ballistik durch eine bessere Theorie der Fall- und Wurfbewegungen, dem Uhrenbau durch Ersatz von Wasseruhren oder Uhren mit Foliot (Drehwaage) durch Uhren mit Pendel und Unruh, der Entwässerung und Belüftung von Bergwerken usw.

Der möglichst universelle Einsatz von Maschinen anstelle von Menschen und eine Steigerung von Effizienz und Präzision sind technikhistorisch so offenkundig, daß man schon eine hochgradige Fixierung der Analytischen Wissenschaftstheorie auf die logische Analyse von Theorien und auf empiristisch-realistische Vorgaben in Rechnung stellen muß, um das Zustandekommen der Auffassung von *Th. S. Kuhn* über die Inkommensurabilität revolutionär sich ablösender Paradigmen zu erklären. Denn ganz entgegen der erfolgreichen Behauptung Kuhns, in der Geschichte der Physik oder, allgemeiner in der Geschichte der Naturwissenschaften würden sich Paradigmen ablösen, die keinen gemeinsamen logisch-terminologischen Nenner hätten, so daß letztlich ein Paradigmenvergleich unmöglich sei, gibt es selbstverständlich einen in der Sache von Kuhn auch nicht bestrittenen, sondern lediglich übersehenen *kumulativen Wissenszuwachs* über alle Wechsel sogenannter Paradigmen hinweg: Die *Menge der verfügbaren Daten,* erhoben in Beobachtungen und Messungen, ist in mehrfacher Hinsicht kumulativ gewachsen, und zwar sowohl hinsichtlich der *überhaupt erfaßbaren Parameter,* als auch hinsichtlich ihrer *Genauigkeit.*

Die Reproduzierbarkeit von Geräteeigenschaften hat, wenn auch wohl nicht mit konstanter Geschwindigkeit, so doch sicher ständig zugenommen. Es mögen zwar gelegentlich besondere handwerkliche Verfahren oder Kunstfertigkeiten in Vergessenheit geraten sein, aber man wird wohl kaum ein Beispiel nennen können, wo dies nicht dadurch erklärlich wäre, daß man wegen technischer Weiterentwicklung entweder eine bessere neue Technik oder aber aus anderen Gründen keine Verwendung mehr für die ältere Technik hatte.

Was hier für die Datengewinnung durch Messung gesagt wurde, gilt a fortiori für experimentell gewonnenes Wissen. Wo wären je in der Wissenschaftsgeschichte *empirische Wissensbestände verloren* gegangen in dem Sinne, daß zu einem späteren Zeitpunkt *Experimente* nicht mehr gelungen wären, die zu einem früheren Zeitpunkt erfolgreich gemacht wurden? Und schließlich sind die *Zahl und der Umfang der technisch beherrschten Kräfte oder Energien* (im physikalischen Sinne) kontinuierlich gestiegen.

Kurz: Ganz entgegen der Kuhnschen Theorie setzen sich vorwissenschaftlich entstandene Zwecksetzungen und das entsprechende Mittelwissen der Technikgeschichte kontinuierlich in die Wissenschaftsgeschichte hinein fort und entwickeln sich dort, selbstverständlich immer unter Berücksichtigung neuer, theoriengestützter technischer Möglichkeiten, kontinuierlich weiter.

Totale Zusammenbrüche der technischen Gundlagen der Naturwissenschaften hat es nie gegeben, und es sind auch keine zu erwarten, also z. B. auch dann nicht, wenn die Naturwissenschaften neue Orientierungen erhalten sollten, seien diese nun emanzipatorisch oder ökologisch, um zwei zeitgemäße Kandidaten zu nennen.

Dies liegt nach meiner Analyse nicht an „der Natur" oder „den Naturgesetzen", sondern an den *faktisch durchgehaltenen technischen Zwecken der Naturwissenschaften*. Verzichtet man auf deren Ausblendung aus manchen philosophischen Analysen, so verschwinden freilich auch weitgehend die spektakulären Paradigmenwechsel aus der Wissenschaftsgeschichte, also z. B. der sogenannte Umsturz im Weltbild der Physik von der klassischen zur relativistischen oder zur Quantenphysik. Noch immer werden Geräte, jetzt genauer Meßgeräte, nach den klassischen Normen hergestellt. Nach Art von Geistersehern betont dagegen eine empiristische Wissenschaftsphilosophie, sie kenne die Gründe, warum die Beibehaltung der *klassischen* Normen ohne Katastrophe möglich und erlaubt sei; aber daß dazu niemand im Ernst überhaupt nur einen *Konkurrenzvorschlag einer alternativen operationalen Begründung der Naturwissenschaften unterbreiten, geschweige denn, befolgen kann*, ist darüber völlig übersehen worden.

Ja, warum werden solche Konkurrenzvorschläge auch gar nicht gesucht, warum begnügt man sich mit der logischen Konsistenz der neuen Theorien mit den alten Meßgerätebeschreibungen? Eine hinreichende Erklärung dafür ist, daß der technische Zweck der Reproduzierbakeit von Geräteeigenschaften gleich geblieben ist.

Lange ließ sich die Reihe der Beispiele fortsetzen, an denen sich zeigt, welche Bürde eine Philosophie der Naturwissenschaft tragen muß, die nicht den Technikcharakter unseres Wissens von der Natur erkennt und damit die weitgehend kontinuierliche und kumulative Geschichte von Zwecken und Mitteln der Naturwissenschaften für ein Verständnis der theoretischen

Neuerungen hinzunehmen kann – Schwächen, die, bei der Wissenschaftssprachtheorie beginnend, den Begriff des Gesetzes, der Empirizität, der Kontrolle und schließlich auch die Sichtweise der Kulturgeschichte der Naturwissenschaften trüben.

Abschließend wende ich mich von der Wissenschaftstheorie weg wieder den sozialen Aspekten der Technik in den Naturwissenschaften zu. Die zu Beginn dieses Aufsatzes genannte, nicht auf Technik und technische Anwendung bezogenen Ziele der Naturwissenschaft, nämlich Aufklärung und Ersatz von Mythen, Gewinnung eines Weltbildes, Befriedigung von Wissensdurst, sind alle unter die technikwissenschaftlichen subsumierbar: An die Stelle der Kriterien, nach denen früher Naturmythen akzeptiert wurden, treten in der Moderne für die Naturwissenschaften Wahrheitskriterien der technischen Reproduzierbarkeit.

Die Verläßlichkeit eines Weltbildes ist die Verläßlichkeit des technisch Machbaren und die Einsicht in die Grenzen menschlicher Verfügungsgewalt (dies zeigt zwanglos auch die Grenzen sogenannter „naturwissenschaftlicher Weltbilder", denn schließlich betrifft das Verhältnis des Menschen zur Natur nicht nur Aspekte des technisch Machbaren). Die angeblich reine Neugier, der angeblich erst durch Anwendungsneutralität zu moralischer Würde aufsteigende Wissensdurst der Naturwissenschaftler gleicht dem Wissensdurst neuzeitlicher Entdecker: Auf welchem Weg kann man wie weit gehen, kann man welche Ziele erreichen? Beschränkt man sich nicht einseitig auf persönliche Motive und persönliche Selbstverständnisse, so ist dieser Wissensdurst der Entdecker historisch immer zutreffend durch handfeste Zwecke und technische Mittel ihrer Erreichung beschreibbar gewesen.

Für die soziale Interpretation der Technik ist dieses hier vorgestellte Naturwissenschaftsverständnis folgenreich: Wenn es nämlich nicht zutrifft, daß der Mensch naturwissenschaftlich das entdecken muß, was die Natur ihm zu entdecken aufgibt, um dieses Wissen dann schicksalshaft in den moralisch und politisch schwachen menschlichen Gemeinschaften eher zu mißbrauchen als zu ihrem Heil zu gebrauchen, dann ist auch die

Technik nicht immer schon von selbst bloß ein Abfallprodukt eines Wissens, dem der Charakter eines unverfügbaren Schicksals der Menschheit zufällt. Vielmehr sind alle naturwissenschaftlichen Wissensbestände immer das Ergebnis einer zielorientierten Suche nach dem technisch Machbaren – und dies ist die theoretisch notwendige Voraussetzung dafür, daß naturwissenschaftliche Forschungen vorab auf die Folgen der technischen Anwendung bedacht werden können.

Technik ist also nicht die Folgelast der Naturwissenschaft, sondern Naturwissenschaft ist eine Folgelast der Technik. Die moralisch-politische Frage an die Technik ist also nicht: Was soll der Mensch technisch machen, da er doch aufgrund der Naturwissenschaften so viel kann und weiß; sondern: Was soll der Mensch technisch wollen, und was soll er als Nebenwirkung von technisch Gewolltem unter allen Umständen vermeiden wollen? Danach hat er nach einem Wissen zu forschen, dieses technisch auch zu können.

4. Grenzen der Naturerkenntnis

Das Generalthema „Grenzen der Wissenschaft" betrifft in erster Linie *Naturwissenschaft und Technik.* Die Gründe liegen auf der Hand: Die Geschichte von Naturwissenschaft und Technik wird immer wieder und zu Recht als Geschichte der Grenzen von Wißbarkeit und Machbarkeit geschrieben, im Wechsel mit der Überwindung von vormals unüberwindlichen Hürden. So wird für den Laien wie für den Fachmann auch zuerst der *innerdisziplinäre* Versuch in den Blick kommen, Grenzen des Naturerkennens und ihrer technischen Folgen zu bestimmen.

Ich möchte mich deshalb zuerst mit diesen Versuchen befassen, genauer mit der Frage, was Naturwissenschaften selbst zur Erkenntnis ihrer Erkenntnisgrenzen beitragen können, um dann nach einer Zwischenüberlegung – was meint denn die Metapher von der „Grenze" in unserem Zusammenhang? – auf die philosophischen Fragen nach Bestimmungen von „Erkenntnis" und von „Natur" einzugehen.

Charakteristisch für das Verständnis, das der Naturwissenschaftler von der eigenen Disziplin hat, ist eine Präferenz für die
Betrachtung seiner Forschungsgegenstände vor einer Betrachtung seiner eigenen Person, seiner Handlungen und seiner Methoden. In diesem Sinne liegt es nahe, daß vom Naturwissenschaftler Erkenntnisgrenzen zuvorderst im Bereich der Objekte
der Forschung gesucht bzw. gesehen werden. Aus den Kandidaten solcher objektbedingter Erkenntnisgrenzen möchte ich drei
Typen herausgreifen.

Erstens die räumliche oder zeitliche Dimension der Objekte:
Sie können zu groß oder zu klein, räumlich oder zeitlich zu weit
entfernt, zu selten oder zu kurzlebig sein, um sich in gleicher
Weise empirischer Erforschung zu stellen wie etwa Gegenstände
von räumlichen und zeitlichen Dimensionen unserer Alltagswelt.

Zweitens können Gegenstände als zu komplex oder, system-
bedingt, als zu wenig vorhersagbar gelten, um in gleicher Weise
erkannt zu werden wie etwa ein simpler Mechanismus oder die
Gesetze der Planetenbewegungen.

Und drittens könnte das Forschungssubjekt Mensch biologisch selbst zum Objekt gemacht, wegen seiner organismischen
Natur, vor allem wegen der Natur seines Gehirns und seiner
Wahrnehmungsorgane, Erkenntnisgrenzen bedingen, die sich
biologisch selbst zum Gegenstand naturwissenschaftlicher Erkenntnis aufgeschwungen haben.

Freilich kündet sich schon vor einer genaueren Betrachtung
dieser drei Typen von Erkenntnisgrenzen ein logisches Problem
an: Kann überhaupt mit denselben Mitteln, mit denen über
einen Gegenstandsbereich etwas sicher in Erfahrung gebracht
werden kann, auch etwas über dieses Wissen bzw. diese Mittel
selbst gewußt werden? Oder droht hier schon auf den ersten
Blick ein unendlicher Regreß, weil ja sofort wieder nach den
Grenzen der Erkenntnis von Erkenntnisgrenzen gefragt werden
kann? Oder droht ein logischer Zirkel, weil sich Erkenntnisse

von Erkenntnisgrenzen sogleich selbst begrenzt haben? Oder münden diese Fragen nach der Selbstbezüglichkeit von Wissen in philosophischen Schnickschnack? Um in solchen Fragen sichere Antworten zu finden, wird sorgfältig auseinander zu halten sein, wovon die Rede ist und mit welchen Mitteln, genauer, Geltungsgründen diese Rede als wahr zu beurteilen ist.

Nun zum ersten Typ der Erkenntnisgrenzen, dem der räumlichen oder zeitlichen Dimension. Sie sind wohl die auch dem Laien vertrautesten, denn der Umbruch von der klassischen Physik zur relativistischen und zur Quantenphysik wird ja meisten dargestellt als ein Überschreiten der Größenordnungen der klassischen Mechanik, die für Objekte mittlerer Größe und Geschwindigkeit gelte, zu den Objekten der Makro- und Mikrophysik, z. B. den Galaxien bzw. den Elementarteilchen. Zwei naturwissenschaftliche Vorträge in der Reihe „Grenzen der Wissenschaft" (Studium Generale der Philipps-Universität, 1986/87) haben dafür bessere Beispiele geliefert, als ich es kann.

Im Vortrag „Licht vom Rande der Welt" von R. Kippenhahn konnten die Hörer einen Eindruck gewinnen, wie im Wortsinne unermeßlich groß der Gegenstand der Astronomie und der Kosmologie geworden ist. Die kulturgeschichtliche Ausweitung unserer Kenntnisse vom eigenen Lebensraum, Kontinent und der Erdkugel auf das Sonnensystem, die Milchstraße, die Vielzahl von Milchstraßen und schließlich ganzer Milchstraßenhaufen markiert räumliche und, über das Alter von Lichtsignalen, auch zeitliche Grenzen, denen die Fachwissenschaft nur noch mit kühnen Modellentwürfen begegnen kann, die sich aber einem unmittelbaren Erkennen, vergleichbar den Gegenständen unserer Alltagswelt, entziehen, und die deshalb in ihrem Grad der Sicherheit allenfalls stimmig sind mit unserer iridischen Physik. Kippenhahn hatte dazu zitiert: „Die Kosmologen irren häufig, zweifeln aber nie."

Von ähnlicher Art ist die schwere Zugänglichkeit von Forschungsobjekten der Mikrophysik und einer mit physikalischen und chemischen Methoden arbeitenden Mikrobiologie, wie sie im Vortrag von E. L. Winnacker am Beispiel der Isolation von Genen erläutert wurde.

Man darf es ebenfalls dem Gegenstandsbereich naturwissenschaftlicher Forschung zurechnen, daß – gemessen an Dauer und Entwicklungsgeschwindigkeit der Naturgeschichte und an der Dauer, die selbst das Licht zum Durcheilen kosmischer Entfernungen benötigt – der zeitliche Rahmen menschlicher Erkenntnisbemühungen eine Grenze darstellt, der wir nur mit hypothetischen, direkt aber niemals überprüfbaren Extrapolationen begegnen können.

Diese existentielle Erfahrung der Endlichkeit und Kleinheit des Menschen im Vergleich zur gewaltigen Größe des Weltalls und seiner Veränderungen mag religiöse Gefühle oder metaphysischen Schauer auslösen, sie mag ein verändertes Lebensgefühl des neuzeitlichen Menschen gegenüber dem mittelalterlichen oder antiken hervorrufen, aber vor einem allzu schnellen Rückzug der Vernunft auf die großen Gefühle sei gewarnt.

Ob im griechischen Mythos, dessen Welt kaum über den Mittelmeerraum hinausreichte und deshalb auf den Schultern des Atlas Platz fand, ob im Weltmodell von Johann Kepler, das unser Planetensystem als Weltenharmonie durch ineinandergeschachtelte regelmäßige Polyeder zu begreifen versuchte, oder in neuesten Kosmologien speziell- und allgemeinrelativistisch von weißen Zwergen und schwarzen Löchern bevölkert: Die hier aufweisbaren Begrenzungen werden durch die theoretischen Entwürfe der Kosmologen selbst gesetzt. Sie führen damit auf das schon erwähnte logische Problem: Im Rahmen eines Systems von Erkenntnissen sollen die Grenzen eben desselben erkennbar werden. Vom Standpunkt der Logik aus ist diese Reflexivität, d. h. hier die Rückbezüglichkeit einer Erkenntnis auf sich selbst, so paradox wie das Beispiel vom Kreter, der behauptet, daß alle Kreter lügen. Jede Behauptung nämlich, man könne mit naturwissenschaftlichen Mitteln die Grenzen der mit naturwissenschaftlichen Mitteln gewonnenen Erkenntnis erkennen, enthält einen Kategorienfehler; sie vermischt die Ebenen von Erkenntnisbedingungen und Erkenntnisinhalten in unzulässiger Weise.

Ein sicheres Indiz dafür, daß Naturwissenschaftler diesen Fehler selbst wenigstens intuitiv spüren, zeigt sich daran, daß sich weder ihre Phantasie noch ihre Forschungsbemühungen von solcherlei „Grenzen" haben beeindrucken lassen: Historisch betrachtet waren sie vielmehr häufig die Herausforderungen zu neuen Grenzüberschreitungen.

Ein anderes Indiz dafür, daß man bei dieser Sorte innerwissenschaftlich markierter Erkenntnisgrenzen nicht wirklich an unüberwindliche Schwierigkeiten gestoßen ist, liegt in der Dürftigkeit aller historischen Beispiele von Prognosen, welche Grenzen die Naturwissenschaft nicht werde überschreiten können. Einige solcher Beispiele wurden im Einleitungsvortrag von Peter Karlson über die von E. Du Bois-Reymond formulierten Welträtsel gegeben.

Resümierend läßt sich zu Erkenntnisgrenzen, die in der Größenordnung erforschter Objekte liegen, sagen: Es ist so sicher wie unabänderlich, daß der Wirkungskreis des Menschen räumlich und zeitlich begrenzt ist. Für diese Einsicht bedarf es weder der Naturwissenschaft noch der Philosophie; auch jeder Laie hat sie. Dadurch ist aber auch die Reichweite menschlichen Wissens beschränkt. Solche Schranken können zwar mit technischen Mitteln – man denke exemplarisch an Mikroskop und Fernrohr – hinausgeschoben werden, kosten aber den Preis zunehmender Theorie- und Technik-Abhängigkeit: Die so „erkannten" Objekte gewinnen häufig ihre Eigenschaften erst im Rahmen von Theorien, die zum Bau von Beobachtungs- und Experimentiergerät, vor allem aber auch zur Interpretation von Beobachtungsresultaten benötigt werden; meistens sogar handelt es sich bei den Objekten außerhalb unmittelbarer raumzeitlicher Zugänglichkeit um Konstrukte in hypothetischen Modellen; Modelle, die für prinzipiell unkontrollierbare Sachverhalte stehen. Die Überschreitung der Grenzen des empirisch unmittelbar Zugänglichen geht also einher mit dem Verlust von Sicherheit und macht abhängig von der Geltung ganzer Theoriengebäude. Hierzu später mehr.

Eine ganz andere Art von innernaturwissenschaftlichen Erkenntnisgrenzen wird dort sichtbar, wo behauptet wird, bestimmte Naturphänomene seien zu komplex, als daß sie sich geistig beherrschen, etwa in Gesetzaussagen erklären oder prognostizieren ließen. Die bekannten Beispiele reichen von der Wetterprognose bis zum Verhalten höherer Organismen. Thesen diese Art bedürfen einer besonderen Betrachtung, denn sie können sich recht verschiedenen Motiven verdanken und demzufolge Verschiedenes meinen.

Was heißt überhaupt, die Natur sei zu komplex? Betrachten wir die Wetterkunde. Hier stehen sich eine ältere und eine jüngere Auffassung gegenüber, wobei die ältere vom Optimismus getragen wird, die Erhebung von immer mehr Beobachtungsdaten und ihre Verarbeitung in immer größeren und schnelleren Computern werde uns der immer besseren und zuverlässigeren Erklärung und Vorhersage des Wetters näher bringen. Die neuere Auffassung dagegenhält es diesbezüglich mit einem Pessimismus, der durch die Einsicht begründet ist, das zu beschreibende Geschehen könne nun einmal nicht verläßlicher und langfristiger erfaßt werden, als es selbst ist.

Ich will versuchen, diesen zweiten Fall, der sich mit den neuesten Auffassungen von Physikern und Biologen deckt (einschlägige Namen wären etwa I. Prigogine und M. Eigen), näher zu erklären; der erste dagegen macht Erkenntnisgrenzen zum bloß technischen oder finanziellen Problem und interessiert hier nicht weiter.

Wo von der „Komplexität der Natur" die Rede ist, muß vor einem naiven Mißverständnis gewarnt werden: Es ist weder die Natur als ganze das Forschungsobjekt von Naturwissenschaften, noch wollen diese über irgendwie ausgegrenzte Teile der Natur überhaupt alles wissen. Vielmehr versucht die Naturwissenschaft mit bestimmten Betrachtungsweisen und den dazugehörenden Methoden bestimmte Fragen zu beantworten; sie ist ein durchgängig zielgerichtetes Unternehmen, das auch anders keine Erfolge vorweisen könnte. In diesem Zusammenhang muß dann erklärt werden, was es heißt, ein natürlicher Phänomenbereich sei zu komplex für eine Erklärung oder eine Prognose.

Vielleicht wird dies durch historische Beispiele klar: Die klassische Mechanik ist die Disziplin, in der Körperbewegungen unter dem Einfluß von Kräften beschrieben, durch Kraftgesetze erklärt und schließlich vorhergesagt werden sollen. Prototypen einschlägiger Ereignisse sind die Stoßvorgänge beim Billiardspiel oder das Fadenpendel sowie die Übertragung entsprechender Gesetze auf die Planetenbewegungen.

Es hat sich gezeigt, daß für Phänomenbereiche, die etwas mit Temperatur, Wärme und Wärmekraftmaschinen zu tun haben, die klassische Mechanik mit der Form ihrer Gesetze nicht ausreichend ist. Stattdessen mußte eine *statistische* Physik entwickelt werden, in der nicht mehr nur einzelne Moleküle, vergleichbar den Billiardkugeln, sondern Gasmengen betrachtet werden. Von der statistischen Theorie aus rückblickend, hat man dann die klassische Mechanik als *deterministische* Theorie bezeichnet. Man könnte sagen, daß die neue, die statistische Theorie die Grenzen überwindet, die der deterministischen gesetzt waren, und daß diese Grenzüberschreitung durch den Übergang auf ein komplexeres System vollzogen wurde.

Nach Analogie dieses historischen Beispiels eines Übergangs von einem einfachen zu einem komplexeren Phänomenbereich – definiert durch die *theoretischen Mittel* seiner Betrachtung – erleben wir nun derzeit in Physik und Biologie einen neuen Übergang. Auch die statistische Physik stößt an Grenzen ihrer Anwendbarkeit, etwa bei bestimmten Strömungsvorgängen in Flüssigkeiten, und zwar dann, wenn bestimmte Bedingungen bei den betrachteten Objekten nicht erfüllt sind: Diese sind die Bedingungen von *Stabilität* und *Konservativität*.

Wenn ich dies nun am Beispiel einer Schwarzwälder Kuckucksuhr erläutere, so muß ich unter den derzeit in Marburg obwaltenden Umständen betonen, daß mit „stabil" und „konservativ" nicht südwestdeutsche Tugenden gemeint sind, sondern physikalische Eigenschaften eines Geräts: Der mechanische Aufbau der Uhr legt für einen bestimmten Standort auf der Erde den zeitlichen Ablauf der Pendelschwingungen und der Zeigerbewegung vollständig fest. Das System ist *stabil*. Betrachten wir die Uhr unter dem Aspekt von Energiezu- und -abfuhr, so gilt ein Energieerhaltungssatz, wonach die durch Aufziehen zugeführte Energie im Gleichgewicht zu der durch Reibungswärme und Luftbewegung abgeführten Energie steht. Weil das

System Kuckucksuhr in diesem Sinne Energie erhält, lateinisch konserviert, heißt es *konservativ*.

Nun weiß man heute, daß schon eine geeignete Kopplung zweier einfacher Pendel dazu führen kann, daß dieses System *instabil* wird, d. h., daß die Bewegung der gekoppelten Pendel nicht über längere Zeit vorhergesagt werden kann; ja, man kennt mathematische Gleichungen, in denen die Bedingungen der Unvorhersagbarkeit selbst wieder quantitaiv und reproduzierbar angegeben werden. Man spricht hier von einem Beispiel für ein deterministisches Chaos.

Entsprechend kennt man Systeme, die nicht als abgeschlossene, konservative angesehen werden dürfen, sondern als *dissipative*, d. h. zerstreuende (z. B. Energie-zerstreuende) Systeme beschrieben werden müssen. Beispiele reichen von der Bildung eines Regentropfens in einer Wolke bis zu Stoffwechselprozessen in Organismen. Weit entfernt vom thermodynamischen Gleichgewicht, das seinerseits der statistischen Theorie angehört, herrschen instabile Verhältnisse vor. Und analog zum obigen Beispiel im Unterschied zur neueren statistischen Theorie die ältere deterministisch zu nennen, kann jetzt von der Theorie über instabile und dissipative Systeme aus im Rückblick von stabilen und konservativen gesprochen werden.

Für unser Thema „Erkenntnisgrenzen" ist von Bedeutung, daß dabei – ich komme auf das Beispiel der Wetterprognose zurück – nicht etwa ein freiwilliger oder erzwungener Rückzug des naturwissenschaftlichen Anspruches auf Erkenntnis stattfindet, sondern vielmehr eine neue, weiterreichende Erkenntnis gewonnen ist: Man erkennt, daß es Systeme gibt, bei denen eine Prognose über längere Zeit nicht möglich ist, und warum das so ist. Es ist also nicht ein Mangel an Wissen, wenn langfristige Wetterprognosen nicht gegeben werden können, sondern es liegt am Wetter selbst.

Sicher kollidiert es mit unserem Alltagsverstand, der sich verläßliches Zukunftswissen über das Wetter wünscht, wenn ich die neueren Einsichten der Physiker so interpretiere, daß hier Erkenntnis nicht an Grenzen gestoßen, sondern nach den eigenen, völlig gleich gebliebenen Kriterien (quantitative Beschreibung und technische Reproduzierbarkeit) gewachsen ist. Aber konsequent ist der Alltagsverstand dabei nicht. Wir würden ja auch nicht von „Grenzen der Erkenntnis" sprechen, wenn der Wunsch unerfüllt bleibt zu wissen, ob Primzahlen rot oder grün sind – wir würden dies vielmehr für einen unsinnigen Wunsch halten. Und neuerdings wissen wir, daß es sich mit dem Wunsch nach langfristigen Wetterprognosen genauso verhält.

Resümierend läßt sich also über den zweiten Typ innerdisziplinär zu bestimmender Erkenntnisgrenzen der Naturwissenschaft sagen: Der Versuch, Komplexität von Natur zur Erkenntnisgrenze zu definieren, betrifft lediglich die Ausweitung von Betrachtungsweisen auf neue Phänomenbereiche mit neuen Methoden. Aber prinzipielle Erkenntnisgrenzen werden dadurch nicht sichtbar. Vielmehr liegt hier ein weiterer Fall von Forschungsroutine vor, bei der zwar psychologisch verständlich ist, wenn die Autoren der neuen Theorie von wissenschaftlichen Revolutionen sprechen; aber man könnte auch etwas respektlos sagen: Es sollte normal sein, daß Wissenschaftlern von Zeit zu Zeit etwas Neues einfällt!

Ein letzter und m. E. der spannendste Fall eines innernaturwissenschaftlichen Versuches, Grenzen der naturwissenschaftlichen Erkenntnis zu bestimmen, kommt aus der Biologie und besteht in Thesen über die Leistungsfähigkeit bzw. Begrenztheit des menschlichen Gehirns, das ebenso als Produkt der Evolution zu sehen ist wie andere Organe oder der gesamte Organismus selbst. Hier hat sich das Augenmerk einiger Naturwissenschaftler vom Erkenntnisobjekt, das dem Naturwissenschaftler gegenübersteht, auf das Erkenntnissubjekt verschoben und betrifft nun dessen wiederum naturwissenschaftlich zu beschreibende Erkenntnisdispositionen. Diese Verschiebung der Perspektive hat konsequent dazu geführt, daß man hier von einer „evolutionären Erkenntnistheorie" spricht, die nun, gleichsam mit naturwissenschaftlichen Mitteln allein, der Philosophie eine Domäne streitig macht: nämlich die Erklärung von Erkenntnismöglichkeiten, ja sogar die Definition von „Erkenntnis" und die Unterscheidung von Erkenntnis und Irrtum.

Hier haben wir ein hochaktuelles Modethema für populärwissenschaftliche Bestseller vor uns. Diesen Verkaufsschlagern zum Trotz würde ich aber eher die ursprünglichen Quellen, nämlich vor allem Aufsätze von K. Lorenz aus den Anfängen der vierziger Jahre zur Lektüre empfehlen. Damals wohl hatte Lorenz, vielleicht motiviert durch die Tatsache, daß er den alten Königsberger Lehrstuhl I. Kants innehatte, den brillianten Einfall, eine wichtige erkenntnistheoretische These Kants umzukehren und das Apriori der Erkenntnis zum Aposteriori der Stammesgeschichte zu erklären.

Kant hatte nach den Bedingungen der Möglichkeit von Erfahrung gefragt, d. h. das Problem aufgeworfen, welche Ausstattung seines Wahrnehmnungs- und Denkvermögens der Mensch mitbringen muß, um Erfahrungserkenntnisse bilden zu können. Nach Kant müssen insbesondere hinsichtlich Raum, Zeit und Kausalität solche jeder möglichen Erfahrung vorhergehende und deshalb apriorisch genannte Dispositionen vorhanden sein, damit aposteriorisch genannte Erfahrungen zustandekommen. Lorenz kehrt diese These nun insofern um, als er die apriorischen Erkenntnisformen als Resultat von Erfahrungen in der Stammesgeschichte betrachtet. Die Grundidee dieser „evolutionären Erkenntnistheorie" ist bestechend einfach: Wenn Organismen in der heute vorfindlichen Form durch Anpassung an ihre Umwelt so geworden sind, wie sie heute sind, so gilt dies auch für die an Erkenntnisgewinnung beteiligten Organe.

Unvermeidlich muß hier exemplarisch das Goethe-Wort zitiert werden: „Wär' nicht das Auge sonnenhaft, die Sonne könnt' es nie erblicken", was naturwissenschaftlich so übersetzt wird, daß in Abhängigkeit von der Wellenlänge die Empfindlichkeit der menschlichen Netzhaut etwa der Verteilung der Helligkeit des Sonnenlichts auf der Erdoberfläche entspricht. Das Auge ist mit anderen Worten dem natürlichen Reizangebot angepaßt – eine wohl unbestrittene naturwissenschaftliche Aussage.

In analoger Weise werden dann weitreichende erkenntnistheoretische Aussagen gewonnen, wonach wir etwa nur an die Welt der Gegenstände mittlerer Größe, den sogenannten Mesokosmos, adaptiert seien, weswegen unser Alltagswissen mit den frappierenden Aussagen der Physiker über den Makro- und den

Mikrokosmos, etwa über gekrümmte Räume oder Zeitumkehr, kollidiere.

Aber, so unbestritten die investierten biologischen, physiologischen, physikalischen und anderen naturwissenschaftlichen Aussagen auch sein mögen, und so bestechend die Grundidee der evolutionären Erkenntnistheorie – sie hat leider einen wichtigen Makel: Sie ist falsch.

Im Rahmen dieses Vortrages kann ich nur drei Argumente für diese Behauptung nennen:

1. In keiner der einzelnen, konkreten Aussagen über die „Angepaßtheit" unseres Organismus an die Umwelt, etwa der Gleichheit des Frequenzgangs von sichtbarem Sonnenlicht und Retinaempfindlichkeit, kommen erkenntnistheoretische Wörter vor wie „wahr", „richtig", „Wissen", „Erkenntnis"; ja selbst das Wort „angepaßt" oder ein ähnliches tritt hier nicht auf. Das heißt, hier liegen *keine* Aussagen *über* Erkenntnisse vor, obgleich sie selbst Erkenntnisse formulieren mögen. Erst eine philosphische Interpretation naturwissenschaftlicher Aussagen kann das Minimalvokabular ins Spiel bringen, das für eine „Erkenntnistheorie" unverzichtbar ist. In der Terminologie Ludwig Wittgensteins ausgedrückt: Naturwissenschaften und Philosophie sind verschiedene Sprachspiele, und *in* naturwissenschaftlichen Aussagen treten keinerlei erkenntnistheoretische Thesen auf, die selbst Behauptungen *über* diese naturwissenschaftlichen Aussagen sind; mit dem neuen Vokabular sind aber auch neue, und zwar nicht mehr naturwissenschaftliche Geltungskriterien zu berücksichtigen.

2. Was eine Erkenntnis oder ein Wissen ist – etwa im Unterschied zu einer bloßen Meinung oder einem Irrtum –, kann nicht durch Behauptung oder Beschreibung, nicht durch assertorische oder affirmative Sätze, sonder nur *normativ* festgelegt werden. Man benötigt ein Kriterium zur Unterscheidung von wahr und falsch, und ein solches Kriterium hat Aufforderungscharakter an die Adresse seiner Anwender: Naturwissenschaften jedoch haben niemals Sätze mit Aufforderungscharakter als Resultate.

Die ja auch dem Laien bekannte Lücke zwischen Sein und Sollen besteht in gleicher Weise für Seins-Sätze und Sollens-

Sätze, d. h. für Behauptungen und Vorschriften. Aus einer Behauptung folgt logisch niemals eine Vorschrift. Resultate empirischer Wissenschaften haben aber Behauptungscharakter und Wahrheitskriterien Vorschriftscharakter. Also können aus biologischen Theorien, so gut sie auch sein mögen, keine erkenntnistheoretischen Thesen folgen.

3. Das in die Biologie der Erkenntnis investierte Wissen etwa über Aufbau und Funktion des menschlichen Organismus soll im Rahmen der evolutionären Erkenntnistheorie selbstverständlich als Wissen anerkannt sein. Der Biologe, der sich hier auf die Suche nach einer Bestimmung von Erkenntnis macht, nimmt dabei also bereits ein Unterscheidungskriterium von Wissen und Nichtwissen in Anspruch. Pointiert gesagt: Er hat schon eine Erkenntnistheorie, bevor er eine aufstellen kann, nämlich diejenige, die ihm seine eigene wissenschaftliche Disziplin als Lieferanten von Erkenntnissen (etwa im Unterschied zu einem bloßen Sektenglauben) erscheinen läßt. Noch kürzer: Der Biologe setzt eine Erkenntnistheorie voraus, bevor er eine formulieren kann.

Nun könnte jemand gewitzt auf den Einfall kommen, dieses Dilemma sei geheilt, wenn die Biologie der Erkenntnis eben jene Erkenntnistheorie liefere, die er zugleich voraussetzt. Dies ist aber ein logischer Zirkel, und im logischen Zirkel läßt sich jeder Unsinn begründen – oder äquivalent: nichts begründen.

Diesen dritten Typ eines naturwissenschaftlichen Versuchs, Erkenntnisgrenzen zu bestimmen, muß man – anders als die ersten beiden – dahingehend resümieren, daß er durch Verletzung wichtigster Vorbedingungen für das Zustandekommen einer gültigen Theorie auf einem Irrtum beruht. Hier werden Sprachebenen unzulässig vermischt, deskriptive mit präskriptiven Sätzen verwechselt und logische Fehler gemacht.

In der Rückschau auf alle drei Typen innerdisziplinärer Versuche, Grenzen der wissenschaftlichen Naturerkenntnis zu bestimmen, entsteht für mich der Eindruck, daß dort, wo naturwissenschaftliche Aussagen über solche Grenzen wahr sind (wie bei den räumlichen oder zeitlichen Dimensionen), sie auch etwas trivial werden, wo sie aber nicht trivial sind, entweder technische Schwierigkeiten im Forschungsprozeß betreffen, die man getrost den Naturwissenschaftlern selbst überlassen kann, oder aber schlicht falsch sind. Allen diesen Versuchen aber ist gemeinsam, was in einem Punkte zur evolutionären Erkenntnistheorie schon angemerkt wurde: Sie sind nicht voraussetzungsfrei, sondern gelten nur ihm Rahmen naturwissenschaftlicher Prinzipien und Methoden. Diese unterliegen aber selbst wieder dem kulturgeschichtlichen Wandel von Rationalitätsstandards. Eine prinzipielle, also etwa theorienunabhängig und in diesem Sinne allgemeingültige Grenze des Naturerkennens ist dabei nirgends zu sehen. Solche Grenzen können nur philosphisch benannt werden.

Die philosophischen Grenzen der Naturerkenntnis

Bis hierher habe ich mir selbst eine sprachliche Lässigkeit gestattet, und zwar immer dort, wo ich von „Grenzen" gesprochen habe. Deshalb schiebe ich jetzt eine kurze terminologische Reparatur ein.

Zur Etymologie des Wortes „Grenze" gibt es nichts von Interesse zu sagen. Das Wort hat, soweit man es zurückverfolgen kann, immer dasselbe bedeutet wie heute auch, nämlich etwa die Grenze eines Ackers, eines Territoriums jedweder Art. Je nachdem, wie stark solche Grenzen bewehrt sind, kennen wir Fälle, wo wir Grenzen überschreiten oder aber auch, wo wir nur bis „an die Grenzen gehen" können. Glücklicherweise gibt es die lateinische Übersetzung „Limes", dessen Usurpation durch die Mathematiker uns das Bild des Bis-an-die-Grenze-Gehens mit einer scheinbaren Exaktheit versieht, wenn wir dann metaphorisch vom Approximieren von Grenzen sprechen.

Die Metapher vom Überschreiten – ich erinnere etwa an den Buchtitel „Schritte über Grenzen" von Werner Heisenberg – bedarf wohl keiner weiteren Betrachtung. Hier sind wir bei einer Sprachverwendung, bei der die Grenzen von heute die Fortschritte von morgen sind.

Die andere metaphorische Verwendung als Grenze, der man sich nur immer weiter annähern kann, gleichsam asymptotisch, ohne sie je ganz zu erreichen, spielt dagegen eine wichtige philosophische Rolle, wenn auch keine rühmliche. Dort ist nämlich mit „Erkenntnisgrenze" dann die Wahrheit selbst gemeint, der sich die Naturforschung immer weiter annähere, ohne sie je ganz zu erreichen. Dabei wird eine Vorstellung sichtbar, die vor allem einem methodologisch naiven Verständnis der klassischen Physik zugrundeliegt, wonach die Physik ihre Objektivität ihrem Objekt, nämlich der Natur und ihren Gesetzen, schulde.

Diese Auffassung wird etwa daran sichtbar, daß bestimmte Invarianzen, die für die Gesetze der klassischen Physik gegenüber raum-zeitlichen Transformationen gelten, als Unabhängigkeit dieser Gesetze von Raum und Zeit mißverstanden werden. Aus diesem Zusammenhang stammt dann das Mißverständnis, wonach „Objektivität" die „Unabhängigkeit von Raum und Zeit" bedeute. Im Rahmen dieser Vorstellung ist der historische Forschungsprozeß der Physik ein Akkumulieren von Beschreibungs- und Erklärungswissen zur allmählichen Annäherung an „die" Naturgesetze. *Daß* es Naturgesetze gebe, ist als Glaubenssatz stillschweigend unterstellt.

Methodologisch naiv nenne ich diese Vorstellung deshalb, weil sie ausdrücklich die Vorgabe macht, die Natur sei von Gesetzen beherrscht, die es nur noch zu „entdecken" gebe: Verräterisch ist hier schon der direkte Wortsinn von Entdecken als Entfernen einer Decke oder eines Deckels von etwas, das dann so vorhanden ist, wie es entdeckt wird. Diese Vorstellung kann aber nicht begründet werden. Denn die Beispiele für Naturgesetze, die man für einen Begründungsversuch heranziehen könnte, sind ja ihrerseits wieder nur sprachliche Sätze aus physikalischen Theorien; die Auszeichnung dieser Sätze als „Naturgesetze" verdankt sich Kriterien und Maßstäben, die ihrerseits von Menschen gesetzt und im Laufe der Geistesgeschichte häufig genug verändert worden sind.

Die Naivität, um nicht zu sagen: der Irrtum der Vorstellung, Naturforschung nähere sich zunehmend der naturgesetzlichen Wahrheit oder Wirklichkeit an, läßt sich so fassen, daß hier *Natur* und *Naturwissenschaft* verwechselt werden: Im Gegensatz zur Natur ist die Wissenschaft von der Natur durch menschliches Handeln hervorgebracht, hat also eine eigene Kulturgeschichte. In deren Verlauf standen die Unterscheidungskriterien für wahr und falsch, für gültig und ungültig, für wissenschaftlich und unwissenschaftlich immer wieder zur Disposition. Selbstverständlich weiß dies ein heutiger, reflektierender Naturforscher, denn spätestens der Umbruch von der klassischen zur relativistischen Physik hat auf die Naivitäten der klassischen Physik hinsichtlich ihrer Erkenntnisbedingungen aufmerksam gemacht.

Leider muß ich hier ergänzen, daß auch ein bedeutender Autor der modernen Wissenschaftsphilosophie in diese irrige Richtung gegangen ist, nämlich K. Popper. Nach seiner zutreffenden Kritik am Wiener Kreis, wonach induktives Erkennen von Naturgesetzen aus Einzelbeobachtungen logisch unmöglich sei, hat er ein deduktives Vorgehen der Naturwissenschaften behauptet, bei dem es in der Forschung allein um den Versuch gehe, allgemeine Hypothesen durch Beobachtung und Experiment zu widerlegen. Die besten Theorien seien dann nach Popper diejenigen, die sich gegen Widerlegungsversuche am widerstandsfähigsten erwiesen – und diese nennt er dann „bewährt“. Der Fortschritt der Forschung erscheint damit als schrittweises Ausschalten von Irrtümern. So weit, so gut.

Nun fügt aber Popper – für seine Theorie übrigens völlig überflüssigerweise – hinzu, das sukzessive Ausschalten von Irrtümern sei eine Annäherung an die Wahrheit. Hier tritt also wieder die „Erkenntnisgrenze“ als Ideal auf, das nie erreicht wird, dem man aber immer näher kommen könne.

Sofern Popper seinen Vorschlag, nach widerlegungsresistenten Hypothesen zu suchen, einfach kraft Definition eine „Annäherung an die Wahrheit“ *nennen* will, wäre ein gewichtiger Einwand kaum zu machen. Man könnte dann allenfalls kritisieren, daß die Metapher von der „Annäherung an die Wahrheit“ als von der Verringerung eines Abstandes zu etwas, das selbst überhaupt nicht definiert ist, unplausibel ist. Aber Popper meint es anders.

Er nennt sich selbst einen „Kritischen Realisten“ und investiert in seine Philosophie einen Glauben an die naturgesetzlich beherrschte Wirklichkeit – mit dem gegenüber seiner Philosophie zwar konsequenten, aber doch überraschenden Angebot, diese Position sei nicht widerlegbar, so wenig übrigens, wie sie einer Bestätigung fähig wäre. Also habe sich die Hypothese vom Bestehen einer naturgesetzlich beherrschten Wirklichkeit bewährt.

Ich habe Popper hier erwähnt, um daran exemplarisch eine Form des Redens von Erkenntnisgrenzen zu kritisieren: die Grenzen nämlich als Fiktion der Wahrheit oder auch der Allwissenheit bezüglich aller überhaupt geltenden Naturgesetze; als Grenzen, denen sich der Forschungsprozeß kontinuierlich annähere. Offenkundig – und hier reicht der gesunde Laienverstand völlig aus – ist schon der Vergleich mit dem Annähern an eine Grenze dort ein bloßer Sprachmißbrauch, wo es um einen Abstand zu einer für sich nicht zusätzlich definierten und deshalb völlig unbekannten Sache geht.

Über das Interesse an Erkenntnisgrenzen

Als ich die Einladung für diesen Vortrag erhielt, fragte ich mich als erstes, welchem Bedürfnis sich das Generalthema „Grenzen der Wissenschaft" wohl verdanke. Aus dem Bündel von Motiven, die hier in Frage kommen, erscheint mir für meinen eigenen Vortrag eines geradezu gefährlich: Die Natur- und Technikwissenschaften haben nicht nur unsere Handlungsmöglichkeiten, also den Bereich des technisch Machbaren ungeahnt erweitert – so sehr, daß viele Zeitgenossen nur noch über die damit eingehandelten Risiken sprechen wollen –, sie haben auch zu einer neuzeitlichen Entzauberung der Natur geführt. Die methodologische Beschränkung der Naturwissenschaften auf das Quantitative, auf das unter Laborbedingungen Reproduzierbare, die einen Blick auf die Natur etwa mit den Augen Goethes als schlicht unwissenschaftlich beiseite schiebt, weckt meiner Befürchtung nach bei manchem Hörer die Erwartung, ein Philosoph, ein Geisteswissenschaftler also, möchte hier die Grenzen naturwissenschaftlichen Erkennens suchen und das ewig Unbegreifliche, das metaphysisch wohlig Dunkle betonen. Ich befürchte mit anderen Worten, ein Teil meines Auditoriums möchte von mir – nach all den wissenschaftlichen Vorträgen dieser Reihe – jetzt zuguterletzt erwarten, ich könne über Grenzen reden, die auch ein außerrationales, ein metaphysisches Grundbedürfnis stillen; ich könnte vielleicht bezaubernde Rätsel formulieren und etwas die Schleier ewiger Geheimnisse wehen lassen. Aber, meine Damen und Herren, daraus wird nichts.

Ich verstehe nämlich meinen Beruf als Philosoph so, daß ich mich in einer Welt, in der das Außerrationale und das Irrationale sich von selbst vermehren, das Rationale aber nur wenig Fürsprecher findet, erst einmal als Vertreter der Vernunft zu wirken habe. Dies ist ein wahrlich undankbarer Auftrag, sofern man sich beim Thema Wissenschaft als Philosoph nicht selbst zum bloßen Trittbrettfahrer der Wissenschaften, vor allem der sogenannten exakten, macht, indem man den Naturwissenschaften eine sonntagsrednerische Überhöhung angedeihen läßt. Damit könnte man sich zwar als Philosph an die hohe Reputation der Naturwissenschaften anhängen, aber die Vorabentscheidung, die Naturwissenschaften seien das Rationale schlechthin, ist selbst leider schon wieder nicht rational.

Ich werde deshalb im folgenden die *Grenzen des Naturerkennens,* und zwar des wissenschaftlichen, in den *Grenzen der Natur des Erkennes* suchen, und dies selbstverständlich so vernünftig wie möglich. (Wer es dagegen lieber irrational hat, den muß ich auf andere Autoren verweisen. Hier bietet sich z. B. F. Capra mit Buchtiteln wie „Der kosmische Reigen" oder „Wendezeit" an.)

Die Sprachform der Erkenntnis

Als erstes schlage ich vor, von Naturerkennen nur dort zu sprechen, wo sich Erkenntnisse auch artikulieren, d. h. wo sie sprachlich mitgeteilt werden können. Ich leugne nicht, daß es intuitives, sprachlich vielleicht nur schwer oder teilweise mitteilbares Wissen von der Natur geben kann. Wir sind ja geneigt, ein solches Wissen sogenannten Naturvölkern großzügig zuzuschreiben. Wo es aber um die Charakterisierung von Erkennt-

nissen etwa im Unterschied zu bloßen Meinungen oder gar Irrtümern geht, muß ich mich auf solche Erkenntnisse beschränken, die in die Form sprachlicher Mitteilung gebracht werden
können, also z. B. auf naturwissenschaftliches Lehrbuchwissen.

Historisch ist es der Naturwissenschaft so ergangen, wie es
jedem Menschen beim Erwerb seiner Muttersprache geht: Sprache wird naturwüchsig erworben. Man wächst hinein, lernt
Wörter selbstverständlich nicht durch exakte Definitionen, sondern durch Einhören in die Sprachgebräuche der Altvorderen.
Man benützt Sprache üblicherweise so unreflektiert, wie man
geht. Um ein kompetenter Sprecher zu werden, benötigt man so
wenig eine Sprachtheorie, wie man als Spaziergänger eine Anatomie benötigt. Erst wenn Probleme auftauchen, also im nach-
hinein zu einer im allgemeinen funktionierenden, im speziellen
aber vielleicht gestörten Praxis erhält die Theorie eine Aufgabe.
Wir werden also über die Sprache, in der sich Erkenntnisse mit-
teilen, zu sprechen haben. Und hier tun sich gleich mehrere Probleme auf.

Die Naturwissenschaften müssen eine Fachsprache entwickeln, eine eigene Terminologie. Denn sie treffen im Forschungsprozeß neue Unterscheidungen, für die die Alltagssprache keine Mittel bereitstellt. Diese Terminologie muß einerseits
flexibel genug sein, um die Weiterentwicklung und Ausdifferenzierung von Unterscheidungen in der voranschreitenden Forschung nicht zu behindern; sie muß also eine gewisse Unschärfe
aufweisen. Andererseits muß sie so exakt und so explizit definiert sein wie möglich, sonst wird der naturwissenschaftliche
Anspruch auf Nachvollziehbarkeit von Resultaten und auf prinzipielle Lehrbarkeit naturwissenschaftlichen Wissens schon auf
der Ebene der Sprachregelungen verspielt.

Im Spannungsfeld zwischen kreativer Sprachschlamperei und
einer die Prüfbarkeit sichernden Disziplin macht aber die Sprache der Naturwissenschaften eine Kulturgeschichte durch, der
sich kein Forscher entziehen kann. Und ersichtlich kann dies
weder, noch soll dies anders sein: Denn wer etwa so genial kreativ wäre, daß er auf alle hergebrachten sprachlichen Unterscheidungen verzichten und seine eigene, ganz neue wissenschaftliche

Sprache erfinden wollte, würde von niemanden verstanden und zu Recht nicht beachtet. Wissenschaftlicher Erkenntnisfortschritt ist immer Fortschritt relativ zu einem vorausgehenden Stadium der Erkenntnis, muß sich also mit diesem auch vergleichen lassen. Könnten aber zwischen der Terminologie einer älteren und einer neueren Theorie keinerlei Bedeutungsvergleiche hergestellt werden, so könnte man auch nicht von einem Erkenntniszuwachs sprechen.

Eine prinzipielle, und d. h. ja nur: eine von Anfang an unüberwindliche Grenze unseres Naturerkennens liegt also in den Grenzen der Sprache der Wissenschaften. Auch dem Naturwissenschaftler sind Sprachgrenzen Weltgrenzen, die sich zwar durch künstliche Formelsprachen erheblich erweitern lassen – es sind ja gerade Formeln, nämlich Differentialgleichungen im Bereich der Kosmologie, die enorme zeitliche und räumliche Extrapolationen erlauben. Aber auch solche Formelsprachen würden jeglichen Sinn verlieren, wenn sie keine definitorischen Verbindungen zur Sprache der Laborpraxis und sogar zur Sprache der Alltagserfahrung mehr hätten.

Eine Unterscheidung von Erkenntnis und Irrtum kann immer nur getroffen werden, wenn Kandidaten hierfür in Form sprachlicher Sätze zur Beurteilung vorhanden sind. Beurteilt können sie dann nur werden, wenn sie ein Minimum an Verstehbarkeit haben. Und Verstehbarkeit wird wiederum nur durch nachvollziehbaren Bezug zur gemeinsamen Lebenspraxis und zur wissenschaftlichen Tradition möglich. Bei allen Anpassungsschritten der Sprache an künstlich-experimentelle oder an natürliche Beobachtungen bleibt die *Sprache* ein *Kulturprodukt,* ein von Menschen zur Kommunikation mit Menschen erfundenes Mittel. De facto tauglich werden solche Spracherfindungen erst, wenn sie sich durchsetzen, d. h. wenn sie von hinreichend vielen Sprechern zumindest der Wissenschaftlergemeinschaft akzeptiert werden.

Diese nicht nur logische, sondern auch institutionelle Sprachabhängigkeit macht auch die Welt des Astrophysikers und des Mikrobiologen, des Chemikers und des Physiologen zu einer spezifisch menschlichen Welt. Es sind menschliche Betrachtungs- und Handlungsweisen, menschliche Fähigkeiten und menschliche Bedürfnisse, die die Naturerkenntnis, auch die wissenschaftliche, zur Erkenntnis *seiner* Natur macht, die mit anderen Worten Naturerkenntnisse zu Erkenntnissen einer allein auf ihn bezogenen Natur beschränkt. Die Natur „an sich", d. h. abgelöst von der unverzichtbaren sprachlichen Form der Naturerkenntnis, zu erkennen, ist dagegen eine völlig sinnlose Vorstellung.

Naturgesetze als Interventionswissen

Die Kulturabhängigkeit des Naturerkennens verstärkt sich über die Sprach- und damit Traditionsabhängigkeit hinaus dramatisch dadurch, daß Naturwissenschaftler seit dem 17. Jahrhundert nicht mehr, wie in der Antike, kontemplativ an die Natur herantreten, sondern ihr Wissen durch technische Eingriffe, vor allem durch Experimente gewinnen. Mit Galilei beginnt die neuzeitliche Naturwissenschaft nicht nur, wie E. Husserl eindrucksvoll in seiner Krisisschrift beschreibt, der Natur ein geometrisch-mathematisches Netz überzustülpen; sie wird auch zur Apparatewissenschaft. Die Messung mit Instrumenten wie Uhren und Waagen, das Experiment an eigens dafür gebauten Apparaten, die Beobachtung mit Geräten wie Fernrohr und Mikroskop markieren eine kulturgeschichtlich einmalig neue Form des Naturerkennens.

I. Kant schreibt dazu in der Vorrede zur Kritik der reinen Vernunft: „Als Galilei seine Kugeln die schiefe Fläche mit einer von ihm selbst gewählten Schwere herabrollen, oder Toricelli die Luft ein Gewicht, was er sich zum voraus dem einer ihm bekannten Wassersäule gleich gedacht hatte, tragen ließ ... : so ging allen Naturforschern ein Licht auf. Sie begriffen, daß die Vernunft nur das einsieht, was sie selbst nach ihrem Entwurfe hervorbringt ... Die Vernunft muß mit ihren Prinzipien ... an die Natur gehen, zwar um von ihr belehrt zu werden, aber nicht in der Qualität eines Schülers, der sich alles vorsagen läßt, was der Lehrer will, sondern eines bestallten Richters, der die Zeugen nötigt, auf die Fragen zu antworten, die er ihnen vorlegt." Der heutige Wissenschaftstheoretiker betont gegenüber dem Klassiker Kant, daß die Experimentier-, Meß- und Beobachtungsapparate „künstliche" oder, mit dem griechischen Wort, „technische" Einrichtungen sind, die von Menschen zu bestimmten Zwecken gebaut und verwendet werden.

Die logischen und mathematischen Eigenschaften von Maßgrößen (ein simples Beispiel etwa wäre die Transitivität; in der Formulierung Euklids: Wenn zwei Größen einer dritten gleich sind, sind sie auch untereinander gleich) sind damit selbstverständlich keine Eigenschaften der Natur, sondern gerade die künstlich herbeigeführten Eigenschaften der Meßgeräte. Was eine Uhr, genauer, wie der richtige Gang einer Uhr zu bestimmen und zu erkennen sei, lehrt uns nicht die Natur. Vielmehr erfindet, baut und verbessert der Mensch Uhren, um an deren technisch reproduzierten Abläufen, die sich in ihrer Gleichheit seiner Handwerkskunst verdanken, natürliche Vorgänge zu vermessen. Nicht Naturgesetze machen die Meßkunst möglich, sondern die Meßkunst macht Naturgesetze möglich.

Die Grenzen wissenschaftlicher Naturerkenntnis sind deshalb durch den begrifflichen Rahmen, der die Zwecke und damit die entscheidenden Eigenschaften der unverzichtbaren wissenschaftlichen Apparate festlegt, schon vorgegeben. Solche Rahmen- und Zwecksetzungen sind, als menschliche Setzungen, selbstverständlich ihrerseits keine unumstößlichen Normen, sondern sie können in Frage gestellt werden. Tatsächlich aber wird ein harter Kern dieser Setzungen niemals in Zweifel gezogen, und zwar aus guten Gründen. Wir rechnen es nämlich zur Natur der Erkenntnis – im Unterschied zur bloßen persönlichen Meinung -, daß sie intersubjektiv und situationsunabhängig gelte, d. h., daß sie auch von jedermann überprüfbar sei. Dieser Geltungsanspruch ist aber nur einlösbar, wenn bestimmte logische und mathematische Eigenschaften von Meßresultaten und damit bestimmte Eigenschaften von Meßgeräten erhalten bleiben – die schon erwähnte Transitivität der Maßgleichheit wäre hierfür ein Beispiel.

Der Anspruch, überhaupt Erkenntnis von der Natur zu haben, fällt also notwendig zusammen mit der Setzung logischer und methodischer Vorgaben, die die Allgemeinheit und Überprüfbarkeit der Resultate sichern. Die Grundlagen der Naturerkenntnis sind nicht empirisch, d. h. beruhen nicht auf Erfahrung, sondern gelten, wie die Philosophen seit Christian Wolff sagen, *apriorisch,* d. h. vor aller Erfahrung.

Statt nun auf den seit zweihundert Jahren währenden Streit von Wissenschaftlern und Philosophen einzugehen, wieviel genau von den Grundlagen apriorisch und was empirisch gelte, insbesondere, ob die Geometrie apriorisch sei – wie Kant meinte – oder nicht apriorisch – wie Einstein meinte –, und beide übrigens ohne tragfähige Begründung, möchte ich eine zweite, noch viel wichtigere Setzung betrachten, die unserer Naturerkenntnis Grenzen vorgibt.

Die moderne Naturwissenschaft begann ihren Siegeszug mit der klassischen Physik im 17. Jahrhundert, grob gesprochen, dadurch, daß die Physik aus der aristotelischen Form einer Diskussionswissenschaft heraustrat und eine Experimentalwissenschaft wurde. Damit wurde zugleich die aristotelische Vier-Ursachen-Lehre durch einen strengen, experimentalistischen Kausalbegriff abgelöst. Etwas vereinfacht läßt sich dies so charakterisieren: Erst mit dem Einzug des Experiments gewinnen Naturgesetze die Form von Wenn-Dann-Aussagen, wo der Wenn-Teil dieser Gesetze beschreibt, was der Experimentator hergestellt und in Gang gesetzt hat, und wo der Dann-Teil den darauf folgenden Ablauf beschreibt, der selbst keine menschliche Handlung mehr ist, sondern sich – an der Maschine des Forschers – ereignet; und diesen Ablauf nennen wir dann naturgesetzlich. Mit anderen Worten: Der strenge Kausalbegriff der klassischen Physik ist an eine technische *Intervention,* an den künstlichen Eingriff in die Natur gebunden. Und in diesem Sinne ist die gesamte moderne Naturwissenschaft – ungeachtet der Revision der klassischen Physik durch die relativistische und die Quantenphysik – klassisch geblieben, wo immer Experimente gemacht werden. Um es noch pointierter zu sagen: Wir würden keine Naturgesetze im Sinne moderner Naturwissenschaft kennen, wenn wir nicht den interventionistischen Kausalbegriff der experimentellen Erfahrung akzeptierten.

Hier führt die erkenntnistheoretische Analyse modernen Naturerkennens auf ein Grundproblem, das sich am kürzesten und klarsten begriffsgeschichtlich erläutern läßt. Für die griechische Antike stand *physis* (Natur) im Gegensatz zu *téchne,* lateinisch *ars,* deutsch Kunst. Natur war das Nicht-Künstliche, nicht von Menschen Hervorgebrachte. Für die neuzeitliche Form der Naturerkenntnis gilt dagegen, daß sich Natur nur noch technisch zeigt. Den historischen Entschluß der Väter der klassischen Physik, Naturgesetze als Kausalgesetze nach Maßgabe von Experimenten zu formulieren, verdanken wir zwar die brillante technische Effizienz dieser Naturwissenschaft, aber wir schulden ihr auch den nur noch technischen Umgang mit der Natur. Die beharrliche Frage nach den Ursachen des Naturgeschehens zieht eine enge, erkenntnistheoretische Grenze, aus dem unser Naturerkennen allem Anschein nach nicht ausbrechen kann, sofern wir nicht auf Wissenschaft gänzlich verzichten wollen.

Die sich jetzt aufdrängende Frage, ob erkenntnistheoretisch eine andere, lateinisch: eine „alternative" Naturwissenschaft möglich ist, also eine nicht interventionistische, verschiebe ich, um zuvor eine dritte und letzte erkenntnistheoretische Barriere unseres Naturverständnisses zu betrachten.

Die Naturgeschichte als Kunstprodukt

Naturwissenschaften erschöpfen sich bekanntlich nicht in Laborwissenschaften oder der Anwendung ihrer Resultate in beobachtenden, nicht experimentierenden Disziplinen wie der Astronomie. Ein wichtiger Teil von ihnen ist auch *Naturgeschichte,* vor allem Kosmogonie und biologische Evolutionstheorie. Das Wort Geschichte ist allerdings auf fatale Weise zweideutig. Es steht sowohl für Geschehen wie für Geschichtsschreibung. Naturwissenschaft ist Naturgeschichte selbstverständlich nur im letzteren Sinne.

Fast das ganze Naturgeschehen, das die Wissenschaft beschreiben möchte, liegt im Unterschied zur Kulturgeschichte außerhalb direkter menschlicher Beobachtung. Sie muß aus Indizien hypothetisch rekonstruiert werden. Diese Hypothesen sind, im Unterschied zu den Hypothesen der Laborwissenschaftler, niemals direkt überprüfbar. Vielmehr geht es dem Forscher hier wie dem Kriminalisten, der aus Indizien einen Tathergang rekonstruieren möchte. Er muß Indizien erst einmal finden, d. h. als solche erkennen, und er muß ein Kausalwissen zur Rekonstruktion der Vergangenheit investieren. Was ihm überhaupt zum Indiz werden kann, hängt bereits von diesem Kausalwissen ab. Dies ist so selbstverständlich wie folgenreich. Ändert sich nämlich durch neuere Laborforschungen das Kausalwissen, so muß auch Naturgeschichte neu geschrieben werden. Zum Beleg dieser These braucht man nur etwa die historischen Entwürfe von Entstehungstheorien unseres Sonnensystems Revue passieren zu lassen, um zu sehen, daß die Wissenschaften tatsächlich so verfahren und auch gar nicht anders verfahren können und sollen. Das heißt aber, daß jede Epoche, gekennzeichnet nun durch eine deutliche Erweiterung ihres Kausalwissens gegenüber der vorangegangenen Epoche, ihre Naturgeschichte neu schreiben muß.

Sofern Sie mir einmal diese philosophelnde Sprechweise gestatten, möchte ich daraus schließen: Wenn der Mensch so viel Natur hat, wie er an naturgeschichtlicher Entstehung kennt, dann ist *Natur* selbst ein *Kulturprodukt*. Wo nicht ein emotionales Verhältnis zur Natur losgelöst von verläßlichem Wissen gemeint ist, sondern ein auf Erkenntnis basierendes Naturverhältnis, gibt es keine Natur an sich, keine vom Menschen unabhängige Natur. Was dem Menschen Natur ist, hängt von seiner Kultur so sehr ab wie der Garten von der Gartenbaukunst.

So paradox es klingt: Dem Menschen ist die Natur nie natürlich, sondern immer kultürlich, sofern man nur von einer erkannten Natur spricht. Ob diese Erkenntnisgrenze prinzipiell auch in dem Sinne gelte, daß alternative Naturerkenntnis als Erkenntnis einer menschenunabhängigen Natur möglich oder unmöglich sei, möchte ich abschließend mit der Frage beantworten (dabei nehme ich bewußt den Zusammenhang von Grenzen des Naturerkennens einerseits und Naturschutz andererseits auf): Könnte nicht eine alternative Wissenschaft ohne kausale Naturgesetze und ohne technische Intervention im Forschungsprozeß gleichsam die erkenntnismäßigen Voraussetzungen für einen besseren Naturschutz oder für einen sanfteren, einfühlsameren Umgang mit der Natur liefern?

Nun, ich werde hier nicht über etwas spekulieren, was bis jetzt nur dadurch bestimmt ist, daß man darüber überhaupt nichts weiß. Mit Sicherheit läßt sich jedoch folgendes sagen: Ein bewußter und gezielter Schutz der Natur kann nicht durch die Maxime definiert werden, generell nichts zu tun, d. h. alle technischen Eingriffe in die Natur zu unterlassen, um dadurch einer menschenunabhängigen Natur zum Recht zu verhelfen. Das wäre die unmenschliche Utopie von Naturschutz, der nur erfüllt wäre, wenn der Mensch aus ihr gänzlich entfernt würde. Schon elementare Lebens- und Stoffwechselvorgänge des Menschen belassen die Natur nicht, wie sie ohne den Menschen wäre. Es ist also logisch unsinnig, „Natur" definieren zu wollen als das, was unabhängig von Wechselwirkungen mit dem Menschen existiert. Wir können nur reden über und handeln gegenüber einer Natur, die unsere kulturhistorisch gemachte Natur ist. Und sie ist kulturhistorisch um so besser „gemacht", als wir naturwissenschaftliche Kenntnisse über die in ihr wirkenden Gesetze haben. Solche Gesetze aber lernen wir nur kennen, und das ist dann eine unaufhebbare Erkenntnisgrenze, wenn wir mit Methoden forschen, wie die Naturwissenschaften es tatsächlich tun.

Die Frage nach den Grenzen des Naturerkennens muß nicht nur als Tatsachenfrage gemeint sein, d. h. als Frage danach, welche Grenzen tatsächlich bestehen; sie kann auch als normative Frage verstanden werden, also als die Frage, welche Grenzen dem Naturerkennen gesetzt werden *sollen*.

Ich bin mir bewußt, daß die Frage, welche Grenzen dem Naturerkennen, m. a. W. der modernen Forschung, gesetzt sein *sollen*, viele Zeitgenossen bewegt und derzeit eine große Konjunktur hat. Wenn aber diese normative Frage mit Ernst und Kompetenz diskutiert werden soll, ist es unerläßlich zu wissen, welche Grenzen der Naturerkenntnis als Form menschlichen, zweckrationalen Handelns von vornherein gesetzt sind – gleichsam als der Rahmen, in dem die Sollens-Frage einschlägig erwogen werden kann – und dies war mein Thema.

Literaturverzeichnis

Das Literaturverzeichnis nennt in Teil 1 nur solche Titel, auf die im Text entweder durch Zitat oder allgemein Bezug genommen wird. Im Teil 2 ist weiterführende Literatur des Autors zu den in den einzelnen Beiträgen diskutierten Fragen genannt.

Zu Beitrag II, 5

H. Dingler: Die Grundlagen der Physik. Synthetische Prinzipien der mathematischen Naturphilosophie. Walter de Gruyter, Berlin und Leipzig 1919.

H. Dingler: Das Experiment. Sein Wesen und seine Geschichte. Verlag Ernst Reinhardt, München 1928.

H. Hensel: Sinneswahrnehmung und Naturwissenschaft. In: Studium Generale 15, 1962, S. 747–758.

H. Hensel: Die allgemeine Sinnesphysiologie und ihre Stellung unter den Wissenschaften. In: Eripainos Ajatus XXVI, 1964, S. 41–59.

H. Hensel: Sinneserfahrung und Wissenschaft (Rektoratsrede vom 20. 10. 1965). Jahrbuch des Marburger Universitätsbundes 1965, S. 1–12.

H. Hensel: Allgemeine Sinnesphysiologie. Hautsinne, Geschmack, Geruch. Springer, Berlin/Heidelberg/New York 1966.

H. Hensel: Wahrnehmungsstrukturen und das Problem der Analogie menschlichen und tierischen Verhaltens. Studien zur Arbeit der Freien Akademie Nr. 22, Tübingen 1976, S. 3–12.

H. Hensel: The activity of human sensory perception. In: A New Image of Man in Medicine, Vol. II, Basis of an Individual Physiology. Mount Kisko, New York 1979, S. 97–107.

H. Hensel: Die Sinneswahrnehmung des Menschen. In: Musiktheoretische Umschau 1, 1980, S. 203–218.

P. Lorenzen: Constructive Philosophy. University of Massachusetts Press, Amherst/Mass. 1987.

C. F. v. Weizsäcker: Voraussetzungen des naturwissenschaftlichen Denkens. Carl Hanser Verlag, München 1971.

Zu Beitrag II, 7

B. O. Küppers: Der Ursprung biologischer Information. Zur Naturphilosophie der Lebensentstehung. Mit einem Vorwort von C. F. v. Weizsäcker. München/Zürich 1990.

C. Shannon and W. Weaver: (1949) The mathematical theory of communication. Urbane/Chicago/London 1972

N. Wiener: Cypernetics, or controlle and communication in the animale and the machine. New York 1948.

Zu Beitrag III, 1

K. Lorenz: Über tierisches und menschliches Verhalten. Aus dem Werdegang der Verhaltenslehre. Bd. II, München 1965.

R. Inhetveen: Konstruktive Geometrie. Eine formentheoretische Begründung der Euklidischen Geometrie. Mannheim/Wien/Zürich 1983.

P. Lorenzen: Elementargeometrie. Das Fundament der Analytischen Geometrie. Mannheim/Wien/Zürich 1984.

Weiterführende Literatur des Autors

Zweck und Methode der Physik aus philosophischer Sicht. Konstanzer Universitätsreden Nr. 65 (Hrsg. G. Hess), Konstanz 1973, 30 S.

Zur Protophysik des Raumes. In: G. Böhme (Hrsg.): Protophysik. Frankfurt 1976, S. 83–130.

Die Protophysik der Zeit. Konstruktive Begründung und Geschichte der Zeitmessung. Frankfurt 1980, 320 S.

Ist Masse ein „theoretischer Begriff?" In: Allgemeine Zeitschrift für Wissenschaftstheorie VIII/2, 1977, S. 302–314.

Die Sprache der Physik und die Wirklichkeit der Naturwissenschaften. In: Dialectica 31, 1977, S. 301–312.

Physics, natural science or technology? In: W. Krohn, E. T. Layton, P. Weingart (Hrsg.): The dynamics of science and technology. Dordrecht 1978, S. 3–27.

Umweltdeterminiertheit oder Konstruktion der Wirklichkeit? In: H. Walter, R. Oerter (Hrsg.): Ökologie und Entwicklung. Donauwörth 1979, S. 92–101.

Natur und Handlung. Über die methodischen Grundlagen naturwissenschaftlicher Erfahrung. In: O. Schwemmer (Hrsg.): Vernunft, Handlung und Erfahrung. München 1981. S. 69–84.

Was messen Uhren? In: alma mater philippina 1982, S. 12–14.

Methodische Philosophie. Beiträge zum Begründungsproblem der exakten Wissenschaften in Auseinandersetzung mit Hugo Dingler (als Hrsg.), mit Beiträgen von J. Mittelstraß, F. Kambartel, J. Willer, W. Krampf, G. Wolters, R. Inhetveen, H. Tetens, P. Lorenzen, P. Janich. Mannheim/Wien/Zürich 1984.

Protophysik heute (als Hrsg.). Sonderheft von Philosophia Naturalis 1, 1985, mit Beiträgen von P. Hinst, R. Inhetveen, P. Lorenzen, B. Thüring, H. Tetens und P. Janich.

Hat Ernst Mach die Protophysik der Zeit kritisiert? In: Protophysik heute, vgl. oben, S. 51–60.

Die Eindeutigkeit der Massenmessung und die Definition der Trägheit. In: ebenda, S. 87–103.

Naturgeschichte und Naturgesetz. In: O. Schwemmer (Hrsg.): Über Natur.

Philosophische Beiträge zum Naturverständnis. Frankfurt 1987, S. 105–122.

Voluntarismus, Operationalismus, Konstruktivismus. Epistemologien im pragmatischen Paradigma. In: H. Stachowiak (Hrsg.): Pragmatik, Handbuch pragmatischen Denkens, Bd. II: Der Aufstieg pragmatischen Denkens im 19. und 20. Jahrhundert. Hamburg 1987, S. 233–256.

Evolution der Erkenntnis oder Erkenntnis der Evolution? In: W. Lütterfels (Hrsg.): Transzendentale oder evolutionäre Erkenntnistheorie? Darmstadt 1987, S. 210–226.

Geschwindigkeit und Zeit. Aristoteles und Augustinus als Lehrmeister der modernen Physik? In: K. Mainzer, J. Audretsch, (Hrsg.): Philosophie und Physik der Raum-Zeit. Mannheim/Wien/Zürich 1988, S. 163–181.

Truth as success of action. In: Imre Hronszky, Márta Feher, Balázs Dajka (Hrsg.): Scientific Knowledge Socialized. Budapest 1988, S. 313–326.

Euklids Erbe. Ist der Raum dreidimensional? Verlag C. H. Beck, München 1989, 246 S.

Die Galileische Geometrie. Zum Verhältnis der geometrischen Idealisierung bei E. Husserl und der protophysikalischen Ideationstheorie. In: C. F. Gethmann (Hrsg): Lebenswelt und Wissenschaft. Bonn 1991, S. 164–180.

Naturwissenschaft kulturalistisch verstehen: ein Angebot an die Psychologie? In: G. Jüttemann (Hrsg.): Regelgeleitetes Handeln. Zur Wiederbegründung einer geisteswissenschaftlichen Psychologie. Heidelberg 1991, S. 1–9.

Publikationsnachweis

Die folgenden Beiträge sind entweder für diesen Band geschrieben oder unveröffentlichte Vorträge oder Manuskripte:

I   Naturerkenntnis – ein Naturgegenstand?

II, 1   Form und Größe. Eine Wissenschaft wovon ist die Geometrie?

II, 2   Wissen von der Welt. Handlungszwecke als synthetisches Apriori der modernen Physik.

II, 7   Ist Information ein Naturgegenstand? Menschliches Handeln als Ursprung der Information.

III, 1 Beobachtung und Handlung.

III, 4 Grenzen der Naturerkenntnis.

Folgende Beiträge sind in veränderter Form oder in anderer Sprache publiziert:

II, 3   Chemie als Kulturleistung. Zum Selbstverständnis der Chemie im Spiegel der Kulturgeschichte.

II, 4   Naturgeschichten. Braucht die Biologie eine relativistische Revision?

II, 5   Physiologie und Sprache. Erkenntnistheoretische Probleme naturwissenschaftlicher Wahrnehmungstheorien.

Bereits publiziert waren:

II, 6   Unter dem Titel „Ist Psychologie auf der Grundlage technischer Rationalität als Wissenschaft möglich?" In: W. Kempf und G. Aschenbach (Hrsg.): Konflikt und Konfliktbewältigung. Bern/Stuttgart/Wien 1981, S. 419–441.

III, 2 Operationalismus und Empirizität. In: A. Menne (Hrsg.): Philosophische Probleme von Arbeit und Technik, Darmstadt 1987, S. 53–63.

III, 3 Naturwissenschaft in der Technik und Technik in der Naturwissenschaft. In: C. Burrichter, R. Inhetveen, R. Kötter (Hrsg.): Technische Rationalität und rationale Heuristik. Paderborn/München/Wien/Zürich 1986, S. 41–52.

Natur und Wissenschaft

Peter Janich
Euklids Erbe
Ist der Raum dreidimensional?
1989. 246 Seiten, 36 Abbildungen. Broschiert

Jürgen Audretsch/Klaus Mainzer (Hrsg.)
Vom Anfang der Welt
Wissenschaft, Philosophie, Religion, Mythos
2. Auflage. 1990. 234 Seiten, 52 Abbildungen. Gebunden

Klaus Michael Meyer-Abich
Wissenschaft für die Zukunft
Holistisches Denken in ökologischer und gesellschaftlicher
Verantwortung
1988. 184 Seiten. Paperback
Beck'sche Reihe Band 365

Vittorio Hösle
Philosophie der ökologischen Krise
Moskauer Vorträge
1991. 151 Seiten. Paperback
Beck'sche Reihe Band 432

Gernot Böhme (Hrsg.)
Klassiker der Naturphilosophie
Von den Vorsokratikern bis zur Kopenhagener Schule
1989. 458 Seiten, 4 Abbildungen, 24 Porträtabbildungen. Leinen

Jost Lemmerich
Michael Faraday 1791–1867
Erforscher der Elektrizität
1991. 255 Seiten, 37 Abbildungen, 8 Farbabbildungen auf Tafeln. Leinen

Verlag C.H. Beck München

Natur und Umwelt

Rachel Carson
Der stumme Frühling
Aus dem Amerikanischen übertragen von Margaret Auer.
Mit einem Vorwort von Theo Löbsack.
118.-122.Tsd. 1990. 348 Seiten. Paperback
Beck'sche Reihe Band 144

Hartwig Walletschek/Jochen Graw (Hrsg.)
Öko-Lexikon
Stichworte und Zusammenhänge
3. Auflage. 1991. 250 Seiten, 9 Abbildungen
und zahlreiche Tabellen. Paperback
Beck'sche Reihe Band 344

Paul J. Crutzen/Michael Müller (Hrsg.)
Das Ende des blauen Planeten?
Der Klimakollaps: Gefahren und Auswege
3. Auflage. 1991. 271 Seiten, 21 Abbildungen, 9 Tabellen. Paperback
Beck'sche Reihe 385

Rolf Peter Sieferle (Hrsg.)
Natur
Ein Lesebuch
1991. 458 Seiten, 6 Abbildungen. Paperback
Beck'sche Reihe 430

Dirk Cornelsen
Anwälte der Natur
Umweltschutzverbände in Deutschland
1991. 156 Seiten, 7 Abbildungen. Paperback
Beck'sche Reihe 440

Hans-Joachim Werner
Eins mit der Natur
Mensch und Natur bei Franz von Assisi, Jakob Böhme,
Albert Schweitzer und Pierre Teilhard de Chardin.
1986. 164 Seiten. Paperback
Beck'sche Reihe Band 309

Verlag C.H. Beck München